内容简介

本书是学习黎曼–芬斯勒几何（简称芬斯勒几何）的入门教材．全书共十章．作者以较大的篇幅，即前五章介绍了芬斯勒流形、闵可夫斯基空间（即芬斯勒流形的切空间）上的几何量、陈联络，以及共变微分和第二类几何量、黎曼几何不变量和弧长的变分等基本知识和工具．在有了上述宽广而坚实的基础以后，论述芬斯勒几何的核心问题，即射影球丛的几何、三类几何不变量的关系、具有标量曲率的芬斯勒流形、从芬斯勒流形出发的调和映射、局部射影平坦和非局部射影平坦的芬斯勒度量等．它们既是当前十分活跃的研究领域，也是作者研究成果的领域之一，含有作者独到的见解．本书每章内都附有一定数量的习题，书末附有习题解答和提示，便于读者深入学习或自学．

本书可作为综合性大学、师范院校数学系与物理系高年级本科生和研究生的教材或教学参考书，也可供科研院所从事数学和物理学等相关学科科研人员阅读．

作者简介

莫小欢 北京大学数学科学学院教授，博士生导师．1991年在杭州大学获得博士学位．长期从事几何学的研究工作和教学工作．研究项目"芬斯勒流形的几何与调和映射"获2002年教育部提名国家自然科学奖一等奖．负责的几何学及其习题课程被评为2005年北京市精品课．

黎曼-芬斯勒几何基础

莫小欢　编著

图书在版编目（CIP）数据

黎曼–芬斯勒几何基础 / 莫小欢编著. — 北京：北京大学出版社，2007.3
 ISBN 978-7-301-10796-6

Ⅰ. 黎… Ⅱ. 莫… Ⅲ. ① 黎曼几何–研究生–教材 ② 芬斯勒空间–几何–研究生–教材 Ⅳ. O186.1

中国版本图书馆 CIP 数据核字 (2006) 第 062030 号

书　　　名：	黎曼–芬斯勒几何基础
著作责任者：	莫小欢　编著
责 任 编 辑：	刘　勇
标 准 书 号：	ISBN 978-7-301-10796-6/O·0702
出 版 者：	北京大学出版社
地　　　址：	北京市海淀区成府路 205 号　　100871
网　　　址：	http://www.pup.cn
电　　　话：	邮购部 62752015　发行部 62750672　编辑部 62752021
	出版部 62754962
电子信箱：	zpup@pup.pku.edu.cn
印 刷 者：	北京大学印刷厂
发 行 者：	北京大学出版社
经 销 者：	新华书店
	890 mm×1240 mm　A5　7 印张　200 千字
	2007 年 3 月第 1 版　2007 年 10 月第 2 次印刷
印　　　数：	3001—7000 册
定　　　价：	17.00 元

前　言

　　黎曼--芬斯勒 (Riemann-Finsler) 几何 (简称芬斯勒几何) 包括其重要特例黎曼几何是现代数学中的重要前沿学科. 由芬斯勒几何发展起来的几何方法对于探索理论物理、生物数学和信息科学等其他领域提出的问题都是相当有用的.

　　芬斯勒几何是在其度量上无二次型限制的黎曼几何. 这种度量是由德国数学家黎曼在其有名的就职演说 "论作为几何学基础的假设" (1854 年) 中提出的. 在上个世纪初的巴黎国际数学家大会上, 数学大师希尔伯特 (Hilbert) 提出的 20 世纪 23 个著名问题中有两个和芬斯勒几何学密切相关. 在光滑情形的希尔伯特第 4 问题是寻找和刻画 n 维欧氏空间的开集上的射影平坦芬斯勒度量; 而希尔伯特第 23 问题是探索芬斯勒线素之积分的变分学.

　　芬斯勒几何名称是来之于 Finsler 在 1918 年完成的他的博士学位论文, 在此文中芬斯勒研究了芬斯勒曲线和芬斯勒曲面.

　　国内外公认的 20 世纪数学大师陈省身院士年轻时曾致力于芬斯勒几何的探索. 他在 1948 年利用外微分和活动标架法发现了芬斯勒空间上著名的联络 (现在称之为陈联络). 20 世纪 90 年代末以后, 经陈省身院士的大力倡导, 芬斯勒几何的研究在国际、国内有了很大发展, 特别是大量新的芬斯勒度量的发现和芬斯勒空间的整体性质的建立使几何界乃至数学界已逐渐开启了神秘的芬斯勒几何学的大门. 陈省身先生曾预见, 芬斯勒几何将是 21 世纪微分几何的发展方向.

　　本书以活动标架为工具, 以射影丛上的陈联络为基础展开芬斯勒几何的讨论. 该书系统地引入了芬斯勒流形上三类几何不变量, 介绍了这些不变量之间的内蕴关系, 分析了经典和现代芬斯勒几何的局部结果和整体结果, 给出了大量满足各种曲率条件的非平凡芬斯勒流形的例子.

本书中多数几何不变量和基本方程是位于芬斯勒流形的射影球丛上，即，它们关于切向量都是 0 阶正齐性的，从而内容上简明扼要. 本书通过介绍芬斯勒流形上调和映射理论与射影球丛的几何等体现现代芬斯勒几何的研究方法，故该书通俗易懂.

本书作者曾在北京大学为研究生开设过三次芬斯勒几何课程. 作者在 1995 年南开大学微分几何学术年和 2002 年 5 月杭州暑期芬斯勒几何研讨会，以及 2004 年南开芬斯勒几何讲习班上作过芬斯勒几何的系列演讲，这些便是本书取材之主要来源. 几何大师陈省身生前对该书的编写寄以厚望，也曾提出许多极其宝贵的意见，在此表示崇高的敬意.

在本书的写作过程中，作者得到北京大学数学科学学院、北京大学数学研究所、北京大学教材建设委员会、北京大学出版社以及国家自然科学基金 (项目号： 10471001, 10171002) 的支持和资助，作者在此表示衷心的感谢. 在本书正式出版之前，博士研究生黄利兵和余昌涛为该书做了大量具体工作，作者在此向他们表示深切的谢意. 最后，作者向编辑刘勇老师卓有成效的辛勤工作表示敬意.

莫小欢

2006 年 9 月于北京大学

目 录

第一章 芬斯勒流形 .... (1)
  §1.1 历史回顾 .... (1)
  §1.2 芬斯勒流形 .... (2)
  §1.3 基本例子 .... (4)
    1.3.1 黎曼流形 .... (4)
    1.3.2 闵可夫斯基流形 .... (5)
    1.3.3 Randers 流形 .... (5)
  §1.4 基本不变量 .... (6)
    1.4.1 基本张量 .... (6)
    1.4.2 希尔伯特形式 .... (8)
  §1.5 对称芬斯勒结构 .... (9)
  习题一 .... (10)

第二章 闵可夫斯基空间上的几何量 .... (13)
  §2.1 嘉当张量 .... (13)
  §2.2 嘉当形式和 Deicke 定理 .... (14)
  §2.3 畸变 .... (16)
  §2.4 芬斯勒子流形 .... (17)
  §2.5 子流形的嵌入问题 .... (20)
  习题二 .... (25)

第三章 陈联络 .... (27)
  §3.1 芬斯勒丛上的适当标架场 .... (27)
  §3.2 陈联络的构造 .... (30)
  §3.3 陈联络的性质 .... (36)
  §3.4 SM 的水平子丛和垂直子丛 .... (41)

习题三 …………………………………………………… (42)

第四章　共变微分和第二类几何量 …………………………… (43)
　§4.1　水平共变导数和垂直共变导数 ………………………… (43)
　§4.2　沿着测地线的共变导数 ………………………………… (44)
　§4.3　Landsberg 曲率 ………………………………………… (47)
　§4.4　S 曲率 …………………………………………………… (50)
　　习题四 …………………………………………………… (57)

第五章　黎曼几何不变量和弧长的变分 ……………………… (59)
　§5.1　陈联络的曲率 …………………………………………… (59)
　§5.2　旗曲率 …………………………………………………… (64)
　§5.3　弧长的第一变分 ………………………………………… (66)
　§5.4　弧长的第二变分 ………………………………………… (72)
　　习题五 …………………………………………………… (76)

第六章　射影球丛的几何 ……………………………………… (79)
　§6.1　射影球丛的联络和曲率 ………………………………… (79)
　§6.2　芬斯勒丛的可积条件 …………………………………… (85)
　§6.3　芬斯勒丛的极小性 ……………………………………… (88)
　　习题六 …………………………………………………… (91)

第七章　三类几何不变量的内蕴联系 ………………………… (93)
　§7.1　嘉当张量和旗曲率的关系 ……………………………… (93)
　§7.2　里奇恒等式 ……………………………………………… (95)
　§7.3　S 曲率和旗曲率的关系 ………………………………… (97)
　§7.4　具有常 S 曲率的芬斯勒流形 …………………………… (98)
　　习题七 …………………………………………………… (99)

第八章　具有标量曲率的芬斯勒流形 ………………………… (101)
　§8.1　具有迷向 S 曲率的芬斯勒流形 ………………………… (101)
　§8.2　具有标量曲率的芬斯勒流形的基本方程 ……………… (103)
　§8.3　具有相对迷向平均 Landsberg 曲率的度量 …………… (107)

习题八 ·· (110)

第九章　从芬斯勒流形出发的调和映射 ················ (113)
　　§9.1　一些定义和引理 ································ (113)
　　§9.2　第一变分 ······································ (116)
　　§9.3　复合性质 ······································ (123)
　　§9.4　应力-能量张量 ································· (127)
　　§9.5　恒同映射的调和性 ······························ (130)
　　习题九 ·· (133)

第十章　局部射影平坦和非局部射影平坦的芬斯勒度量 ·· (135)
　　§10.1　迷向 S 曲率的局部射影平坦的 Randers 度量 ··· (135)
　　§10.2　非局部射影平坦的 Randers 度量 ················ (140)
　　§10.3　一些射影平坦的芬斯勒度量的构造 ·············· (143)
　　　　10.3.1　射影平坦的 (α,β) 度量 ············· (143)
　　　　10.3.2　Randers 度量的形变 ······················ (146)
　　　　10.3.3　一般构造 ······························· (150)
　　　　10.3.4　迷向 S 曲率 ··························· (152)
　　习题十 ·· (157)

习题解答和提示 ·· (159)
参考文献 ·· (209)
索引 ·· (212)

第一章 芬斯勒流形

芬斯勒几何是在其度量上无二次型限制的黎曼几何. 这种几何学在相对论、控制论、生物数学和心理学有广泛的应用 [3]. 本章我们引入芬斯勒流形的概念并讨论它与黎曼流形的关系. 此外我们给出了除黎曼流形以外其他几类有用的芬斯勒流形的例子.

§1.1 历史回顾

弧长元素具有

$$\mathrm{d}s := F(x^1, \cdots, x^n; \mathrm{d}x^1, \cdots, \mathrm{d}x^n) \tag{1.1}$$

形状的几何学称之为黎曼 – 芬斯勒几何学 (简称为芬斯勒几何学), 这里 F 是定义在流形的切丛上的关于 $\mathrm{d}x^i$ 的一阶正齐性函数. 事实上, F 是在 x 点的切空间上闵可夫斯基范数 F_x (参见 §2.2) 的集合, 并且它光滑地依赖于流形上点 x 的变化. 度量 (1.1) 是德国数学家黎曼 (Riemann) 在其有名的就职演说 "论作为几何学基础的假设" (1854 年) 中提出的. 黎曼在演说中强调了具有二次型限制的特别情形, 即

$$F^2(x, \mathrm{d}x) = g_{ij}(x)\mathrm{d}x^i \mathrm{d}x^j.$$

在上个世纪初, 1900 年巴黎召开的国际数学家大会上, 希尔伯特提出了 23 个著名的数学问题, 他的最后一个问题便是探索具有线素 (1.1) 的 $\int \mathrm{d}s$ 的变分学. 他的第 4 个问题归结为在正则度量的情形, 寻找所有欧氏空间之开集上的射影平坦的芬斯勒度量.

几年以后, 芬斯勒比较系统地讨论了赋予度量 (1.1) 的曲线和曲面的几何, 以此内容完成了他的博士论文 (1918 年). 芬斯勒几何一词正是来源于此.

国内外公认的 20 世纪几何大师陈省身院士年轻时曾致力于芬斯勒流形的研究. 他利用外微分和活动标架法发现了著名的芬斯勒流形上的联络 (1948 年, 现在称为陈联络). 近廿年来, 陈省身教授多次极力倡导黎曼–芬斯勒几何的学习和研究, 使这门几何学发展迅速, 成为了国内外一门风起云涌、日新月异的学科.

§1.2 芬斯勒流形

设 M 是一个 n 维光滑流形. 以 T_xM 表示 M 在 x 点的切空间. 设 TM 是 M 的切丛, 即

$$TM := \bigcup_{x \in M} T_xM = \{(x,y) | x \in M, y \in T_xM\}.$$

用 $\pi : TM \to M$ 表示切丛的自然投影 (见图 1.1), 即

$$(x,y) \xrightarrow{\pi} x.$$

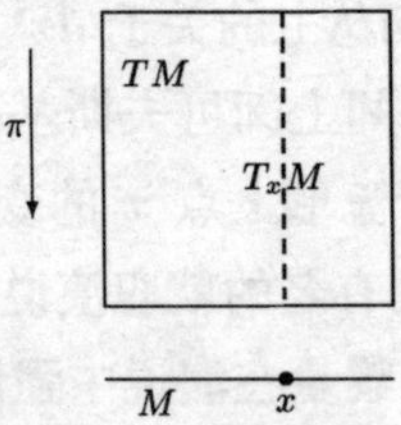

图 1.1

设 (φ, x^i) 是 M 的开子集 U 上的局部坐标卡, 即

$$\varphi(x) = (x^1, \cdots, x^n), \quad \forall x \in U.$$

对 $i = 1, \cdots, n$, 我们取 U 上的曲线

$$\gamma_i(t) = \varphi^{-1}(x^1, \cdots, x^{i-1}, x^i + t, x^{i+1}, \cdots, x^n),$$

这样 $\gamma_i'(0)$ 便是 T_xM 的一组基, 即

$$T_xM = \text{Span}\left\{\frac{\partial}{\partial x^1}\Big|_x, \cdots, \frac{\partial}{\partial x^n}\Big|_x\right\},$$

其中 $\frac{\partial}{\partial x^i}\big|_x := \gamma_i'(0)$. 对于 T_xM 中的切向量 y, 它具有如下线性表示

$$y = y^i \frac{\partial}{\partial x^i}\Big|_x. \tag{1.2}$$

因而 x^i 诱导了 TM 的开子集 $\pi^{-1}(U)$ 上的局部坐标 $(x^1,\cdots,x^n;$ $y^1,\cdots,y^n)$. 为了方便起见, 我们常常不区分 (x,y) 和其坐标表示 (x^i,y^i). 把切丛 TM 上的函数 H 常常局部表示为

$$H(x^1,\cdots,x^n;y^1,\cdots,y^n),$$

且以 $H_{y^i}, H_{y^iy^j}, \cdots$ 等表示函数 H 关于坐标 y^k 的偏导数. H 关于坐标 x^i 的偏导数也采用类似记号. 下面引理表明当切丛的坐标系变化时, 函数关于坐标分量之偏导数的变化规律.

引理 1.2.1 设 V 是流形 M 的开子集, 它满足 $U \cap V \neq \emptyset$, 而 $(\tilde{x}^i, \tilde{y}^i)$ 是切丛 TM 在开子集 $\pi^{-1}(V)$ 上的局部坐标系. 则

(i) $H_{\tilde{y}^j} = \dfrac{\partial x^i}{\partial \tilde{x}^j} H_{y^i};$ \hfill (1.3)

(ii) $H_{\tilde{x}^j} = \dfrac{\partial x^i}{\partial \tilde{x}^j} H_{x^i} + \tilde{y}^k \dfrac{\partial^2 x^i}{\partial \tilde{x}^j \partial \tilde{x}^k} H_{y^i}.$ \hfill (1.4)

证明 由 (1.2) 式我们有

$$y^i = \frac{\partial x^i}{\partial \tilde{x}^j} \tilde{y}^j, \tag{1.5}$$

于是可得

$$\frac{\partial y^i}{\partial \tilde{y}^j} = \frac{\partial x^i}{\partial \tilde{x}^j}. \tag{1.6}$$

利用 (1.5), (1.6) 式和复合函数的求导法则可得 (1.3) 和 (1.4) 式. $\square$

定义 1.2.2 $F: TM \to [0,\infty)$ 若满足:

(i) $F(x,\lambda y) = \lambda F(x,y), \lambda \in \mathbb{R}^+;$

(ii) $F|_{TM\backslash\{0\}}$ 是 C^∞ 的;

(iii) 矩阵 $\left[\frac{1}{2}(F^2)_{y^iy^j}\right]$ 在 $TM\backslash\{0\}$ 上是正定的,

则称 F 是流形 M 上的**芬斯勒结构**或**芬斯勒度量**, 赋予芬斯勒结构

F 的光滑流形 M 称为**芬斯勒流形**,记为 (M,F).

§1.3 基本例子

1.3.1 黎曼流形

光滑流形 M 上的**黎曼度量**是 M 上的一族内积 $\{g_x\}_{x\in M}$, 这些内积满足

$$g_{ij}(x) := g\left(\frac{\partial}{\partial x^i}, \frac{\partial}{\partial x^j}\right)$$

是光滑的. 黎曼流形上的芬斯勒结构满足

$$F(x,y) = \sqrt{g_{ij}(x)y^i y^j}.$$

此时, $\frac{1}{2}(F^2)_{y^i y^j} = g_{ij}(x)$, 它与切向量无关. 由此可见黎曼流形是有二次型限制的芬斯勒流形.

我们用 $|\cdot|$ 和 $\langle\,,\,\rangle$ 分别表示 $\mathbb{R}^n$ 上的标准欧氏范数和内积. $\mathbb{B}^n$ 表示 $\mathbb{R}^n$ 中的单位球. 考虑下列经典的芬斯勒结构

$$F = \sqrt{\frac{|y|^2 - (|x|^2|y|^2 - \langle x,y\rangle^2)}{1-|x|^2}}, \tag{1.7}$$

$$F = \frac{\sqrt{|y|^2 - (|x|^2|y|^2 - \langle x,y\rangle^2)}}{1-|x|^2}. \tag{1.8}$$

对于 (1.7) 式, 易求得

$$g_{ij} := (F^2/2)_{y^i y^j}$$

$$= \frac{1}{2}\left[\frac{y^k y^l \delta_{kl}(1-|x|^2) + \left(\sum_k x^k y^k\right)^2}{1-|x|^2}\right]_{y^i y^j}$$

$$= \frac{\delta_{ij}(1-|x|^2) + x^i x^j}{1-|x|^2} = g_{ij}(x).$$

这样, 结构 (1.7) 是一个黎曼度量的芬斯勒结构. 类似可证由 (1.8) 式定义的芬斯勒结构也是黎曼的.

上述黎曼度量有特殊的曲率性质. 定义在 (1.7) 式中的黎曼度量具有常曲率 1. 而度量 (1.8) 具有常曲率 -1, 我们称之为 **Klein 度量**.

1.3.2 闵可夫斯基流形

定义 1.3.1 设 (M, F) 是一个芬斯勒流形. 若对 M 上所有坐标卡 (U, x^i), $g_{ij}(x, y) = g_{ij}(y)$, 我们称 (M, F) 为**局部闵可夫斯基流形**; 特别, 当 M 是一个向量空间时, (M, F) 称为 **(整体) 闵可夫斯基流形**.

例 1.3.2[9] 对 $\mathbb{R}^2$, $T_x\mathbb{R}^2 \cong \mathbb{R}^2$, 其中 $x \in \mathbb{R}^2$. 我们记 $y = (p, q)$. 定义

$$F_{\lambda,k}(x,y) := F_{\lambda,k}(y) = \sqrt{p^2 + q^2 + \lambda(p^{2k} + q^{2k})^{1/k}},$$

其中 $\lambda \in [0, \infty)$, $k = \{1, 2, \cdots\}$. 当 $\lambda = 0$ 时, $F_{0,k}$ 是黎曼度量的芬斯勒结构. 事实上, 此黎曼度量是欧氏度量. 易证 $F_{\lambda,k}$ 在 $T\mathbb{R}^2 \backslash \{0\}$ 上是光滑的. 进一步,

$$\frac{1}{2}\frac{\partial^2 F_{\lambda,k}^2}{\partial p^2} = 1 + \lambda\omega p^{2(k-1)}[p^{2k} + (2k-1)q^{2k}] > 0,$$

$$\frac{1}{2}\frac{\partial^2 F_{\lambda,k}^2}{\partial p \partial q} = 2\lambda(1-k)\omega(pq)^{2k-1},$$

其中 $\omega = (p^{2k} + q^{2k})^{\frac{1}{k}-2}$. 于是我们得到

$$\det\left(\frac{\partial^2 F_{\lambda,k}^2}{\partial y^i \partial y^j}\right) > 0. \tag{1.9}$$

故 $(\mathbb{R}^2, F_{\lambda,k})$ 是一个闵可夫斯基流形.

1.3.3 Randers 流形

定义 1.3.3 设 $\alpha := \sqrt{a_{ij}(x)y^iy^j}$ 是微分流形 M 上的黎曼度量, $\beta := b_i(x)y^i$ 是 M 上的 1 形式. 设

$$\|\beta\|_\alpha := \sqrt{a^{ij}b_ib_j} < 1,$$

其中 $(a^{ij}) = (a_{ij})^{-1}$. 考虑 $F := \alpha + \beta$, 此时 F 是 (正定的) 芬斯勒结构, 称 F 为 **Randers 结构**或 **Randers 度量**. 这种度量是由物理学家从广义相对论的观点引入的 [31].

例 1.3.4 下面的 Randers 度量是由 Klein 度量 (1.8) 形变而得的:
$$F = \frac{\sqrt{|y|^2 - (|x|^2|y|^2 - \langle x, y\rangle^2)}}{1 - |x|^2} \pm \frac{\langle x, y\rangle}{1 - |x|^2}, \quad (1.10)$$

这里 x 取自于单位球 $\mathbb{B}^n$ 内, 而
$$y \in T_x\mathbb{B}^n \cong T_x\mathbb{R}^n.$$

易证得

(i) $\beta := \dfrac{\langle x, y\rangle}{1 - |x|^2}$ 是一个恰当形式 (因而, β 是闭形式);

(ii) $\|\beta\|_\alpha < 1$.

由 (1.10) 式确定的芬斯勒度量称为单位球上的 **Funk 度量**.

例 1.3.5 对 $\mathbb{R}^2$ 的黎曼度量
$$\alpha = \frac{[(1 - \varepsilon^2)\langle x, y\rangle^2 + \varepsilon|y|^2(1 + \varepsilon|x|^2)]^{1/2}}{1 + \varepsilon|x|^2}$$

和 1 次形式
$$\beta = \frac{\sqrt{1 - \varepsilon^2}\langle x, y\rangle}{1 + \varepsilon|x|^2},$$

其中 $x \in \mathbb{R}^2, y \in T_x\mathbb{R}^2, \varepsilon \in (0, 1)$, 则 $F := \alpha + \beta$ 是 Randers 度量. 其一般情形我们将在例 4.4.4 中作详细讨论.

§1.4 基本不变量

1.4.1 基本张量

首先我们给出向量空间上齐性函数的性质以及它在芬斯勒结构上的应用.

引理 1.4.1 设 V 是一个向量空间,$H: V \to \mathbb{R}$ 具有 r 阶正齐性,即对一切 $\lambda > 0$,我们有

$$H(\lambda y) = \lambda^r H(y), \tag{1.11}$$

则

$$y^i \frac{\partial H}{\partial y^i} = r H(y). \tag{1.12}$$

证明 设 $H: V \to \mathbb{R}$ 满足 (1.11) 式. 固定 y,对 (1.11) 式关于 λ 求导便有

$$y^i \frac{\partial H}{\partial y^i} = r \lambda^{r-1} H(y),$$

令 $\lambda = 1$ 我们得到 (1.12) 式. □

推论 1.4.2 设 (M, F) 是一个芬斯勒流形. 则其芬斯勒结构 F 满足

$$y^i F_{y^i} = F, \tag{1.13}$$

$$y^j F_{y^i y^j} = 0, \tag{1.14}$$

$$y^k F_{y^i y^j y^k} = -F_{y^i y^j}. \tag{1.15}$$

证明 依次将 $F, F_{y^i}, F_{y^i y^j}$ 作为上述 H,并注意 $F, F_{y^i}, F_{y^i y^j}$ 关于 y 分别是 1 阶、0 阶和 -1 阶齐性函数. □

对于芬斯勒流形 (M, F),我们令

$$g := g_{ij}(x, y) \, \mathrm{d}x^i \otimes \mathrm{d}x^j,$$

其中

$$g_{ij} := \frac{1}{2}(F^2)_{y^i y^j} = F F_{y^i y^j} + F_{y^i} F_{y^j}. \tag{1.16}$$

用引理 1.2.1 易证二阶对称共变张量 g 内蕴地定义在切丛 TM 上. 我们称 g 为 F 的**基本张量**.

引理 1.4.3 基本张量 g 的分量具有下列性质:

(i) $y^i g_{ij} = F F_{y^j};$ \hfill (1.17)

(ii) $y^i y^j g_{ij} = F^2$; \hfill (1.18)

(iii) $y^i \dfrac{\partial g_{ij}}{\partial y^k} = y^j \dfrac{\partial g_{ij}}{\partial y^k} = y^k \dfrac{\partial g_{ij}}{\partial y^k} = 0.$ \hfill (1.19)

证明 利用 (1.13), (1.14) 和 (1.15) 式易得性质 (i) 和 (ii). 将 g_{ij} 作为引理 1.4.1 中的 H, 并注意 g_{ij} 关于切向量是零阶正齐性函数, 我们便有性质 (iii). □

1.4.2 希尔伯特形式

设 M 是一个光滑流形, 对 $y \in T_x M$, 令 $[y] = \{\lambda y | \lambda \in \mathbb{R}^+\}$. 我们称

$$\{(x, [y]) | (x, y) \in TM \setminus \{0\}\}$$

为 M 的**射影球丛**, 记做 SM, 记其自然投影为 $p: SM \to M$. 即 $p(x, [y]) = x$. 此时在 x 处的**射影球** $S_x M := p^{-1}(x) \approx S^{n-1}$, 其中 "$\approx$" 表示同胚, $n = \dim M$ (见图 1.2).

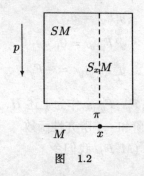

图 1.2

考虑芬斯勒空间 (M, F), 设 (x^i, y^i) 为其切丛 TM 上的局部坐标. 令 $\omega := F_{y^i} \mathrm{d} x^i$, 那么我们有

引理 1.4.4 ω 是射影球丛 SM 上整体定义的一次微分形式.

证明 如同引理 1.2.1, 我们取 TM 上另一个局部坐标系. 利用 (1.3) 式便知

$$F_{\tilde{y}^i} \mathrm{d} \tilde{x}^i = F_{y^i} \mathrm{d} x^i,$$

它表明 ω 是整体定义的. 进一步, 我们容易验证

$$F_{y^i}(x,\lambda y) = F_{y^i}(x,y)$$

对一切正实数 λ 成立. 因而 ω 是 SM 上的一次形式. □

定义 1.4.5 设 (M,F) 是一个芬斯勒流形. 我们称 ω 为 (M,F) 的**希尔伯特形式**.

设 (M,F) 是一个 n 维芬斯勒流形. 设 p 为射影球丛的投影映射. 利用 p, 我们可得切丛 TM 和余切丛 T^*M 的拉回丛 p^*TM 和 p^*T^*M, 它们是 $2n-1$ 维流形 SM 上具有 n 维纤维的向量丛. 我们称 p^*TM 为**芬斯勒丛** (见图 1.3), 而称 p^*T^*M 为**对偶芬斯勒丛**[14]. 易见希尔伯特形式是 p^*T^*M 的截面.

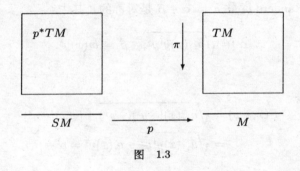

图 1.3

§1.5 对称芬斯勒结构

例 1.3.2 中的芬斯勒结构 $F_{\lambda,k}$ 有以下重要性质:

$$F_{\lambda,k}(x,y) = F_{\lambda,k}(x,-y).$$

一般说来,若一个芬斯勒结构 $F: TM \to \mathbb{R}$ 满足:对一切 $(x,y) \in TM$,有

$$F(x,y) = F(x,-y), \tag{1.20}$$

我们称 F 是**对称的芬斯勒结构**. 易证一个芬斯勒结构是对称的当且仅当对一切非零实数 λ,我们有

$$F(x, \lambda y) = |\lambda| F(x, y). \tag{1.21}$$

对于对称的芬斯勒结构 F, 我们可以用**射影切丛** PTM 代替在一般芬斯勒结构情形时射影球丛 SM 的角色. 这里 PTM 定义为

$$PTM := \{(x, \langle y \rangle) \mid (x, y) \in TM \backslash \{0\}\},$$

其中 $\langle y \rangle := \{\lambda y \mid \lambda \in \mathbb{R} \backslash \{0\}\}$.

设 (M, F) 是一个对称芬斯勒流形, 则 F_{y^i} 关于切向量 y 是零阶齐性的, 因而其希尔伯特形式是 PTM 上 1 次微分式. 类似可证, 在 §1.4 中定义的基本张量也是 PTM 上的二阶对称共变张量.

设 Randers 度量 $F := \alpha + \beta$ 是对称的, 其中

$$\alpha := \sqrt{a_{ij}(x) y^i y^j}; \quad \beta := b_i(x) y^i.$$

那么

$$F(x, -y) = \sqrt{a_{ij}(x)(-y^i)(-y^j)} + b_i(x)(-y^i)$$
$$= \sqrt{a_{ij}(x) y^i y^j} - b_i(x) y^i = \alpha - \beta.$$

由 F 的对称性便知 $\beta = 0$. 因而得到

引理 1.5.1 设 (M, F) 是 Randers 空间. 若 F 是对称的, 则 (M, F) 是黎曼空间.

习 题 一

1. 详细证明引理 1.2.1.
2. 证明由 (1.8) 式定义的芬斯勒结构是黎曼结构.
3. 验证例 1.3.2 的细节, 特别验证 (1.9) 式成立.
4. 证明: 设 $g = (g_{ij})$ 为 n 阶可逆矩阵, $g^{-1} = (g^{ij})$, $c = (c_i)$ 为 n 维列向量, $h_{ij} = g_{ij} + \lambda c_i c_j$, 则有

  (i) $\det(h) = (1 + \lambda c^2) \det(g)$, 其中 $c^2 := c_i c^i, c^i := g^{ij} c_j$.

(ii) 当 $1+\lambda c^2 \neq 0$ 时，h 可逆，且 $h^{ij} = g^{ij} - \dfrac{\lambda}{1+\lambda c^2} c^i c^j$.

5. 证明 Funk 度量 (见例 1.3.4) 的性质 (i) 和 (ii).

6. 求例 1.3.5 中的 $\|\beta\|_\alpha$.

7. 求 Randers 度量的基本张量 (g_{ij}).

8. 设 $\alpha = \sqrt{a_{ij}(x)y^i y^j}$ 是流形 M 上的黎曼度量，$\beta = b_i(x)y^i$ 是 M 上的 1 形式. 证明：$\|\beta\|_\alpha < 1$ 当且仅当 $F = \alpha + \beta$ 的 $[(F^2/2)]_{y^i y^j}$ 是正定的.

9. 证明：基本张量 $g = g_{ij}(x,y) \mathrm{d}x^i \otimes \mathrm{d}x^j$ 是在流形 $TM \backslash \{0\}$ 上整体定义的.

10. 详细证明 (1.17) 和 (1.18) 式.

11. 证明：芬斯勒结构 F 是对称的当且仅当对一切非零实数 λ，(1.21) 式成立.

12. 证明：向量空间 V 上的实值函数 H 若满足 (1.12) 式，那么它必为 r 阶正齐性函数.

第二章 闵可夫斯基空间上的几何量

芬斯勒几何有若干类几何不变量. 有些几何不变量对于黎曼度量这种特殊情形恒为零, 我们称它们是**非黎曼几何不变量**. 本章引入芬斯勒几何中第一类非黎曼几何不变量, 这些几何不变量描述了芬斯勒流形的闵可夫斯基切空间上的非欧几里得性质.

§2.1 嘉当张量

设 (M,F) 是一个芬斯勒流形, g_{ij} 为其基本张量. 令

$$A_{ijk} := \frac{F}{2}\frac{\partial g_{ij}}{\partial y^k} = \frac{F}{4}(F^2)_{y^i y^j y^k}, \tag{2.1}$$

$$A := A_{ijk} \mathrm{d}x^i \otimes \mathrm{d}x^j \otimes \mathrm{d}x^k.$$

易验证 A 是定义在 SM 上的共变张量场, 我们称 A 为 (M,F) 的**嘉当张量**.

命题 2.1.1 设 (M,F) 是一个芬斯勒流形. 则

(i) A_{ijk} 是全对称的, 即 $A_{ijk} = A_{jik} = A_{ikj}$;

(ii) $y^i A_{ijk} = 0$;

(iii) (M,F) 是黎曼流形当且仅当 $A \equiv 0$.

证明 (i) 和 (iii) 由 (2.1) 式直接可得. 而 (ii) 是引理 1.4.3 中性质 (iii) 的推论. □

注 嘉当张量反映了芬斯勒流形 (M,F) 距离黎曼流形的程度.

记 $\mathcal{G} := (g_{ij}), (g^{ij}) = \mathcal{G}^{-1}$. 易见

$$F\frac{\partial}{\partial y^k} \log\sqrt{\det\mathcal{G}} = \frac{F}{2}\frac{\partial}{\partial y^k}\log\det\mathcal{G} = \frac{F}{2}\frac{1}{\det\mathcal{G}}\frac{\partial g_{ij}}{\partial y^k}G^{ij}, \tag{2.2}$$

其中 G^{ij} 表示 g_{ij} 的代数余子式. 因而

$$G_{ij} = (\det\mathcal{G})g^{ji} = (\det\mathcal{G})g^{ij}. \tag{2.3}$$

把上式代入 (2.2) 式并利用 (2.1) 式我们便知

$$F\frac{\partial}{\partial y^k}\log\sqrt{\det\mathcal{G}} = \frac{F}{2}\frac{\partial g_{ij}}{\partial y^k}g^{ij} = A_{ijk}g^{ij}.$$

于是得到下面的引理.

引理 2.1.2 设 (M,F) 是一个芬斯勒流形. 则 $\det\mathcal{G}$ 与 y 无关当且仅当 $A_i \equiv 0$, 这里

$$A_i := g^{jk}A_{ijk}. \tag{2.4}$$

§2.2 嘉当形式和 Deicke 定理

利用 (2.4) 式给出的 A_i, 我们令 $\eta := A_i \mathrm{d}x^i$. 易验证 η 是定义在射影球丛 SM 上的整体 1 次微分式. 我们把 η 称为**嘉当形式**.

设 $F: \mathbb{R}^n \to [0,\infty)$ 是 $\mathbb{R}^n$ 上的**闵可夫斯基范数**, 即 F 满足:

(i) 1 阶正齐性;

(ii) F 限制在 $\mathbb{R}^n\backslash\{0\}$ 上光滑;

(iii) 对称方阵 $g_{ij} := \left[\left(\frac{F^2}{2}\right)_{y^i y^j}\right]$ 是正定的.

记 $\mathcal{G} := (g_{ij})$, $(g^{ij}) = (g_{ij})^{-1}$.

引理 2.2.1 对任意固定的 $x \in \mathbb{R}^n\backslash\{0\}$, 定义 $\phi_x: \mathbb{R}^n\backslash\{0\} \longrightarrow \mathbb{R}$ 如下:

$$y \xrightarrow{\phi_x} \mathrm{tr}\left[\mathcal{G}^{-1}(x)\mathcal{G}(y)\right].$$

若 $\det\mathcal{G}$ 是常值, 则

$$\min_{y \in \mathbb{R}^n\backslash\{0\}} \phi_x(y) = \phi_x(x).$$

证明 以 $\lambda_1,\cdots,\lambda_n$ 表示 $\mathcal{G}^{-1}(x)\mathcal{G}(y)$ 的 n 个特征值, 于是

$$\phi_x(y) = \lambda_1 + \cdots + \lambda_n$$
$$\geqslant n(\lambda_1\lambda_2\cdots\lambda_n)^{\frac{1}{n}}$$

$$= n\{\det[\mathcal{G}^{-1}(x)\mathcal{G}(y)]\}^{\frac{1}{n}}$$
$$= n\{[\det\mathcal{G}(x)]^{-1}[\det\mathcal{G}(y)]\}^{\frac{1}{n}}$$
$$= n \quad (\text{因为 } |\mathcal{G}| = \text{常数})$$
$$= \operatorname{tr}[\mathcal{G}^{-1}(x)\mathcal{G}(x)] = \phi_x(x). \qquad \Box$$

引理 2.2.2 考虑**椭圆算子**
$$\Delta := g^{ij}(x)\frac{\partial^2}{\partial y^i \partial y^j},$$
则
$$\Delta \mathcal{G} = \left(\frac{\partial^2 \phi_x}{\partial y^k \partial y^l}\right).$$

证明 把上述椭圆算子作用于 g_{kl}, 我们得到
$$\Delta g_{kl} = g^{ij}(x)\frac{\partial^2 g_{kl}}{\partial y^i \partial y^j}$$
$$= g^{ij}(x)\frac{\partial^4 (F^2/2)}{\partial y^k \partial y^l \partial y^i \partial y^j}$$
$$= g^{ij}(x)\frac{\partial^4 (F^2/2)}{\partial y^i \partial y^j \partial y^k \partial y^l}$$
$$= g^{ij}(x)\frac{\partial^2 g_{ij}}{\partial y^k \partial y^l}$$
$$= \frac{\partial^2 g^{ij}(x) g_{ij}(y)}{\partial y^k \partial y^l} = \frac{\partial^2 \phi_x}{\partial y^k \partial y^l}. \qquad \Box$$

引理 2.2.3 设 $F : \mathbb{R}^n \to [0, \infty)$ 是 $\mathbb{R}^n$ 上的闵可夫斯基范数. 如果 $\det(g_{ij})$ 是常数, 则对一切 k, l, g_{kl} 必为常数.

证明 以 S 表示**芬斯勒球面**, 即
$$S = \{x \in \mathbb{R}^n \mid F(x) = 1\}.$$
显然 S 是紧致子集. 故对每一个固定的 $k \in \{1, \cdots, n\}$, 存在 $x_0 \in S$, 使得
$$g_{kk}(x_0) = \max_{x \in S} g_{kk}(x) = \max_{x \in \mathbb{R}^n \backslash \{0\}} g_{kk}(x). \tag{2.5}$$

注意上式第二个等号我们已用了 g_{kk} 是 0 阶正齐性的事实. 利用引理 2.2.1 和数学分析中最小值的条件知, $\left(\dfrac{\partial^2 \phi_x}{\partial y^i \partial y^j}\right)(x)$ 是半正定的.

由引理 2.2.2 可得 $(\Delta g_{ij})(x)$ 半正定, 因而 $\Delta g_{kk} \geqslant 0$. 由于 Δ 是椭圆算子, 结合 (2.5) 式便有 g_{kk} 为常值. 于是 $\Delta g_{kk} = 0$. 注意到 $(\Delta g_{ij})(x)$ 半正定, 我们得到对一切 k, l, $\Delta g_{kl} = 0$. 同上述类似的讨论可知, 对所有 $k \neq l$, g_{kl} 为常值. □

结合引理 2.1.2 和引理 2.2.3, 我们便得到著名的 Deicke 定理.

定理 2.2.4[15] (**Deicke 定理**) 芬斯勒流形是黎曼流形的充分必要条件是它具有消失的嘉当形式, 即它的嘉当形式恒等于零.

注 上述定理表明, 类似于嘉当张量, 嘉当形式同样描述了一个芬斯勒流形距离黎曼流形的程度.

§2.3 畸 变

设 (M, F) 是一个芬斯勒流形, 而 $\mathbb{B}^n$ 为 $\mathbb{R}^n$ 中单位球. 我们定义流形 M 上的映射 $\sigma : M \to \mathbb{R}^+$, 对 $\forall x \in M$,

$$\sigma(x) := \frac{\mathrm{Vol}(\mathbb{B}^n)}{\mathrm{Vol}\left\{(y^i) \in \mathbb{R}^n \,\middle|\, F\left(x, y^i \dfrac{\partial}{\partial x^i}\right) < 1\right\}},$$

这里 (x^i, y^i) 是切丛 TM 上的坐标, 而 Vol 表示取欧氏体积. 设 g_{ij} 是 F 的基本张量. 利用 σ, 我们定义 $\tau : TM \backslash \{0\} \to \mathbb{R}$, 对 $\forall (x, y) \in TM \backslash \{0\}$,

$$\tau(x, y) := \ln \frac{\sqrt{\det(g_{ij}(x, y))}}{\sigma(x)},$$

称 τ 为芬斯勒流形 (M, F) 的**畸变**[33,35]. 易证 τ 关于切向量具有零阶正齐性. 故我们常将 τ 作为射影球丛 SM 上的函数.

芬斯勒流形上的畸变和嘉当形式有密切的联系. 事实上, 利用

行列式的求导法则，有

$$\frac{\partial \tau}{\partial y^k} = \frac{\partial}{\partial y^k} \ln \left[\frac{\sqrt{\det(g_{ij}(x,y))}}{\sigma_F(x)} \right]$$

$$= \frac{\partial}{\partial y^k} \ln \sqrt{\det(g_{ij}(x,y))} - \frac{\partial}{\partial y^k} \ln \sigma_F(x)$$

$$= \frac{1}{2} g^{ij} \frac{\partial g_{ij}}{\partial y^k} = \frac{1}{F} A_{ijk} g^{ij} = \frac{1}{F} A_k, \quad (2.6)$$

这里 A_k 正是 (M,F) 的嘉当形式之分量. 结合 Deicke 定理，我们便有

命题 2.3.1 设 (M,F) 是一个芬斯勒流形. 那么它是黎曼流形的充分必要条件为它的畸变仅和 M 的点有关，而与切向量的变化无关.

§2.4 芬斯勒子流形

本章的后两节将从芬斯勒流形的嵌入问题进一步说明嘉当张量描绘了芬斯勒流形距离黎曼流形的程度. 设 M 是浸入在芬斯勒流形 $(\widetilde{M}, \widetilde{F})$ 中的子流形. 定义 M 的切丛到 $\widetilde{M}$ 的切丛的映射 $f_*: TM \to T\widetilde{M}$ 如下:

$$f_*(x,y) = (f(x), (\mathrm{d}f)_x(y)), \quad (2.7)$$

这里 $(\mathrm{d}f)_x : T_x M \to T_{f(x)} \widetilde{M}$ 是 f 在 x 处的微分. 令 $F := \widetilde{F} \circ f_*$. 容易验证 F 是流形 M 上的一个芬斯勒结构，我们称 F 为**由 $\widetilde{F}$ 诱导的芬斯勒结构**. 下面引理反映了诱导的芬斯勒结构和外围空间的芬斯勒结构的不变量之间的联系.

引理 2.4.1 设 $f : M \to (\widetilde{M}, \widetilde{F})$ 是 M 到流形 $(\widetilde{M}, \widetilde{F})$ 的浸入，F 是由 $\widetilde{F}$ 诱导的芬斯勒结构. 以 $\tilde{g}$ 和 $\tilde{A}$ 分别表示 $\widetilde{F}$ 的基本张量和嘉当张量，那么 F 的基本张量 g 和嘉当张量 A 满足:

$$g_{ab}(x,y) = \tilde{g}_{ij}(\tilde{x}, \tilde{y}) \frac{\partial f^i}{\partial x^a} \frac{\partial f^j}{\partial x^b}, \quad (2.8)$$

$$A_{abc}(x,y) = \tilde{A}_{ijk}(\tilde{x},\tilde{y})\frac{\partial f^i}{\partial x^a}\frac{\partial f^j}{\partial x^b}\frac{\partial f^k}{\partial x^c}, \tag{2.9}$$

其中 f^i 是 f 关于 $\widetilde{M}$ 上局部坐标的分量函数，x^a 是 M 上的局部坐标，且

$$\begin{cases} \tilde{x} = f(x), \\ \tilde{y} = (\mathrm{d}f)_*(y). \end{cases} \tag{2.10}$$

证明 由 (2.7), (2.10) 式以及 F 的定义可知

$$F(x,y) = \widetilde{F}(\tilde{x},\tilde{y}). \tag{2.11}$$

于是

$$\begin{aligned} F_{y^a}(x,y) &= \widetilde{F}_{\tilde{x}^i}(\tilde{x},\tilde{y})\frac{\partial \tilde{x}^i}{\partial y^a} + \widetilde{F}_{\tilde{y}^i}(\tilde{x},\tilde{y})\frac{\partial \tilde{y}^i}{\partial y^a} \\ &= \widetilde{F}_{\tilde{y}^i}(\tilde{x},\tilde{y})\frac{\partial f^i}{\partial x^a}(x), \end{aligned} \tag{2.12}$$

这里我们已用了 (2.10) 式和

$$\frac{\partial \tilde{y}^i}{\partial y^a} = \frac{\partial f^i}{\partial x^a}.$$

类似可得

$$F_{y^a y^b}(x,y) = \widetilde{F}_{\tilde{y}^i \tilde{y}^j}(\tilde{x},\tilde{y})\frac{\partial f^i}{\partial x^a}(x)\frac{\partial f^j}{\partial x^b}(x). \tag{2.13}$$

从 (2.11) ~ (2.13) 式直接可得 (2.8) 式. 再利用 (2.1), (2.8) 和 (2.11) 式我们有

$$\begin{aligned} A_{abc}(x,y) &= \frac{1}{2}F(x,y)\frac{\partial}{\partial y^c}g_{ab}(x,y) \\ &= \frac{\widetilde{F}(\tilde{x},\tilde{y})}{2}\frac{\partial}{\partial \tilde{y}^k}\left[\tilde{g}_{ij}(\tilde{x},\tilde{y})\frac{\partial f^i}{\partial x^a}(x)\frac{\partial f^j}{\partial x^b}(x)\right]\frac{\partial \tilde{y}^k}{\partial y^c} \\ &= \frac{\widetilde{F}(\tilde{x},\tilde{y})}{2}\left[\frac{\partial}{\partial \tilde{y}^k}\tilde{g}_{ij}(\tilde{x},\tilde{y})\right]\frac{\partial f^i}{\partial x^a}(x)\frac{\partial f^j}{\partial x^b}(x)\frac{\partial f^k}{\partial x^c}(x). \end{aligned}$$

这样我们便有 (2.9) 式. □

推论 2.4.2 设 $(\widetilde{M}, \widetilde{F})$ 是一个黎曼流形, M 是 $(\widetilde{M}, \widetilde{F})$ 的浸入子流形. 则由 $\widetilde{F}$ 诱导在 M 上的芬斯勒结构也是黎曼的.

设 V 是 n 维向量空间, f 是 V 上的闵可夫斯基范数 (参见 §2.2). 固定 V 的一组基 $\{e_j\}$. 对任意 $y \in V$, 便有 $y = y^j e_j$. 考虑切丛 TV 中的元素 (y, u). 令 $u^j = \mathrm{d}y^j(u)$. 于是 (y, u) 便有其坐标 $(y^1, \cdots, y^n; u^1, \cdots, u^n)$. 定义 $F : TV \to [0, +\infty)$,

$$(y, u) \xrightarrow{F} f(u^j e_j). \tag{2.14}$$

容易证明

 (i) F 是整体定义的, 即它与基 $\{e_i\}$ 的选取无关;

 (ii) F 是线性流形 V 上的芬斯勒结构;

 (iii) $F(y, u) = f(u)$.

可见 (V, F) 是一个闵可夫斯基流形. 令 $S := \{y \in V \mid f(y) = 1\}$. 设 $i : S \to V$ 是自然嵌入. 由 (2.11) 和 (2.14) 式, F 诱导的芬斯勒结构 $\dot{F}$ 满足:

$$\begin{aligned}
\dot{F}\left(u, \omega^a \frac{\partial}{\partial u^a}\right) &= F\left[i(u), i_*\left(\omega^a \frac{\partial}{\partial u^a}\right)\right] \\
&= F\left[i(u), \omega^a \frac{\partial i^j}{\partial u^a} \frac{\partial}{\partial y^j}\right] \\
&= f\left(\omega^a \frac{\partial i^j}{\partial u^a} e_j\right).
\end{aligned} \tag{2.15}$$

特别, 对例 1.3.2, 此时

$$e_1 = (1, 0), \quad e_2 = (0, 1),$$

则

$$\dot{F}_{\lambda,k}(u, \omega) = \sqrt{\sum_{j=1}^{2}\left(\omega^a \frac{\partial i^j}{\partial u^a}\right)^2 + \lambda\left\{\sum_{j=1}^{2}\left(\omega^a \frac{\partial i^j}{\partial u^a}\right)^{2k}\right\}^{\frac{1}{k}}}.$$

§2.5 子流形的嵌入问题

设 M 是一个 n 维黎曼流形. 著名的 Nash 定理告诉我们, M 可等距嵌入到欧氏空间 $\mathbb{R}^m$ 中, 这里 m 满足

$$m = \begin{cases} n(3n+11)/2, & \text{当 } M \text{ 紧致}, \\ 2(2n+1)(3n+8), & \text{当 } M \text{ 非紧致}. \end{cases}$$

注意到芬斯勒流形在各点的切空间是闵可夫斯基空间, 很自然的问题是: 任何一个 n 维芬斯勒流形能否等距嵌入到闵可夫斯基空间中?

设 (M, F) 是一个芬斯勒流形, A 是它的嘉当张量. 以 I_x 表示 (M, F) **在 x 点的芬斯勒球面**, 即

$$I_x := \{y \in T_xM \mid F(x,y) = 1\}.$$

记

$$\|A\|_x = \sup_{y \in I_x} \sup_{u \in I_x} \frac{|A_{(x,y)}(u,u,u)|}{|g_{(x,y)}(u,u)|^{3/2}},$$

我们称 $\|A\|_x$ 为 A 在 x 处的**模长**. 易证

$$\|A\|_x = \sup_{y \in T_xM \setminus \{0\}} \sup_{u \in T_xM \setminus \{0\}} \frac{|A_{(x,y)}(u,u,u)|}{|g_{(x,y)}(u,u)|^{3/2}}.$$

命题 2.5.1 设 $f : (M, F) \hookrightarrow (\widetilde{M}, \widetilde{F})$ 为等距浸入, 即, F 是由 $\widetilde{F}$ 诱导的芬斯勒结构, A 与 $\widetilde{A}$ 分别是 F 与 $\widetilde{F}$ 的嘉当张量. 那么对任意的 $x \in M$, 我们有

$$\|A\|_x \leqslant \|\widetilde{A}\|_x. \tag{2.16}$$

证明 利用引理 2.4.1, 我们可得

$$\|A\|_x = \sup_{y \in I_x} \sup_{u \in I_x} \frac{|A_{(x,y)}(u,u,u)|}{|g_{(x,y)}(u,u)|^{3/2}}$$

$$= \sup_{y \in I_x} \sup_{u \in I_x} \frac{|\tilde{A}_{(f(x),f_*(y))}(f_*u, f_*u, f_*u)|}{|\tilde{g}_{(f(x),f_*(y))}(f_*u, f_*u)|^{3/2}}$$

$$\leqslant \sup_{\tilde{y} \in I_{f(x)}} \sup_{\tilde{u} \in I_{f(x)}} \frac{|\tilde{A}_{(f(x),\tilde{y})}(\tilde{u}, \tilde{u}, \tilde{u})|}{|\tilde{g}_{(f(x),\tilde{y})}(\tilde{u}, \tilde{u})|^{3/2}} = \|\tilde{A}\|_{f(x)}. \qquad \Box$$

推论 2.5.2 若芬斯勒流形可浸入到一个有限维闵可夫斯基空间中, 则它的嘉当张量是有界的.

证明 设 V 是有限维向量空间, $\widetilde{F}_0$ 是 V 上的闵可夫斯基范数. 由 §2.4 知, 我们可以从 $\widetilde{F}_0$ 定义 V 上的芬斯勒结构 $\widetilde{F}$, 使得

$$\widetilde{F}(\tilde{x}, \tilde{y}) = \widetilde{F}_0(\tilde{y}), \quad \forall (\tilde{x}, \tilde{y}) \in TV. \tag{2.17}$$

设 $f : (M, F) \hookrightarrow (V, \widetilde{F})$ 为等距浸入, 即 $f : M \hookrightarrow V$ 为浸入, F 是从 $\widetilde{F}$ 诱导的芬斯勒结构. 由 (2.17) 式有

$$\|\tilde{A}\|_{\tilde{x}} = 常数 := c.$$

结合命题 2.5.1 便知

$$\sup_{x \in M} \|A\|_x \leqslant \sup_{x \in M} \|\tilde{A}\|_{f(x)} = c < +\infty. \qquad \Box$$

由推论 2.5.2 可见, 具有无界嘉当张量的芬斯勒流形不能等距浸入到任何有限维闵可夫斯基空间中. 因此这类芬斯勒流形与黎曼流形之特性相距甚远. 这一事实从另一侧面反映了嘉当张量描绘了芬斯勒流形距离黎曼流形的程度.

考查闵可夫斯基空间 $(\mathbb{R}^n, F)$, 其中

$$F = F_\lambda(y) = \sqrt{\sum |y^i|^2 + \lambda \left(\sum |y^i|^4\right)^{\frac{1}{2}}}. \tag{2.18}$$

注意当 $n = 2$ 时, $F_\lambda = F_{\lambda,2}$ (参看例 1.3.2). 记

$$r = \left(\sum |y^i|^4\right)^{\frac{1}{4}}, \tag{2.19}$$

那么

$$F^2 = \sum |y^i|^2 + \lambda r^2, \tag{2.20}$$

$$r^4 = \sum |y^i|^4. \tag{2.21}$$

从 (2.21) 式, 有

$$rr_{y^i} = r^{-2}(y^i)^3, \tag{2.22}$$

于是

$$(r^{-2})_{y^i} = -2r^{-6}(y^i)^3, \tag{2.23}$$

$$(r^{-6})_{y^i} = -6r^{-10}(y^i)^3. \tag{2.24}$$

从 (2.20) 和 (2.22) 式, 我们有

$$\left(\frac{F^2}{2}\right)_{y^i} = y^i + \lambda r^{-2}(y^i)^3. \tag{2.25}$$

结合 (2.22) 和 (2.23) 式便知

$$g_{ij}(y) := \left(\frac{F^2}{2}\right)_{y^i y^j} = \delta_{ij} + 3\lambda r^{-2}(y^i)^2 \delta_{ij} - 2\lambda r^{-6}(y^i y^j)^3, \tag{2.26}$$

直接计算可知

$$(y^i y^i \delta_{ij})_{y^k} = 2y^i \delta_{ijk}, \tag{2.27}$$

其中

$$\delta_{ij}^{①} = \begin{cases} 1, & i = j, \\ 0, & \text{其余}; \end{cases} \quad \delta_{ijk} = \begin{cases} 1, & i = j = k, \\ 0, & \text{其余}. \end{cases} \tag{2.28}$$

类似地计算有

$$(y^i y^j)^3_{y^k} = 3\left[(y^i)^2 (y^j)^3 \delta_{ik} + (y^j)^2 (y^i)^3 \delta_{jk}\right]. \tag{2.29}$$

结合 (2.23),(2.24),(2.26) 和 (2.27) 式便有

$$A_{ijk}(y) = \frac{F}{2} \frac{\partial g_{ij}}{\partial y^k}$$

---

① 本书中以后章节中出现的记号 $\delta^{ij}, \delta_j{}^i, \delta^i{}_j$ 意义同此处的 δ_{ij} 的定义.

$$= \frac{\lambda F}{2} \left[3r^{-2} y^i y^i \delta_{ij} - 2r^{-6}(y^i y^j)^3 \right]_{y^k}$$
$$= 3\lambda F \big[r^{-2} y^i \delta_{ijk} + 2r^{-10}(y^i y^j y^k)^3$$
$$- r^{-6}(y^i y^i (y^j)^3 \delta_{ik} + y^j y^j (y^i)^3 \delta_{jk} + y^i y^i (y^k)^3 \delta_{ij}) \big]. \tag{2.30}$$

特别,从 (2.26) 和 (2.30) 式可得

$$g_{11}(y) = 1 + 3\lambda r^{-2} |y^1|^2 - 2\lambda r^{-6} |y^1|^6, \tag{2.31}$$
$$A_{111}(y) = 3\lambda F \big[r^{-2} y^1 + 2r^{-10}(y^1)^9 - 3r^{-6}(y^1)^5 \big]. \tag{2.32}$$

取

$$y_0 = (1, \lambda^{\frac{1}{2}}, 0, \cdots, 0), \tag{2.33}$$

则

$$r(y_0) = (1 + \lambda^2)^{\frac{1}{4}}. \tag{2.34}$$

结合 (2.31) 和 (2.33) 式便知

$$g_{11}(y_0) = 1 + \lambda \frac{1 + 3\lambda^2}{(1 + \lambda^2)^{3/2}}. \tag{2.35}$$

考查函数

$$f(x) = \frac{x + 3x^3}{(1 + x^2)^{3/2}}, \tag{2.36}$$

那么

$$\frac{\partial f}{\partial x} = \frac{1 + 7x^2}{(1 + x^2)^{3/2}} > 0, \quad \forall x \text{ 成立}. \tag{2.37}$$

于是

$$\sup f(x) = f(+\infty) = 3,$$

这样

$$g_{11}(y_0) \leqslant 4. \tag{2.38}$$

由 (2.18) 和 (2.34) 式有

$$F_\lambda^2(y_0) = 1 + \lambda + \lambda(1 + \lambda^2)^{\frac{1}{2}}, \tag{2.39}$$

结合 (2.32) 和 (2.34) 式便有

$$A_{111}(y_0) = \frac{3\lambda^3(\lambda^2-1)[1+\lambda+\lambda(1+\lambda^2)^{\frac{1}{2}}]}{(1+\lambda^2)^{5/2}}$$

$$\geqslant \frac{3\lambda^3(\lambda^2-1)}{(1+\lambda^2)^2} \geqslant \frac{3\lambda^3(\lambda-1)}{(1+\lambda)^3}. \tag{2.40}$$

令

$$O = (0,\cdots,0), \quad e_1 = (1,0,\cdots,0),$$

那么从 (2.38) 和 (2.40) 式有

$$\|A\|_O \geqslant \frac{|A_{(O,y_0)}(e_1,e_1,e_1)|}{|g_{(O,y_0)}(e_1,e_1)|^{3/2}}$$

$$= \frac{|A_{111}(y_0)|}{|g_{11}(y_0)|^{3/2}} \geqslant \frac{3}{8}\frac{\lambda^3(\lambda-1)}{(1+\lambda)^3}. \tag{2.41}$$

命题 2.5.3[34] 在 $\mathbb{R}^n$ 上定义如下芬斯勒结构 $F: T\mathbb{R}^n \to [0,\infty)$,

$$(x,y) \xrightarrow{F} \sqrt{\sum |y^i|^2 + \|x\|\Big(\sum |y^i|^4\Big)^{\frac{1}{2}}},$$

则 $(\mathbb{R}^n, F)$ 不能等距嵌入到任何有限维闵可夫斯基空间中.

证明 由 (2.41) 式有

$$\|A\|_x \geqslant \frac{3}{8}\frac{\|x\|^3(\|x\|-1)}{(1+\|x\|)^3} \to +\infty \quad (\|x\| \to \infty),$$

即 $(\mathbb{R}^n, F)$ 具有无界的嘉当张量. 这样可由推论 2.5.2 得到所需结果. □

在单位球 $\mathbb{B}^n$ 上, 考虑如下 Berwald 构造的度量

$$F = \frac{\left(\sqrt{|y|^2-(|x|^2|y|^2-\langle x,y\rangle^2)}+\langle x,y\rangle\right)^2}{(1-|x|^2)^2\sqrt{|y|^2-(|x|^2|y|^2-\langle x,y\rangle^2)}}, \tag{2.42}$$

此芬斯勒度量是**正完备**的, 即每一条在开区间 (a,b) 上的测地线可以延长为 $(a,+\infty)$ 上的测地线. 由文献 [2] 的结果, 对任意具有零旗

曲率 (有关旗曲率的定义参见 §5.2 的定义 5.2.3) 的正完备芬斯勒度量, 若其第一嘉当张量和第二嘉当张量都有界, 那么它必为局部闵可夫斯基度量. 故度量 (2.42) 的嘉当张量之一是无界的. 它不能浸入到任何有限维闵可夫斯基空间中.

习 题 二

1. 证明: 芬斯勒流形上的嘉当张量 A 和嘉当形式 η 都是在射影球丛上整体定义的.

2. 证明 (2.2) 式中的行列式的求导法则.

3. 详细证明引理 2.2.3, 特别是其后半部分.

4. 设 $\lambda_1, \cdots, \lambda_n \in \mathbb{R}^+$, 证明: $\lambda_1 + \lambda_2 + \cdots + \lambda_n \geqslant n(\lambda_1 \lambda_2 \cdots \lambda_n)^{\frac{1}{n}}$.

5. 证明: 芬斯勒流形上的畸变的定义是整体的, 进一步地, 它关于切向量是 0 阶正齐性的.

6. 设 $f: M \to (\widetilde{M}, \widetilde{F})$, F 是由 $\widetilde{F}$ 诱导的芬斯勒结构, 则 (2.13) 式真.

7. 证明: 在闵可夫斯基空间 (V, f) 上, 由 (2.14) 式定义的映射 F 满足第 19 页上的性质 (i), (ii) 和 (iii).

8. 证明: 诱导芬斯勒结构满足定义 1.2.2 中的 (i), (ii) 和 (iii).

9. 证明: 任何 Randers 度量的嘉当张量 (的模长) 是有界的.

第三章 陈 联 络

在芬斯勒流形上,除了第二章引入的闵可夫斯基切空间上的几何不变量外,还有许多其他几何不变量. 为了更好地引进并探索这些不变量, 我们先来描述芬斯勒流形上的联络. 从微分几何的观点来看, 芬斯勒流形上最优美的联络是陈省身在 1948 年构造的联络[13]. 这种联络现在称为**陈联络**, 它通过对希尔伯特形式外微分得到. 陈联络是无挠的, 并且跟基本张量是几乎相容的. 本章我们给出陈联络的解析构造并讨论这种联络的主要性质.

§3.1 芬斯勒丛上的适当标架场

设 (M, F) 是一个芬斯勒流形, SM 是它的射影球丛. 考查 (M, F) 的芬斯勒丛 p^*TM. 我们定义 p^*TM 的一个整体截面 ℓ : $SM \to p^*TM$ 如下:

$$(x, [y]) \xrightarrow{\ell} \left(x, [y], \frac{y}{F(x,y)}\right) \text{ 简写为 } \frac{y}{F(x,y)},$$

ℓ 称为 p^*TM 的**正规截面** (见图 3.1).

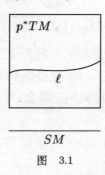

图 3.1

以 $g := g_{ij} \mathrm{d}x^i \otimes \mathrm{d}x^j$ 表示 (M, F) 的基本张量. 那么 g_{ij} 关于切

向量是 0 阶正齐性的. 因而 $g \in \Gamma(\odot^2 p^*T^*M)$. 这里 p^*T^*M 是对偶芬斯勒丛, Γ 表示截面的全体, $\odot^2$ 表示二阶对称张量积. 下面的引理表明正规截面局部可扩充为标准正交标架场.

引理 3.1.1 对 SM 中任一点 $(x,[y])$, 存在开子集 V 和 $e_1, e_2, \cdots, e_n \in \Gamma_V(p^*TM)$, 使得 $(x,[y]) \in V \subset SM$, $g(e_i, e_j) = \delta_{ij}, e_n = \ell|_V$.

证明 对任意的 $x \in M$, 可取 M 上的局部坐标卡 $(U; x^1, \cdots, x^n)$, 使得 $x \in U \subset M$. 于是

$$\frac{\partial}{\partial x^1}, \cdots, \frac{\partial}{\partial x^n}, \ell \in \Gamma_{p^{-1}(U)}(p^*TM).$$

注意到 ℓ 处处不为零, 且

$$\ell_{(x,[y])} = \frac{y}{F(x,y)} = \frac{y^i}{F(x,y)}\frac{\partial}{\partial x^i}, \tag{3.1}$$

因此至少存在某个 y^i 不是零. 不妨设

$$y^n > 0, \tag{3.2}$$

于是可找到含 $(x,[y])$ 的开子集 $V \subset p^{-1}(U)$, 使得 $y^n|_V > 0$. 因而标架场 $\frac{\partial}{\partial x^1}, \cdots, \frac{\partial}{\partial x^{n-1}}, \ell$ 在 V 上处处线性无关. 令 $e_n = \ell|_V$, 利用施密特正交化可得到 $e_1, \cdots, e_n \in \Gamma_V(p^*TM)$, 它们满足 $g(e_i, e_j) = \delta_{ij}$. 比如

$$\xi_{n-1} := \ell - \frac{1}{g(\frac{\partial}{\partial x^n}, \ell)}\frac{\partial}{\partial x^{n-1}},$$

$$e_{n-1} := \xi_{n-1}/\sqrt{g(\xi_{n-1}, \xi_{n-1})}. \qquad \square$$

上述引理中的标准正交标架场称为**适当标架场**.

引理 3.1.2 设 $e_1, \cdots, e_n$ 是芬斯勒流形 (M, F) 的适当标架场, $\omega^1, \cdots, \omega^n$ 是其对偶标架场. 那么 ω^n 恰是 (M, F) 的希尔伯特形式.

证明 利用 (1.12), (1.13), (1.15) 和 (3.1) 式我们有

$$F_{y^i}(x,y) = g_{ij}(x,y)\frac{y^j}{F(x,y)} = g_{ij}(x,y)\mathrm{d}x^j(e_n).$$

于是,对 $k=1,\cdots,n$,有

$$\begin{aligned}\omega(e_k) &= [F_{y^i}(x,y)\mathrm{d}x^i](e_k) \\ &= g_{ij}(x,y)\mathrm{d}x^i \otimes \mathrm{d}x^j(e_k, e_n) \\ &= g(e_k, e_n) = \delta_{kn} = \omega^n(e_k).\end{aligned}\qquad\square$$

注 对 $\forall (x,[y]) \in V, j \in \{1,\cdots,n\}$,有 $\omega^j_{(x,[y])} \in T_x^*M$. 因此 ω^j 可用 $\mathrm{d}x^k$ 来表示,即

$$\omega^j := v_k{}^j(x,[y])\mathrm{d}x^k, \tag{3.3}$$

于是

$$\omega^j \in \Gamma_V(T^*SM). \tag{3.4}$$

利用 (3.1),(3.3) 式、引理 3.1.2 和公式 $g^{kl} = \sum_i \mathrm{d}x^k(e_i)\mathrm{d}x^l(e_i)$,易证得下面的结果:

引理 3.1.3 设 $\{e_i\}$ 是芬斯勒流形 (M,F) 上的适当标架场,$v_i{}^j$ 是 (3.3) 式中定义的函数. 则

(i) $\dfrac{\partial}{\partial x^j} = v_j{}^i e_i$; \hfill (3.5)

(ii) $v_i{}^n = F_{y^i}$; \hfill (3.6)

(iii) $v_k{}^i g^{kl} v_l{}^j = \delta^{ij}$; \hfill (3.7)

(iv) $v_i{}^k \delta_{kl} v_j{}^l = g_{ij}$; \hfill (3.8)

(v) $v_k{}^\alpha y^k = 0$; \hfill (3.9)

(vi) $v_j{}^\alpha v_k{}^\beta \delta_{\alpha\beta} = F F_{y^j y^k}$. \hfill (3.10)

这里

$$1 \leqslant i,j,k,\cdots \leqslant n, \quad 1 \leqslant \alpha,\beta,\gamma,\cdots \leqslant n-1.$$

类似地,令

$$e_j = u_j{}^i(x,[y])\frac{\partial}{\partial x^i},$$

设 $\{\omega^i\}$ 是 $\{e_i\}$ 的对偶标架场,那么我们有

引理 3.1.4 上述定义的函数 $u_i{}^j$ 满足

(i) $\mathrm{d}x^i = u_k{}^i \omega^k$; (3.11)

(ii) $u_n{}^i = y^i/F$; (3.12)

(iii) $u_k{}^i g_{ij} u_l{}^j = \delta_{k\ell}$; (3.13)

(iv) $u_k{}^i \delta^{kl} u_l{}^j = g^{ij}$; (3.14)

(v) $F_{y^k} u_\alpha{}^k = 0$; (3.15)

(vi) $u_\alpha{}^j u_\beta{}^k F F_{y^j y^k} = \delta_{\alpha\beta}$. (3.16)

推论 3.1.5 记号同上，我们有

$$v_k{}^i u_j{}^k = \delta_j{}^i, \quad u_k{}^i v_j{}^k = \delta_j{}^i, \quad (3.17)$$

$$u_j{}^l = \delta_{ji} v_k{}^i g^{kl}, \quad v_k{}^i = \delta^{ij} u_j{}^l g_{lk}. \quad (3.18)$$

§3.2 陈联络的构造

引理 3.2.1 设 ω 是芬斯勒流形 (M, F) 上的希尔伯特形式，则

$$\mathrm{d}\omega \equiv 0 \pmod{\omega^i \wedge \omega^j;\ \omega^\alpha \wedge \mathrm{d}y^j}. \quad (3.19)$$

证明 利用 (1.14), (3.11) 和 (3.12) 式，我们有

$$\begin{aligned}
\mathrm{d}\omega &= \mathrm{d}[F_{y^i}(x,y)\mathrm{d}x^i] \\
&= \mathrm{d}F_{y^i} \wedge \mathrm{d}x^i \\
&= (F_{y^i x^j}\mathrm{d}x^j + F_{y^i y^j}\mathrm{d}y^j) \wedge u_k{}^i \omega^k \\
&= F_{y^i x^j} u_l{}^j u_k{}^i \omega^l \wedge \omega^k + F_{y^i y^j} u_\alpha{}^i \mathrm{d}y^j \wedge \omega^\alpha \\
&\quad + F_{y^i y^j}\frac{y^i}{F}\mathrm{d}y^j \wedge \omega \\
&= F_{y^i x^j} u_l{}^j u_k{}^i \omega^l \wedge \omega^k + F_{y^i y^j} u_\alpha{}^i \mathrm{d}y^j \wedge \omega^\alpha. \quad (3.20)
\end{aligned}$$

$\square$

引理 3.2.2 存在 $\omega_j{}^n \in \Gamma_V(T^*SM)$，使得

$$\mathrm{d}\omega = \omega^j \wedge \omega_j{}^n; \quad (3.21)$$

进一步 $\omega_j{}^n$ 可取做

$$\omega_n{}^n = 0 \tag{3.22}$$
$$\omega_\alpha{}^n = (u_\alpha{}^j u_\beta{}^k F_{y^k x^j} + \lambda_{\alpha\beta})\omega^\beta$$
$$+ \frac{u_\alpha{}^j}{F}(F_{x^j} - y^k F_{y^j x^k})\omega - u_\alpha{}^k F_{y^j y^k} \mathrm{d}y^j, \tag{3.23}$$

这里 $\lambda_{\alpha\beta} : V(\subset SM) \to \mathbb{R}$ 满足 $\lambda_{\alpha\beta} = \lambda_{\beta\alpha}$.

证明 利用 (1.12) 和 (3.12) 式, 我们有

$$F_{y^i x^j} u_l{}^j u_k{}^i \omega^l \wedge \omega^k$$
$$= F_{y^i x^j} \left(\frac{y^j}{F} u_\alpha{}^i \omega \wedge \omega^\alpha + \frac{y^i}{F} u_\alpha{}^j \omega^\alpha \wedge \omega + u_\alpha{}^j u_\beta{}^i \omega^\alpha \wedge \omega^\beta \right)$$
$$= (F_{x^j} u_\alpha{}^j / F)\omega^\alpha \wedge \omega - (F_{y^i x^j} y^j / F) u_\beta{}^i \omega^\beta \wedge \omega$$
$$+ F_{y^i x^j} u_\alpha{}^j u_\beta{}^i \omega^\alpha \wedge \omega^\beta,$$

将其代入 (3.20) 式我们便有 (3.21), (3.22) 和 (3.23) 式. □

引理 3.2.3 存在 $\omega_i{}^\alpha \in \Gamma_V(T^*SM)$, 使得

$$\mathrm{d}\omega^\alpha = \omega^i \wedge \omega_i{}^\alpha; \tag{3.24}$$

进一步 $\omega_i{}^\alpha$ 可取做

$$\omega_\beta{}^\alpha = v_k{}^\alpha \mathrm{d}u_\beta{}^k + \xi_\beta{}^\alpha \omega + \mu^\alpha{}_{\beta\gamma} \omega^\gamma, \tag{3.25}$$
$$\omega_n{}^\alpha = \frac{1}{F} v_k{}^\alpha \mathrm{d}y^k + \xi_i{}^\alpha \omega^i, \tag{3.26}$$

其中 $\mu^\alpha{}_{\beta\gamma} : V \to \mathbb{R}$ 满足 $\mu^\alpha{}_{\beta\gamma} = \mu^\alpha{}_{\gamma\beta}$, 而 $\xi_i{}^\alpha : V \to \mathbb{R}$.

证明 利用 (3.3), (3.9), (3.11), (3.12) 和 (3.17) 式, 我们有

$$\mathrm{d}\omega^\alpha = \mathrm{d}(v_k{}^\alpha \mathrm{d}x^k)$$
$$= \mathrm{d}v_k{}^\alpha \wedge \mathrm{d}x^k$$
$$= u_i{}^k \mathrm{d}v_k{}^\alpha \wedge \omega^i$$
$$= -v_k{}^\alpha \mathrm{d}u_i{}^k \wedge \omega^i$$

$$= \omega^\beta \wedge v_k{}^\alpha \mathrm{d}u_\beta{}^k + \omega \wedge v_k{}^\alpha \mathrm{d}(y^k/F)$$
$$= \omega^\beta \wedge v_k{}^\alpha \mathrm{d}u_\beta{}^k + \omega \wedge (v_k{}^\alpha/F)\mathrm{d}y^k. \tag{3.27}$$

另一方面，由于 $\mu^\alpha{}_{\beta\gamma} = \mu^\alpha{}_{\gamma\beta}$，有

$$\omega^\beta \wedge [\xi_\beta{}^\alpha \omega + \mu^\alpha{}_{\gamma\beta}\omega^\gamma] + \omega \wedge \xi_i{}^\alpha \omega^i = 0, \tag{3.28}$$

从 (3.27) 和 (3.28) 式我们便得 (3.24), (3.25) 和 (3.26) 式. □

引理 3.2.4 若在 (3.26) 式中，选取

$$\xi_n{}^\alpha = -\delta^{\alpha\sigma} \frac{u_\sigma{}^j}{F}(F_{x^j} - y^k F_{y^j x^k}), \tag{3.29}$$

$$\xi_\beta{}^\alpha = -\delta^{\alpha\sigma}(u_\sigma{}^j u_\beta{}^k F_{y^k x^j} + \lambda_{\sigma\beta}), \tag{3.30}$$

则 $\omega_\beta{}^n$ 满足

$$\omega_\alpha{}^n + \delta_{\alpha\beta}\omega_n{}^\beta = 0, \tag{3.31}$$

$$\omega_\beta{}^\alpha = v_k{}^\alpha \mathrm{d}u_\beta{}^k - \delta^{\alpha\sigma}(u_\sigma{}^j u_\beta{}^k F_{y^k x^j} + \lambda_{\sigma\beta})\omega$$
$$+ \mu^\alpha{}_{\beta\gamma}\omega^\gamma. \tag{3.32}$$

证明 从 (3.10) 和 (3.17) 式，我们有

$$u_\alpha{}^k F_{y^j y^k} = \frac{v_j{}^\alpha}{F}. \tag{3.33}$$

利用 (3.23), (3.25), (3.26), (3.29), (3.30) 和 (3.33) 式我们便得 (3.31) 和 (3.32) 式. □

引理 3.2.5 $\omega_\alpha{}^\beta$ 满足

$$\omega_{\rho\sigma} + \omega_{\sigma\rho} = -u_\sigma{}^j u_\rho{}^i[\mathrm{d}(FF_{y^i y^j}) + (F_{y^j x^i} + F_{y^i x^j})\omega]$$
$$- 2\lambda_{\rho\sigma}\omega + (\delta_{\alpha\sigma}\mu^\alpha{}_{\rho\gamma} + \delta_{\alpha\rho}\mu^\alpha{}_{\sigma\gamma})\omega^\gamma. \tag{3.34}$$

证明 注意到 (3.10) 和 (3.17) 式，我们有

$$\delta_{\alpha\sigma} v_i{}^\alpha \mathrm{d}u_\rho{}^i + \delta_{\alpha\rho} v_i{}^\alpha \mathrm{d}u_\sigma{}^i = -u_\sigma{}^j u_\rho{}^i \mathrm{d}(FF_{y^i y^j}); \tag{3.35}$$

此外，由定义

$$\omega_{\rho\sigma} + \omega_{\sigma\rho} := \omega_\rho{}^\alpha \delta_{\alpha\sigma} + \omega_\sigma{}^\alpha \delta_{\alpha\rho}. \tag{3.36}$$

将 (3.32) 式代入 (3.36) 式，然后利用 (3.35) 式我们可得 (3.34) 式. □

在引理 3.2.2, 引理 3.2.3 和引理 3.2.4 中，我们构造了关于芬斯勒流形 (M,F) 的适当标架场的陈联络 1 形式 $(\omega_i{}^j)$. 为了利用它们得到射影球丛上的体积形式，我们先做一些准备工作.

引理 3.2.6 设 V 是一个 n 维向量空间，F 是 V 上的闵可夫斯基范数，即 F 为 1 阶正齐性，在 $V\setminus\{0\}$ 上光滑，且 $\left(\dfrac{F^2}{2}\right)_{y^i y^j}$ 是正定的. 则

(i) $F(y) > 0$，对 $y \neq 0$; $\hspace{2cm}$ (3.37)

(ii) $F_{y^i y^j} \xi^i \xi^j \geqslant 0$，对 $\xi \in V$. $\hspace{1cm}$ (3.38)

进一步当且仅当 ξ 与 y 共线时，(3.38) 式中等号成立.

证明 记

$$g_{ij} := \left(\frac{F^2}{2}\right)_{y^i y^j}, \tag{3.39}$$

那么

$$g_{ij} = F F_{y^i y^j} + F_{y^i} F_{y^j}. \tag{3.40}$$

由 (1.13) 和 (1.14) 式我们有

$$g_{ij}(y) y^i y^j = F^2(y), \tag{3.41}$$

结合 g_{ij} 的正定性我们便有 (3.37) 式.

对任意 $y \in V\setminus\{0\}$,

$$\langle \xi, \eta \rangle_y := g_{ij}(y) \xi^i \eta^j, \quad \xi, \eta \in V$$

定义了 V 上的内积. 这里 (ξ^i) 和 (η^i) 分别是 ξ 和 η 关于 V 上某一组基的分量. 由柯西-施瓦兹不等式

$$[g_{ij}(y)\xi^i \eta^j]^2 \leqslant [g_{ij}(y)\xi^i \xi^j][g_{kl}(y)\eta^k \eta^l], \tag{3.42}$$

且等号成立当且仅当 ξ 与 η 共线. 特别, 若取 $\eta = y$, 那么由 (3.41) 和 (3.42) 式便有

$$[g_{ij}(y)\xi^i y^j]^2 \leqslant F^2(y) g_{ij}(y)\xi^i \xi^j; \quad (3.43)$$

进一步等式成立当且仅当 ξ 与 y 共线. 结合 (3.40) 式便知

$$\begin{aligned}
F_{y^i y^j}(y)\xi^i \xi^j &= F^{-1}(g_{ij} - F_{y^i} F_{y^j})\xi^i \xi^j \\
&= F^{-1} g_{ij}\xi^i \xi^j - F^{-1}(F_{y^j}\xi^j)^2 \\
&= F^{-1} g_{ij}\xi^i \xi^j - F^{-1}(F^{-1} g_{ij} y^i \xi^j)^2 \\
&= F^{-3}[F^2 g_{ij}\xi^i \xi^j - (g_{ij} y^i \xi^j)^2] \geqslant 0,
\end{aligned}$$

且等式成立当且仅当 ξ 与 y 共线. $\square$

引理 3.2.7 设 (M, F) 是一个 n 维芬斯勒流形. 令

$$\theta_k = F_{y^j y^k} \mathrm{d}y^j \in \Gamma(T^*SM),$$

则 $\theta_1, \cdots, \theta_n$ 中必有 $n-1$ 个 1 形式是线性无关的.

证明 我们以 f^{ij} 表示 $F_{y^i y^j}$ 在 $\det(F_{y^i y^j})$ 中的余子式. 直接计算可得

$$\theta_1 \wedge \cdots \wedge \widehat{\theta_j} \wedge \cdots \wedge \theta_n = \sum_i f^{ij} \mathrm{d}y^1 \wedge \cdots \wedge \widehat{\mathrm{d}y^i} \wedge \cdots \wedge \mathrm{d}y^n, \quad (3.44)$$

这里带 "$\widehat{}$" 的表示缺此项. 通过将齐次坐标正规化, 我们有

$$y^1 \mathrm{d}y^1 + \cdots + y^n \mathrm{d}y^n = 0. \quad (3.45)$$

对 $(x, [y]) \in SM$, 可设 $y^n \neq 0$, 因而

$$\mathrm{d}y^n = -\frac{\sum_{\alpha=1}^{n-1} y^\alpha \mathrm{d}y^\alpha}{y^n}. \quad (3.46)$$

结合 (3.44) 和 (3.45) 式, 便知

$$\theta_1 \wedge \cdots \wedge \widehat{\theta_j} \wedge \cdots \wedge \theta_n$$

$$= f^{nj} \mathrm{d}y^1 \wedge \cdots \wedge \mathrm{d}y^{n-1}$$
$$+ \sum_\alpha f^{\alpha j} \mathrm{d}y^1 \wedge \cdots \wedge \widehat{\mathrm{d}y^\alpha} \wedge \cdots \wedge \mathrm{d}y^{n-1} \wedge \left(-\frac{y^\beta}{y^n}\mathrm{d}y^\beta\right)$$
$$= \frac{1}{y^n}\sum_i (-1)^{n-i} f^{ij} y^i \mathrm{d}y^1 \wedge \cdots \wedge \mathrm{d}y^{n-1}$$
$$= \frac{(-1)^{n-j}}{y^n} \begin{vmatrix} F_{y^1 y^1} & \cdots & F_{y^1 y^{j-1}} & y^1 & F_{y^1 y^{j+1}} & \cdots & F_{y^1 y^n} \\ \vdots & & \vdots & \vdots & \vdots & & \vdots \\ F_{y^n y^1} & \cdots & F_{y^n y^{j-1}} & y^n & F_{y^n y^{j+1}} & \cdots & F_{y^n y^n} \end{vmatrix} \mathrm{d}y^1 \wedge \cdots \wedge \mathrm{d}y^{n-1}.$$
(3.47)

从引理 3.2.6 我们有 $\mathrm{rank}(F_{y^i y^j}) = n-1$. 注意到 $F_{y^i y^j} y^i = 0$(参见引理 1.4.1), 故

$$y(\neq 0) \perp (F_{y^1 y^l}, \cdots, F_{y^n y^l}),$$

因而必有 $j \in \{1, \cdots, n\}$, 使得 $\theta_1 \wedge \cdots \wedge \widehat{\theta_j} \wedge \cdots \wedge \theta_n$ 非零. □

命题 3.2.8 设 $\{\omega^i\}$ 是芬斯勒流形 (M, F) 上适当标架场的对偶标架场. $\{\omega_i{}^j\}$ 是关于 $\{\omega^i\}$ 的陈联络 1 形式. 则 $\{\omega^i, \omega_\alpha{}^n\}$ 是射影球丛 SM 上的线性无关的普法夫 (Pfaff) 形式.

证明 设

$$\mu^\alpha \omega_\alpha{}^n + v_i \omega^i = 0. \tag{3.48}$$

把 (3.23) 式代入上式, 我们有

$$\mu^\alpha u_\alpha{}^k \theta_k = 0, \tag{3.49}$$

这里 $\theta_k = F_{y^j y^k} \mathrm{d}y^j$ 已在引理 3.2.7 中定义. 利用 (1.14) 式, 有

$$y^1 \theta_1 + \cdots + y^{n-1} \theta_{n-1} + y^n \theta_n = 0, \tag{3.50}$$

从引理 3.2.7, 我们可设 $\theta_1, \cdots, \theta_{n-1}$ 线性无关. 若 $y^n = 0$, 那么上式表明 $y = 0$, 这不可能. 令

$$\mu^\alpha u_\alpha{}^n = \lambda y^n. \tag{3.51}$$

利用上式我们可以从 (3.49) 和 (3.50) 式消去 θ_n, 并得到

$$(\mu^\alpha u_\alpha{}^\beta - \lambda y^\beta)\theta_\beta = 0.$$

注意到 $\theta_1, \cdots, \theta_{n-1}$ 线性无关, 结合 (3.51) 式便知

$$\mu^\alpha u_\alpha{}^k = \lambda y^k. \tag{3.52}$$

利用上式和 (3.6) 式我们可得

$$0 = \mu^\alpha u_\alpha{}^k v_k{}^n = \lambda y^k v_k{}^n = \lambda y^k F_{y^k} = \lambda F(x,y).$$

因为 $(x,[y]) \in SM$, 从引理 3.2.6 我们有 $\lambda = 0$. 代入 (3.52) 式便知

$$\mu^\alpha u_\alpha{}^k = 0.$$

另一方面, 由于 $\mathrm{rank}(u_i{}^j) = n$, 故 $\mathrm{rank}(u_\alpha{}^k) = n-1$. 不妨设 $\det(u_\alpha{}^\beta) \neq 0$. 由 $u^\alpha u_\alpha{}^\beta = 0$ 便有 $\mu^\alpha = 0$, 将其代回 (3.48) 式便知 $\sum_i v_i \omega^i = 0$. 这样 $v_i = 0$. □

注 上述命题告诉我们 $\omega^1 \wedge \cdots \wedge \omega^n \wedge \omega_1{}^n \wedge \cdots \wedge \omega_{n-1}{}^n$ 可作为 SM 的体积形式. 令

$$G := \delta_{ij}\omega^i \otimes \omega^j + \delta_{\alpha\beta}\omega_n{}^\alpha \otimes \omega_n{}^\beta,$$

则 G 是射影球丛 SM 上的 Sasaki 型黎曼度量 (见文献 [9]).

§3.3 陈联络的性质

陈联络是芬斯勒流形上最自然的联络. 首先从 (3.21) 和 (3.24) 式我们看到陈联络是无挠的. 下面探讨陈联络的其他性质.

由命题 3.2.8, 可设

$$\mathrm{d}(FF_{y^iy^j}) = K_{ij}{}^\alpha \omega_\alpha{}^n + G_{ijk}\omega^k, \tag{3.53}$$

其中 $K_{ij}{}^\alpha$ 和 G_{ijk} 关于 i,j 都是对称的.

命题 3.3.1 若在 (3.30) 和 (3.25) 式中，分别选取

$$\lambda_{\alpha\beta} = -\frac{1}{2} u_\alpha{}^i u_\beta{}^j (G_{ijn} + F_{y^j x^i} + F_{y^i x^j}), \tag{3.54}$$

$$\mu_{\rho\sigma}{}^\alpha = \frac{1}{2} \delta^{\alpha\beta}(u_\beta{}^i u_\rho{}^j G_{ij\sigma} - u_\rho{}^i u_\sigma{}^j G_{ij\beta} + u_\sigma{}^i u_\beta{}^j G_{ijl}), \tag{3.55}$$

则

$$\omega_{\alpha\beta} + \omega_{\beta\alpha} = -2 H_{\alpha\beta\gamma} \omega_n{}^\gamma, \tag{3.56}$$

其中

$$H_{abc} = A_{ijk} u_a{}^i u_b{}^j u_c{}^k, \tag{3.57}$$

而 A_{ijk} 是嘉当张量关于自然标架的分量。

证明 利用 (3.53) 式，有

$$\frac{\partial}{\partial y^k}(F F_{y^i y^j}) \mathrm{d}y^k \equiv K_{ij}{}^\alpha \omega^n \pmod{\mathrm{d}x^i}. \tag{3.58}$$

将 (3.23) 式代入上式，比较 $\mathrm{d}y^k$ 的系数便有

$$-K_{ij}{}^\alpha u_\alpha{}^l F_{y^k y^l} = F_{y^k} F_{y^i y^j} + F F_{y^i y^j y^k}, \tag{3.59}$$

结合 (3.15) 和 (3.16) 式可知

$$-K_{ij}{}^\alpha \delta_{\alpha\beta} = F^2 F_{y^i y^j y^k} u_\beta{}^k. \tag{3.60}$$

把 (3.15)，(3.53)，(3.54)，(3.55) 和 (3.57) 代入 (3.34) 式，再利用 (3.60) 式我们得到

$$\omega_{\alpha\beta} + \omega_{\beta\alpha} = -F^2 F_{y^i y^j y^k} u_\gamma{}^k u_\beta{}^j u_\alpha{}^i \omega_n{}^\gamma = -H_{\alpha\beta\gamma} \omega_n{}^\gamma. \quad \square$$

注 (1) 当 a, b, c 有一个为 n 时，$H_{abc} = 0$。
(2) (3.31) 和 (3.56) 式可合在一起写为

$$\omega_{ik} + \omega_{ki} = -H_{ikj} \omega_n{}^j, \tag{3.61}$$

因而陈联络与基本张量 g 是几乎相容的，这里相容指的是联络关于基本张量 g 的平行性.

注意到命题 3.2.8，$\omega_\alpha{}^n$ 在陈联络 1 形式中尤为重要. 我们现在来简化其表达式.

引理 3.3.2 当 $\lambda_{\alpha\beta}$ 由 (3.54) 式定义时，$\omega_\alpha{}^n$ 可表为

$$\omega_\alpha{}^n = -u_\alpha{}^s F_{y^s y^k} \mathrm{d}y^k + u_\alpha{}^s \left[\frac{1}{2} \frac{y^r}{F} F_{y^k} (G_{rsn} + F_{y^r x^s} - F_{y^s x^r}) \right.$$
$$\left. - \frac{1}{2}(G_{skn} + F_{y^s x^k} - F_{y^k x^s}) \right] \mathrm{d}x^k. \tag{3.62}$$

证明 直接计算可得

$$y^k F_{y^k x^j} = (y^k F_{y^k})_{x^j} = F_{x^j}, \tag{3.63}$$

$$u_\beta{}^k v_i{}^\beta = u_l{}^k v_i{}^l - u_n{}^k v_i{}^n = \delta_i^k - \frac{y^k}{F} F_{y^i}. \tag{3.64}$$

将 (3.54) 代入 (3.23) 式，再利用 (3.63) 和 (3.64) 式便有 (3.62) 式.

$\square$

引理 3.3.3 设 $K_{ij}{}^\alpha$ 由 (3.53) 式定义，则

$$K_{ij}{}^\alpha u_\alpha{}^s = -y^s F_{y^i y^j} - F^2 F_{y^i y^j y^k} g^{ks}. \tag{3.65}$$

证明 利用 (3.18) 和 (3.60) 式，我们有

$$K_{ij}{}^\alpha = -v_l{}^\alpha F^2 F_{y^i y^j y^k} g^{kl}, \tag{3.66}$$

结合 (3.64) 式便知

$$K_{ij}{}^\alpha u_\alpha{}^s = y^s y^t g_{tl} F_{y^i y^j y^k} g^{kl} - F^2 F_{y^i y^j y^k} g^{ks}$$
$$= -y^s F_{y^i y^j} - F^2 F_{y^i y^j y^k} g^{ks}. \qquad \square$$

推论 3.3.4 $K_{ij}{}^\alpha u_\alpha{}^s$ 可化为以下更简洁的形式：

$$K_{ij}{}^\alpha u_\alpha{}^s = -g^{ks} F \frac{\partial F F_{y^i y^j}}{\partial y^k}. \tag{3.67}$$

证明 从 (3.6), (3.12) 和 (3.18) 式，可得

$$g^{ij}F_{y^j} = \frac{y^i}{F}, \tag{3.68}$$

结合 (3.65) 式便有 (3.67) 式. □

引理 3.3.5 以 (3.53) 式定义 G_{ijl}，则

$$\begin{aligned}G_{ijl} =& (F_{x^k}F_{y^iy^j} + FF_{y^iy^jx^k})u_l{}^k + (y^sF_{y^iy^j} + F^2F_{y^iy^jy^r}g^{rs})\\ &\times \Big[\frac{1}{2}\frac{y^k}{F}\delta_{nl}(G_{ksn} - F_{y^sx^k} + F_{y^kx^s})\\ &- \frac{1}{2}u_l{}^k(G_{skn} - F_{y^kx^s} + F_{y^sx^k})\Big].\end{aligned} \tag{3.69}$$

证明 把 (3.62) 和 (3.3) 式代入 (3.53) 式，比较 $\mathrm{d}x^k$ 的分量. 接着与 $u_l{}^k$ 作积和，再把 (3.65) 式代入即得 (3.69) 式. □

推论 3.3.6 取 $l = n$，那么 G_{ijn} 简化为

$$G_{ijn} = FF_{y^iy^jy^k}g^{ks}(F_{x^s} - y^lF_{y^sx^l}) + \frac{F_{y^ix^j}}{F}y^lF_{x^l} + y^lF_{y^iy^jx^l}. \tag{3.70}$$

证明 利用 $u_n{}^k = \dfrac{y^k}{F}$ 和 (3.69) 式直接可得. □

引理 3.3.7 芬斯勒度量 F 满足下面的等式：

$$g^{ij}F_{y^i}(y^kF_{y^jx^k} - F_{x^j}) = 0. \tag{3.71}$$

证明 由 (3.63) 和 (3.68) 式直接可得结论. □

我们引入

$$G := \frac{1}{2}F^2; \tag{3.72}$$

$$G_i = \frac{1}{2}(y^jG_{y^ix^j} - G_{x^i}); \tag{3.73}$$

$$G^i = g^{ij}G_j. \tag{3.74}$$

定义 3.3.8 由 (3.74) 式给出的局部函数 G^i 称之为芬斯勒流形 (M,F) 的**测地系数**[35]; 向量场 $y^i \frac{\partial}{\partial x^i} - 2G^i \frac{\partial}{\partial y^i}$ 之积分曲线的投影称为 (M,F) 的**测地线**.

引理 3.3.9 芬斯勒流 (M,F) 上的局部函数 G_i 和测地系数 G^i 满足下列关系式:

(i) $G_i = \frac{1}{2}(y^j F_{x^j} F_{y^i} + y^j F F_{y^i x^j} - F F_{x^i})$; (3.75)

(ii) $-\frac{g_{ij}}{F} \frac{\partial G^j}{\partial y^k} = -\frac{1}{F} \frac{\partial G_i}{\partial y^k} + \frac{g^{jl}}{2}(y^a F_{y^l x^a} - F_{x^l})$
$$\times (F_{y^k} F_{y^i y^j} + F F_{y^i y^j y^k} + F_{y^i} F_{y^j y^k}). \quad (3.76)$$

证明 (i) 直接计算;

(ii) 利用 (3.68), (3.71) 和 (3.75) 式, 我们有

$$G_i \frac{g^{ji}}{F} \frac{\partial g_{sj}}{\partial y^k} = \frac{g^{ji}}{2}(y^a F_{y^i x^a} - F_{x^i})$$
$$\times (F_{y^k} F_{y^s y^j} + F F_{y^s y^j y^k} + F_{y^s} F_{y^j y^k}), \quad (3.77)$$

结合 (3.74) 式我们便得 (3.76) 式. □

引理 3.3.10 (3.53) 式中的局部函数 G_{ijk} 满足下面的等式:

$$\frac{1}{2} \frac{y^r}{F} F_{y^k}(G_{rsn} + F_{y^r x^s} + F_{y^s x^r}) - \frac{1}{2}(G_{skn} + F_{y^s x^k} + F_{y^k x^s})$$
$$= -\frac{g_{st}}{F} \frac{\partial G^t}{\partial y^k} + \frac{1}{2} \frac{F_{y^s}}{F}\Big[F F_{y^k y^t} g^{tl}(F_{x^l} - y^r F_{y^l x^r})$$
$$+ F_{x^k} + y^r F_{y^k x^r}\Big]. \quad (3.78)$$

证明 易知

$$y^i F_{y^i y^j} = 0, \quad y^i F_{y^i y^j x^k} = 0, \quad y^i F_{y^i x^j} = F_{x^j}.$$

结合 (3.70) 式可得 (3.78) 式. □

定理 3.3.11 设 (M,F) 是一个芬斯勒流形. 则

(i) 其射影球丛 SM 上的 1 形式 $\omega_\alpha{}^n$ 可简化为

$$\omega_\alpha{}^n = -u_\alpha{}^s\left[\frac{g_{st}}{F}\frac{\partial G^t}{\partial y^k}\mathrm{d}x^k + F_{y^sy^k}\mathrm{d}y^k\right]; \tag{3.79}$$

(ii) 记 $\nabla: \Gamma(p^*TM) \to \Gamma(p^*T^*M \otimes p^*TM)$ 为 p^*TM 上关于陈联络 $(\omega_i{}^j)$ 的**共变微分**. 即

$$\nabla e_k = \omega_k{}^i \otimes e_i,$$

那么 ∇ 与基本张量 g 相容当且仅当 (M,F) 是黎曼流形. 此时 ∇ 归结为通常的列维 - 齐维塔联络.

证明 (i) 把 (3.78) 代入 (3.62) 式, 再利用 (3.15) 式便有 (3.79) 式.

(ii) ∇ 与 g 相容等价于 $\omega_{ij} + \omega_{ji} = 0$. 由 (3.61) 式它也等价于 $H_{ijk} = 0$, 即 (M,F) 有消失的嘉当张量. □

§3.4　SM 的水平子丛和垂直子丛

设 SM 是芬斯勒流形 (M,F) 的射影球丛. 以 $p: SM \to M$ 表示自然投影. 记

$$S_xM := p^{-1}(x).$$

于是

$$TS_xM = \{\omega^i = 0\},$$

这里 $\omega^1, \cdots, \omega^n$ 是 n 维芬斯勒流形 (M,F) 上一个适当标架场的对偶标架场. 考虑

$$\{X \in TSM \,|\, \omega_n{}^\alpha(X) = 0\},$$

它关于 SM 上的黎曼度量 G 正交于 TS_xM. 我们把上式记为 H, 并称之为 SM 的**水平子丛**. 记 $\bigcup_{x \in M} TS_xM$ 为 V, 并称之为 SM 的**垂直子丛** (见文献 [22], [24]).

习 题 三

1. 设 (M,F) 是黎曼流形,$I := \mathrm{d}x^i \otimes \dfrac{\partial}{\partial x^i}$ 为其**单位张量**. 证明:希尔伯特形式 ω 可表为 $\omega_{(x,[y])} = \dfrac{g(y,I)}{\sqrt{g(y,y)}}$,这里 g 是 F 的基本张量.

2. 证明引理 3.1.3.

3. 证明引理 3.1.4.

4. 证明推论 3.1.5.

5. 证明引理 3.2.4.

6. 证明公式 (3.44).

7. 计算 Randers 度量 $\alpha + \beta$ 的测地系数.

8. 证明:对于芬斯勒流形,其射影球丛的水平子丛与其芬斯勒丛是同构的.

9. 证明: (i) $H_{abc} = A(e_a, e_b, e_c)$,这里 e_a 是适当标架场.

(ii) 当 a,b,c 中有一个取 n 时, $H_{abc} = 0$.

10. 证明芬斯勒流形的测地系数关于切向量是 2 阶正齐性的.

第四章 共变微分和第二类几何量

本章的主要目的是引入芬斯勒流形上的第二类非黎曼几何量. 这些几何量描述了芬斯勒流形上的第一类非黎曼几何量沿着测地线 (也就是沿着希尔伯特形式) 的变化率. 因此我们先来给出水平共变导数和垂直共变导数的定义.

§4.1 水平共变导数和垂直共变导数

设 (M,F) 是一个芬斯勒流形, $\omega^1,\cdots,\omega^n$ 是其对偶芬斯勒丛上的适当标架场, 即芬斯勒丛 p^*TM 上适当标架场的对偶标架场. 用 $\omega_i{}^j$ 表示关于标架场 $\omega^1,\cdots,\omega^n$ 的陈联络 1 形式. 这些 1 形式满足下列基本性质和关系式:

$$\omega^1 \wedge \cdots \wedge \omega^n \wedge \omega_n{}^1 \wedge \cdots \wedge \omega_n{}^{n-1} \neq 0; \tag{4.1}$$

$$\mathrm{d}\omega^j = \omega^k \wedge \omega_k{}^j; \tag{4.2}$$

$$\delta_{ik}\omega_j{}^k + \delta_{jk}\omega_i{}^k = -2H_{ij\alpha}\omega_n{}^\alpha. \tag{4.3}$$

用陈联络 1 形式 $\omega_i{}^j$, 容易定义芬斯勒丛 p^*TM 上张量的共变微分. 例如, 对射影球丛 SM 上的光滑函数 $f:SM \to \mathbb{R}$, 其共变微分定义为

$$\mathrm{D}f := \mathrm{d}f := f_{|i}\omega^i + f_{;\alpha}\omega_n{}^\alpha, \tag{4.4}$$

我们称 $f_{|i}$ 为 f 的**水平共变导数**, $f_{;\alpha}$ 为 f 的**垂直共变导数**. 注意 $\omega_n{}^\alpha = 0$ 确定了 SM 的水平子丛, 而 $\omega^i = 0$ 确定了垂直子丛. 对出现在 (4.3) 式的 (M,F) 的嘉当张量的分量 $H_{ij\alpha}$, 其共变微分定义为

$$DH_{ij\alpha} := dH_{ij\alpha} - \sum_k H_{kj\alpha}\omega_i{}^k - \sum_k H_{ik\alpha}\omega_j{}^k - \sum_k H_{ijk}\omega_\alpha{}^k$$

$$:= \sum_k H_{ij\alpha|k}\omega^k + \sum_k H_{ij\alpha;\beta}\omega_n{}^\beta. \tag{4.5}$$

与前面类似, 我们称 $H_{ij\alpha|k}$ 为 $H_{ij\alpha}$ 的**水平共变导数**, $H_{ij\alpha;\beta}$ 为 $H_{ij\alpha}$ 的**垂直共变导数**. 通常, 把 $f_{|n}$ 和 $H_{ij\alpha|n}$ 分别称为 f 和 $H_{ij\alpha}$ **沿着希尔伯特形式的共变导数**. 对于 p^*TM 上其他类型的张量场, 其共变导数可类似地定义.

§4.2 沿着测地线的共变导数

设 G 是芬斯勒流形 (M,F) 的射影球丛 SM 上的 Sasaki 型黎曼度量, $\flat: T(SM) \to T^*(SM)$ 是由 G 诱导的同构, 即

$$G(X,Y) = X^\flat(Y). \tag{4.6}$$

设 $\hat{y}$ 是 y 的水平提升, 即

$$\hat{y} = y^i \left(\frac{\partial}{\partial x^i} - \frac{\partial G^j}{\partial y^i} \frac{\partial}{\partial y^j} \right), \tag{4.7}$$

这里

$$G^j = \frac{1}{4} g^{jl} \left(2\frac{\partial g_{il}}{\partial x^k} - \frac{\partial g_{ik}}{\partial x^l} \right) y^i y^k, \tag{4.8}$$

那么

$$\left(\frac{\hat{y}}{F} \right)^\flat = \omega. \tag{4.9}$$

事实上, SM 上的黎曼度量 G 可表示为

$$G = \sum_\alpha \omega_\alpha^2 + \omega^2 + \sum_\alpha (\omega_n{}^\alpha)^2.$$

利用 (3.9) 和 (4.7) 式,

$$\omega_\alpha\left(\frac{\hat{y}}{F} \right) = v_k{}^\alpha dx^k \left[\frac{y^i}{F} \left(\frac{\partial}{\partial x^i} - \frac{\partial G^j}{\partial y^i} \frac{\partial}{\partial y^j} \right) \right]$$

$$= v_k{}^\alpha \frac{y^k}{F} = 0.$$

注意到测地系数 G^j 是 2 阶正齐性的，再利用 (3.15) 式，可得

$$\omega_n{}^\alpha\left(\frac{\widehat{y}}{F}\right) = u_\alpha{}^s \left[\frac{g_{st}}{F}\frac{\partial G^t}{\partial y^k}\mathrm{d}x^k + F_{y^s y^k}\mathrm{d}y^k\right]$$

$$\times \left[\frac{y^i}{F}\left(\frac{\partial}{\partial x^i} - \frac{\partial G^j}{\partial y^i}\frac{\partial}{\partial y^j}\right)\right]$$

$$= u_\alpha{}^s\left(\frac{g_{st}}{F^2}\frac{\partial G^t}{\partial y^k}y^k - \frac{F_{y^s y^k}}{F}\frac{\partial G^k}{\partial y^i}y^i\right)$$

$$= u_\alpha{}^s\left(2\frac{g_{st}}{F^2}G^t - 2\frac{F_{y^s y^k}}{F}G^k\right)$$

$$= \frac{2u_\alpha{}^s G^t}{F^2}(FF_{y^s y^t} + F_{y^s}F_{y^t} - FF_{y^s y^t})$$

$$= \frac{2u_\alpha{}^s G^t}{F^2}F_{y^s}F_{y^t}$$

$$= \frac{2G^t}{F^2}F_{y^t}(u_\alpha{}^s F_{y^s}) = 0.$$

此外

$$\omega\left(\frac{\widehat{y}}{F}\right) = F_{y^i}\mathrm{d}x^i\left[\frac{y^k}{F}\left(\frac{\partial}{\partial x^k} - \frac{\partial G^j}{\partial y^k}\frac{\partial}{\partial y^j}\right)\right]$$

$$= F_{y^i}\frac{y^i}{F} = 1,$$

这样 ω 是 $\dfrac{\widehat{y}}{F}$ 关于 G 的对偶，即 (4.9) 式成立.

下面的命题说明 (4.8) 式中的 G^j 恰好是定义 3.3.8 中的测地系数.

命题 4.2.1 对于流形 M 上的芬斯勒结构 F，我们有

$$\frac{1}{2}g^{il}(x,y)\left[\left(\frac{F^2}{2}\right)_{y^l x^k}(x,y)y^k - \left(\frac{F^2}{2}\right)_{x^l}(x,y)\right]$$

$$= \frac{1}{4} g^{il}(x,y) \left[2 \frac{\partial g_{jl}}{\partial x^k}(x,y) - \frac{\partial g_{jk}}{\partial x^l}(x,y) \right] y^j y^k. \tag{4.10}$$

证明 注意到 g_{ij} 是基本张量的分量，故

$$\frac{\partial g_{jl}}{\partial x^k} y^j = \frac{\partial}{\partial x^k} \left[\left(\frac{F^2}{2} \right)_{y^j y^l} y^j \right]$$

$$= \frac{\partial}{\partial x^k} \left[\left(\frac{F^2}{2} \right)_{y^l y^j} y^j \right] = \left(\frac{F^2}{2} \right)_{y^l x^k},$$

$$\frac{\partial g_{jk}}{\partial x^l} y^j y^k = \frac{\partial}{\partial x^l} \left(\sum_{j,k} g_{jk}(x,y) y^j y^k \right) = \frac{\partial}{\partial x^l} F^2.$$

从这两个恒等式可直接证得 (4.10) 式成立. □

设 $c(t)(t \in I)$ 是芬斯勒流形 (M,F) 的光滑曲线. 若它在 TM 中的标准提升 $\dot{c}(t)$ 是向量场

$$y^i \frac{\partial}{\partial x^i} - 2G^i \frac{\partial}{\partial y^i} \tag{4.11}$$

的积分曲线，则称 c 为 (M,F) 的**测地线**.

注 容易证明，曲线 c 为测地线当且仅当 c 满足

$$\ddot{c}^i(t) + 2G^i(c(t), \dot{c}(t)) = 0,$$

也等价于 c 是具有固定端点的弧长变分的临界点，其中 $\dot{c}$ 和 $\ddot{c}$ 分别表示 c 关于 t 的一阶和二阶导数.

下面的引理说明沿测地线求导正是沿希尔伯特形式的共变导数.

引理 4.2.2 设 $c(t)$ 是芬斯勒流形 (M,F) 上的测地线. $f: SM \to \mathbb{R}$ 为光滑函数. 则在 $(c(0), \dot{c}(0))$ 处我们有

$$F df \equiv \frac{d}{dt}[f(c(t))]_{t=0} \omega \pmod{\omega_\alpha, \omega_n{}^\alpha}.$$

证明 令 $y = \dot{c}(0)$. 根据 (4.9) 式，我们仅需证明

$$\hat{y}(f) = \frac{d}{dt}[f(c(t))]_{t=0}.$$

事实上,
$$\frac{\mathrm{d}}{\mathrm{d}t}[f(c(t))] = \frac{\partial f}{\partial x^i}\dot{c}^i + \frac{\partial f}{\partial y^i}\ddot{c}^i.$$

因为 G^i 关于切向量是 2 阶正齐性的, 故
$$y^i \frac{\partial G^j}{\partial y^i} = 2G^j.$$

结合 (4.8) 和 (4.11) 式, 有
$$\frac{\mathrm{d}}{\mathrm{d}t}[f(c(t))] = \frac{\partial f}{\partial x^i}\dot{c}^i - 2\frac{\partial f}{\partial y^i}G^i(c,\dot{c})$$
$$= \dot{c}^i \left(\frac{\partial f}{\partial x^i} - \frac{\partial G^j}{\partial y^i}(c,\dot{c})\frac{\partial f}{\partial y^j}\right) = \hat{\dot{c}}(f). \qquad \square$$

为了强调和简便起见, 通常将沿着希尔伯特形式的共变导数记为 "·". 如 $\dot{f} := f_{|n}, \dot{H}_{ij\alpha} := H_{ij\alpha|n}$ 等. 值得注意的是, $\dot{f} : SM \to \mathbb{R}$ 是一个函数, 而 $\dot{H}_{ij\alpha}$ 为三阶张量.

§4.3 Landsberg 曲率

设 (M, F) 是一个芬斯勒流形. $H_{ij\alpha}$ 为其嘉当张量. 令
$$L_{\alpha\beta\gamma} := -\dot{H}_{\alpha\beta\gamma},$$
$$L := \sum_{\alpha,\beta,\gamma} L_{\alpha\beta\gamma}\omega^\alpha \otimes \omega^\beta \otimes \omega^\gamma,$$

其中 $\{\omega^\alpha, 1 \leqslant \alpha \leqslant n-1\}$ 是对偶芬斯勒丛上的部分适当标架场. 我们称 L 为 **Landsberg 曲率**.

定义 4.3.1 若芬斯勒流形 (M, F) 的 Landsbcrg 曲率恒等于零, 则称 (M, F) 为 **Landsberg 流形**.

为了利用子流形的性质刻画 Landsberg 流形, 我们先来回顾简要的子流形理论.

设 (N, h) 是一个黎曼流形, $\phi : M \hookrightarrow (N, h)$ 是等距浸入. 以 $\tilde{\nabla}$ 表示 h 的列维-齐维塔联络, ∇ 表示诱导黎曼度量 $\phi^* h$ 的列维-齐

维塔联络. 对 $X, Y \in \Gamma(TM)$, 我们有分解式

$$\tilde{\nabla}_{\phi_* X}\phi_* Y = \phi_*(\nabla_X Y) + B(X, Y),$$

这里

$$\phi_*(\nabla_X Y) \in \Gamma(\phi_* TM),$$
$$B(X, Y) \in \Gamma(T^\perp M).$$

我们把 B 称为 ϕ 的**第二基本形式**, 而将向量 $\text{tr}_{\phi^* h}B$ 称为 ϕ 的**平均曲率**, 且以 H 表示它. 若 ϕ 的平均曲率恒等于 0, 那么我们称 ϕ 是**极小浸入**, 进一步, 当 ϕ 的第二基本形式恒等于 0 时, 我们称浸入 ϕ 是**全测地**的. 易见 ϕ 为全测地浸入当且仅当 ϕ 把 M 上任意测地线映为 N 上的测地线. Landsberg 流形有如下的几何刻画.

定理 4.3.2[1] 设 (M, F) 是一个芬斯勒流形, SM 是其射影球丛. 则 (M, F) 是 Landsberg 流形当且仅当 SM 中的所有射影球是 SM 的全测地子流形.

证明 利用 (6.35) 式即可. □

类似地, 令 $J_\alpha := -\eta_{\alpha|n} = -\dot{\eta}_\alpha$, 这里 $\eta = \eta_\alpha \omega^\alpha$ 表示嘉当形式. 称 $J_\alpha \omega^\alpha$ 为**平均 Landsberg 曲率**, 记为 J.

定义 4.3.3 若芬斯勒流形 (M, F) 的平均 Landsberg 曲率恒等于零, 则称 (M, F) 为**弱 Landsberg 流形**, 称 F 为弱 Landsberg 度量.

利用 (6.35) 式, 我们易得弱 Landsberg 流形的如下几何刻画.

定理 4.3.4 芬斯勒流形是弱 Landsberg 流形的充要条件是所有射影球是射影球丛的极小子流形.

以 $\text{Vol}(x)$ 表示芬斯勒流形 (M, F) 在 x 点的单位芬斯勒球面 I_x 的体积, 其中

$$I_x = \{y \in T_x M | F(x, y) = 1\}.$$

考虑 M 上的任意 n 个函数 $a^i = a^i(x)$ $(i = 1, 2, \cdots, n)$, 易得 (见文献 [5])

$$a^i \frac{\partial \mathrm{Vol}(x)}{\partial x^i} = \int_{I_x} g\Big(J_\alpha \mathbf{e}_\alpha, a^i \frac{\partial}{\partial x^i}\Big) \mathrm{d}V, \tag{4.12}$$

其中

$$\mathrm{d}V := \sqrt{\det(g_{ij})} \sum_{k=1}^{n} (-1)^{k-1} y^k \mathrm{d}y^1 \wedge \cdots \wedge \widehat{\mathrm{d}y^k} \wedge \cdots \wedge \mathrm{d}y^n.$$

因而可得

定理 4.3.5 对弱 Landsberg 流形 (M, F)，则 $\mathrm{Vol}(x)$ 为常值.

例 定义 $\mathbb{R}^2$ 上芬斯勒结构 $F : T\mathbb{R}^2 \to \mathbb{R}$ 为

$$F(x, y) := \sqrt{p^2 + q^2 + \lambda(x)(p^4 + q^4)^{1/2}},$$

其中 $y = (p, q) \in T_x \mathbb{R}^2, \lambda : \mathbb{R}^2 \xrightarrow{C^\infty} \mathbb{R}^+ \cup \{0\}$. 类似于例 1.3.2 可求得

$$(g_{ij}) = \begin{pmatrix} 1 + \dfrac{\lambda p^2(p^4 + 3q^4)}{(p^4 + q^4)^{3/2}} & \dfrac{-2\lambda p^3 q^3}{(p^4 + q^4)^{3/2}} \\ \dfrac{-2\lambda p^3 q^3}{(p^4 + q^4)^{3/2}} & 1 + \dfrac{\lambda q^2(3p^4 + q^4)}{(p^4 + q^4)^{3/2}} \end{pmatrix},$$

这样

$$\sqrt{\det(g_{ij})} = \sqrt{1 + \lambda \frac{(p^2 + q^2)^3}{(p^4 + q^4)^{3/2}} + \lambda^2 \frac{3p^2 q^2}{p^4 + q^4}}. \tag{4.13}$$

利用 (4.13) 式，可证明当 $\lambda(x)$ 之值从 0 增加到 ∞ 时，$\mathrm{Vol}(x)$ 的值在 $[5.4414, 2\pi]$ 上单调减少 (见文献 [5]).

对于 $\mathrm{Vol}(x)$ 为常值的芬斯勒流形，鲍大为和陈省身已得到了 Gauss-Bonnet 定理. 结合定理 4.3.5，我们有下述定理.

定理 4.3.6 设 (M, F) 是一个可定向的紧致 $2k$ 维弱 Landsberg 流形. 则

$$\int_M [X]^* \{\mathrm{Pf}(\Omega) + \mathcal{F}\} = \frac{\mathrm{Vol}(S^{2k-1}, F)}{\mathrm{Vol}(S^{2k-1})} \chi(M),$$

这里 $[X]: M \to SM$ 是具有孤立奇点的任意截面，$\text{Pf}(\Omega)$ 是陈联络的曲率的普法夫形式，$\mathcal{F}$ 是一个附加项 (见文献 [5]), (S^{2k-1}, F) 是具有芬斯勒结构 F 的 $2k-1$ 维球面.

§4.4 S 曲率

设 (M, F) 是一个芬斯勒流形，τ 是其畸变. 令 $S = \dot\tau F$. 我们称 S 为 (M, F) 的 S **曲率**.

S 曲率是沈忠民在研究芬斯勒流形的体积比较定理时引入的. 它和里奇曲率一起确定了一点附近的 Busemann-Hausdorff 小球的体积.

显然
$$S(x, \lambda y) = \lambda S(x, y), \quad \lambda > 0.$$

考虑切丛 TM 的标准局部坐标系 (x^i, y^i)，以 $G^i = G^i(x, y)$ 表示 F 的测地系数. 那么 S 曲率有如下的表达式.

引理 4.4.1 设 $\sigma := \sigma_F$ 是在 §2.3 定义的函数，则
$$S = \frac{1}{2} g^{ij} \frac{\partial g_{ij}}{\partial x^k} y^k - 2F^{-1} A_k G^k - \frac{y^i}{\sigma(x)} \frac{\partial \sigma}{\partial x^j}. \tag{4.14}$$

证明 利用引理 4.2.2,
$$S(\dot c) = \frac{\mathrm d}{\mathrm dt}[\tau(\dot c(t))],$$

这里 $c(t)$ 是 (M, F) 的测地线. 由畸变 τ 的定义，我们有
$$S(\dot c) = \frac{\mathrm d}{\mathrm dt}\left[\ln \frac{\sqrt{\det(g_{ij}(\dot c))}}{\sigma(c)}\right]$$
$$= \frac{\mathrm d}{\mathrm dt}\left[\ln \sqrt{\det(g_{ij}(\dot c))}\right] - \frac{\mathrm d}{\mathrm dt}[\ln \sigma(c)].$$

类似于 (2.2) 式的计算，我们得到
$$S(\dot c) = \frac{1}{2} g^{ij}(\dot c) \frac{\partial g_{ij}}{\partial x^k}(\dot c) \dot c^k + g^{ij}(\dot c) F^{-1} A_{ijk} \ddot c^k - \frac{\dot c^j}{\sigma(c)} \frac{\partial \sigma}{\partial x^j}(c).$$

由测地线方程有
$$\ddot{c} + 2G^i(\dot{c}) = 0,$$
因此
$$S(\dot{c}) = \frac{1}{2}g^{ij}(\dot{c})\frac{\partial g_{ij}}{\partial x^k}(\dot{c})\dot{c}^k - 2F^{-1}A_k G^k(\dot{c}) - \frac{\dot{c}^j}{\sigma(c)}\frac{\partial \sigma}{\partial x^j}(c),$$
其中 A_k 表示嘉当形式的分量. □

定义 4.4.2 设 (M, F) 是一个 n 维芬斯勒流形. 若存在 $c: M \to \mathbb{R}$, 使得 S 曲率满足
$$S = (n+1)cF,$$
我们称 F 具有**迷向 S 曲率**; 特别当 c 为常值时, F 称为具有**常 S 曲率**[25].

例 4.4.3 对 $\mathbb{B}^n$ 中任意常向量 a, 考虑单位球 $\mathbb{B}^n$ 上下述 Randers 度量
$$F_a(x, y) = \frac{\sqrt{|y|^2 - (|x|^2|y|^2 - \langle x, y \rangle^2)}}{1 - |x|^2}$$
$$\pm \frac{\langle x, y \rangle}{1 - |x|^2} \pm \frac{\langle a, y \rangle}{1 + \langle a, x \rangle}, \quad y \in T_x\mathbb{B}^n.$$
易证 F_a 具有常 S 曲率 $\pm 1/2$, 即 F_a 的 S 曲率满足:
$$S = \pm\frac{1}{2}(n+1)F_a.$$
把 F_a 称为**广义 Funk 度量**. 注意在 $a = 0$ 的情形, F_a 正是例 1.3.4 中的 Funk 度量[36].

下面举例说明存在大量的非常值迷向 S 曲率的芬斯勒流形.

例 4.4.4 设 ζ 是任意常数,
$$\Omega := \begin{cases} \mathbb{R}^n, & \text{当 } \zeta \geqslant 0, \\ \mathbb{B}^n\left(\sqrt{-\frac{1}{\zeta}}\right), & \text{当 } \zeta < 0. \end{cases} \quad (4.15)$$

令

$$\alpha(x,y) := \frac{\sqrt{\kappa^2 \langle x,y \rangle^2 + \varepsilon |y|^2 (1 + \zeta |x|^2)}}{1 + \zeta |x|^2}, \tag{4.16}$$

$$\beta(x,y) := \frac{\kappa \langle x,y \rangle}{1 + \zeta |x|^2}, \tag{4.17}$$

其中 ε 是任意正常数，κ 是任意常数. 则 $F := \alpha + \beta : T\Omega \to \mathbb{R}$ 是具有迷向 S 曲率的 Randers 度量，即 $S = (n+1)cF$，其中

$$c = \frac{\kappa}{2[\varepsilon + (\varepsilon\zeta + \kappa^2)|x|^2]}. \tag{4.18}$$

我们将在命题 4.4.6 中给出 (4.18) 式的证明. 首先我们需要建立 Randers 度量具有迷向 S 曲率的条件.

命题 4.4.5[12] 设 $F = \alpha + \beta$ 是 n 维流形 M 上的 Randers 度量，其中 $\alpha = \sqrt{a_{ij}(x)y^i y^j}$，$\beta = b_i(x)y^i$. 则 F 具有迷向 S 曲率，即 $S = (n+1)c(x)F$ 当且仅当

$$r_{ij} = 2c(x)(a_{ij} - b_i b_j) - b_i s_j - b_j s_i, \tag{4.19}$$

其中

$$r_{ij} := \frac{1}{2}(b_{i|j} + b_{j|i}), \quad s_{ij} := \frac{1}{2}(b_{i|j} - b_{j|i}),$$
$$s_i := b_k a^{kj} s_{ji}, \quad (a^{ij}) = (a_{ij})^{-1},$$
$$b_{i|j} := \frac{\partial b_i}{\partial x^j} - b_k \gamma_{ij}^k,$$

γ_{ij}^k 是关于黎曼度量 α 的**克利斯托费尔符号**. 特别，若 β 是闭形式，则 $S = (n+1)c(x)F$ 等价于

$$b_{i|j} = 2c(x)(a_{ij} - b_i b_j). \tag{4.20}$$

证明 选取 $T_x M$ 的标准正交基，使得 $a_{ij} = \delta_{ij}$. 记

$$\rho := \ln \sqrt{1 - \|\beta\|_\alpha^2}, \tag{4.21}$$

$$\rho_i := \mathrm{d}\rho\left(\frac{\partial}{\partial x^i}\right) = -\frac{\sum b_j b_{j|i}}{1 - \|\beta\|_\alpha^2},$$

其中 $\|\beta\|_\alpha^2 = \sum_{i,j} a^{ij} b_i b_j$. 根据本章习题第 6 题, S 曲率可表为

$$S = (n+1)(P - \mathrm{d}\rho), \tag{4.22}$$

这里

$$P := \frac{1}{2F}(r_{ij} y^i y^j - 2\alpha s_i y^i).$$

因此 $S = (n+1)c(x)F$ 等价于

$$r_{ij} y^i y^j - 2\alpha s_i y^i = 2(\alpha + \beta)\rho_i y^i + 2c(\alpha+\beta)^2. \tag{4.23}$$

(4.23) 式等价于下面两个方程:

$$r_{ij} = b_j \rho_i + b_i \rho_j + 2c(x)(a_{ij} - b_i b_j), \tag{4.24}$$

$$-s_i = \rho_i + 2c b_i. \tag{4.25}$$

必要性 设 $S = (n+1)c(x)F$, 则 (4.24) 和 (4.25) 式成立. 将 (4.25) 式代入 (4.24) 式便有 (4.19) 式.

充分性 设 (4.19) 式成立. 注意到

$$\sum_j s_j b_j = \sum_{i,j} b_i s_{ij} b_j = 0.$$

用 b_j 对 (4.19) 式作缩并可知

$$\sum_j b_j r_{ij} = 2c(x)(1 - \|\beta\|_\alpha^2) b_i - \|\beta\|_\alpha^2 s_i, \tag{4.26}$$

也即

$$\sum_j b_j b_{i|j} + \sum_j b_j b_{j|i} = 4c(x)(1 - \|\beta\|_\alpha^2) b_i - \|\beta\|_\alpha^2 \sum_j (b_j b_{i|j} - b_j b_{j|i}).$$

这样

$$\sum_j b_j b_{i|j} = 4cb_i - \frac{1+\|\beta\|_\alpha^2}{1-\|\beta\|_\alpha^2} \sum_j b_j b_{j|i}. \tag{4.27}$$

结合 (4.22) 式有

$$s_i = -2cb_i + \frac{1}{2}\left[\sum_j b_j b_{j|i} + \frac{1+\|\beta\|_\alpha^2}{1-\|\beta\|_\alpha^2}\sum_j b_j b_{j|i}\right]$$
$$= -2cb_i - \rho_i, \tag{4.28}$$

于是

$$r_{ij}y^i y^j - 2\alpha s_i y^i = 2F\rho_i y^i + 2cF^2. \tag{4.29}$$

故

$$S = (n+1)(cF + \rho_i y^i - \rho_i y^i) = (n+1)c(x)F. \qquad \square$$

现在我们来证明例 4.4.4 中的芬斯勒度量具有迷向 S 曲率.

命题 4.4.6[28] 设 $F = \alpha + \beta : T\Omega \to [0,\infty)$ 是定义在 (4.16) 和 (4.17) 式中的函数. 则

(i) F 是 Randers 度量且 β 是恰当形式;

(ii) F 具有迷向 S 曲率, 即 $S = (n+1)c(x)F$, 其中 $c(x)$ 满足 (4.18) 式.

证明 记

$$\omega := 1 + \zeta|x|^2, \quad \varrho^2 := \varepsilon\zeta + \kappa^2, \tag{4.30}$$

$$\alpha^2 = a_{ij}y^i y^j, \quad \beta = b_i y^i, \tag{4.31}$$

则

$$a_{ij} = \frac{\varepsilon\delta_{ij}}{\omega} + \frac{\kappa^2 x^i x^j}{\omega^2}, \quad b_i = \frac{\kappa x^i}{\omega}. \tag{4.32}$$

由于 $1 + \zeta|x|^2 > 0$, 易见若 $y \neq 0$, 那么

$$\alpha^2 = \frac{\kappa^2\langle x,y\rangle^2 + \varepsilon|y|^2 + \varepsilon\zeta|x|^2|y|^2}{\omega^2}$$

$$\geqslant \frac{\varepsilon(1+\zeta|x|^2)|y|^2}{\omega^2} > 0.$$

此外 $\alpha(x,y) = 0$ 当且仅当 $y = 0$. 故 α 为黎曼度量. 记

$$(a^{ij}) = (a_{ij})^{-1}. \tag{4.33}$$

利用 (4.32) 式, 我们有

$$\delta_i{}^j = a_{ik}a^{kj} = \sum_i \left(\frac{\varepsilon\delta_{ik}}{\omega} + \frac{\kappa^2 x^i x^k}{\omega^2}\right)a^{kj} = \frac{\varepsilon a^{ij}}{\omega} + \frac{\kappa^2 x^i t^j}{\omega^2}, \tag{4.34}$$

这里

$$t^j := \sum_i x^i a^{ij}. \tag{4.35}$$

注意 (4.34) 式等价于

$$\varepsilon\omega a^{ij} = \omega^2 \delta_i{}^j - \kappa^2 x^i t^j, \tag{4.36}$$

结合 (4.35) 式便知

$$\varepsilon\omega t^j = \varepsilon\omega \sum_i x^i a^{ij} = \omega^2 x^j - \kappa^2 |x|^2 t^j, \tag{4.37}$$

因而

$$t^j = \frac{\omega^2 x^j}{\varepsilon + \varrho^2|x|^2} = \frac{2c\omega^2 x^j}{\kappa}, \tag{4.38}$$

这里 $c(x)$ 是定义在 (4.18) 式中的函数. 将上式代入 (4.36) 式便有

$$\begin{aligned}a^{ij} &= \frac{1}{\varepsilon\omega}(\omega^2 \delta_i{}^j - \kappa^2 x^i t^j) \\ &= \frac{\omega}{\varepsilon}\left(\delta_i{}^j - \frac{\kappa^2 x^i x^j}{\varepsilon + \varrho^2|x|^2}\right) \\ &= \frac{\omega}{\varepsilon}(\delta^{ij} - 2c\kappa x^i x^j).\end{aligned} \tag{4.39}$$

结合 (4.32) 式我们得到

$$\|\beta\|_\alpha^2 := a^{ij} b_i b_j$$

$$= \frac{\omega}{\varepsilon}(\delta^{ij} - 2c\kappa x^i x^j)\frac{\kappa x^i}{\omega}\frac{\kappa x^j}{\omega}$$

$$= \frac{\kappa^2|x|^2}{\varepsilon + \varrho^2|x|^2} < 1, \qquad (4.40)$$

因此 $F := \alpha + \beta$ 是 Randers 度量. 把 β 作为 M 上的 1 形式, 则

$$\beta = \frac{\kappa \sum_i x^i \mathrm{d}x^i}{1 + \zeta^2|x|^2} = \mathrm{d}\left[\frac{\kappa}{2\zeta}\ln(1 + \zeta^2|x|^2)\right],$$

故 β 是恰当形式. 特别, β 是一个闭形式. 由 (4.30) 式, 有

$$\frac{\partial \omega}{\partial x^i} = 2\zeta x^i. \qquad (4.41)$$

结合 (4.32) 式可知

$$\frac{\partial a_{ij}}{\partial x^k} = \frac{\kappa^2}{\omega^2}(x^i \delta_{jk} + x^j \delta_{ik}) - \frac{2\varepsilon\zeta}{\omega^2}\delta_{ij}x^k - \frac{4\zeta\kappa^2}{\omega^3}x^i x^j x^k, \qquad (4.42)$$

这样

$$\gamma_{ijk} := \frac{1}{2}\left(\frac{\partial a_{ij}}{\partial x^k} + \frac{\partial a_{ik}}{\partial x^j} - \frac{\partial a_{jk}}{\partial x^i}\right)$$

$$= \frac{\varrho^2}{\omega^2}\delta_{jk}x^i - \frac{\varepsilon\zeta}{\omega^2}(\delta_{ij}x^k + \delta_{ik}x^j) - \frac{2\zeta\kappa^2}{\omega^3}x^i x^j x^k. \qquad (4.43)$$

结合 (4.39) 式我们得到

$$\gamma^i{}_{jk} = a^{il}\gamma_{ljk} = \frac{\varrho^2 \delta_{jk}}{\varepsilon + \varrho^2|x|^2}x^i - \frac{\zeta}{\omega}(\delta^i{}_j x^k + \delta^i{}_k x^j). \qquad (4.44)$$

注意到 b_i 满足 (4.32) 式, 于是

$$\gamma^i{}_{jk}b_k = \frac{\kappa}{\omega}\left[\frac{\varrho^2|x|^2\delta_{ij}}{\varepsilon + \varrho^2|x|^2} - \frac{2\zeta x^i x^j}{\omega}\right], \qquad (4.45)$$

$$\frac{\partial b_i}{\partial x^j} = \kappa\frac{\omega\delta_{ij} - 2\zeta x^i x^j}{\omega^2}, \qquad (4.46)$$

这里我们已用了 (4.41) 式. 由 $b_{i|j}$ 的定义 (见命题 4.4.5) 可得

$$b_{i|j} = \frac{\varepsilon \kappa \delta_{ij}}{\omega(\varepsilon + \varrho^2 |x|^2)} = \frac{2\varepsilon c}{\omega} \delta_{ij}. \tag{4.47}$$

另一方面, 从 (4.32) 式可知

$$a_{ij} - b_i b_j = \frac{\varepsilon}{\omega} \delta_{ij},$$

故有

$$b_{i|j} = 2c(x)(a_{ij} - b_i b_j),$$

其中 $c(x)$ 是在 (4.18) 式中定义的函数. 由于 β 是闭形式, 由命题 4.4.5 可知, F 具有迷向的 S 曲率. □

习 题 四

1. 设 y 是芬斯勒流形 (M, F) 的一个切向量. 证明: y 在 SM 的水平子丛中的提升满足 (4.7) 式.

2. 设 $\phi : M \to N$ 是黎曼流形之间的等距浸入, 证明: M 为 N 的全测地子流形当且仅当 M 的任一测地线在 ϕ 下的像是 N 的测地线.

3. 对于芬斯勒流形 M 上的任意 n 个函数 $a^i = a^i(x)$ ($i = 1, 2, \cdots, n$), 证明公式 (4.12) 成立.

4. 验证公式 (4.13) 成立.

5. 证明例 4.3.3 中的广义 Funk 度量具有常 S 曲率 $\pm \frac{1}{2}$.

6. 证明关于 Randers 度量的 S 曲率公式 (4.22) 成立.

7. 证明: 紧致可定向的偶数维 Landsberg 流形上 Gauss-Bonnet 定理成立.

第五章 黎曼几何不变量和弧长的变分

在芬斯勒流形上除了非黎曼几何不变量以外，还有一些重要的几何不变量. 它们是黎曼流形上的几何量的自然发展. 我们把这些几何量统称为**黎曼几何不变量**.

芬斯勒几何中最重要的黎曼几何量便是旗曲率. 这种几何量自然地出现在弧长的第二变分公式中，它在黎曼空间的情形归结为截面曲率.

本章我们通过探讨陈联络的曲率 2 形式引入芬斯勒流形的黎曼几何不变量. 而后我们将导出弧长的第一和第二变分公式.

§5.1 陈联络的曲率

外微分无挠性方程 (4.2), 再利用它我们可得

$$\begin{aligned} 0 &= \mathrm{d}^2\omega^j \\ &= \mathrm{d}(\omega^k \wedge \omega_k{}^j) \\ &= (\mathrm{d}\omega^k) \wedge \omega_k{}^j - \omega^k \wedge \mathrm{d}\omega_k{}^j \\ &= -\omega^i \wedge [\mathrm{d}\omega_i{}^j - \omega_i{}^k \wedge \omega_k{}^j]. \end{aligned} \quad (5.1)$$

记

$$\Omega_i{}^j := \mathrm{d}\omega_i{}^j - \omega_i{}^k \wedge \omega_k{}^j \in \Gamma(\wedge^2 SM). \quad (5.2)$$

我们把 $\Omega_i{}^j$ 称为陈联络的**曲率 2 形式**. 由 (5.1) 式，$\Omega_i{}^j$ 可以分解为

$$\Omega_i{}^j := \frac{1}{2} R_i{}^j{}_{kl}\, \omega^k \wedge \omega^l + P_i{}^j{}_{k\alpha}\, \omega^k \wedge \omega_n{}^\alpha + Q_i{}^j{}_{\alpha\beta}\, \omega_n{}^\alpha \wedge \omega_n{}^\beta. \quad (5.3)$$

结合 (5.1) 和 (5.2) 式我们有

$$0 = -\omega^i \wedge \Omega_i{}^j$$
$$= -\omega^i \wedge Q_i{}^j{}_{\alpha\beta} \omega_n{}^\alpha \wedge \omega_n{}^\beta \pmod{\omega^i \wedge \omega^k \wedge \omega^l, \ \omega^i \wedge \omega^k \wedge \omega_n{}^\alpha}},$$

故得到

$$Q_i{}^j{}_{\alpha\beta} \omega^i \wedge \omega_n{}^\alpha \wedge \omega_n{}^\beta = 0.$$

因而我们有 $Q_i{}^j{}_{\alpha\beta} = Q_i{}^j{}_{\beta\alpha}$, 即

$$Q_i{}^j{}_{\alpha\beta} \omega_n{}^\alpha \wedge \omega_n{}^\beta = 0.$$

代入 (5.3) 式便有

$$\Omega_i{}^j = \frac{1}{2} R_i{}^j{}_{kl} \omega^k \wedge \omega^l + P_i{}^j{}_{k\alpha} \omega^k \wedge \omega_n{}^\alpha. \tag{5.4}$$

我们约定曲率 2 形式关于 $\omega^k \wedge \omega^l$ 的表示系数满足

$$R_i{}^j{}_{kl} = -R_i{}^j{}_{lk}. \tag{5.5}$$

定义 5.1.1[14] 设 (M, F) 是一个芬斯勒流形. $\Omega_i{}^j$ 为其陈联络的曲率 2 形式. 把 $\Omega_i{}^j$ 关于 $\omega^k \wedge \omega^l$ 的表示系数 $R_i{}^j{}_{kl}$ 称为 (M, F) 的**黎曼曲率**; 而把 $\Omega_i{}^j$ 关于 $\omega^k \wedge \omega_n{}^\alpha$ 的表示系数 $P_i{}^j{}_{k\alpha}$ 称为 (M, F) 的**闵可夫斯基曲率**.

把 (5.4) 式代入 (5.1) 式我们得到

$$\frac{1}{2} R_i{}^j{}_{kl} \omega^i \wedge \omega^k \wedge \omega^l \equiv 0 \pmod{\omega^i \wedge \omega^k \wedge \omega_n{}^\alpha},$$

故得下面的**第一毕安基恒等式**

$$R_i{}^j{}_{kl} + R_k{}^j{}_{li} + R_l{}^j{}_{ik} = 0. \tag{5.6}$$

类似地, 利用 (5.1), (5.2) 和 (5.4) 式可知

$$P_i{}^j{}_{k\alpha} \omega^i \wedge \omega^k \wedge \omega_n{}^\alpha \equiv 0 \pmod{\omega^i \wedge \omega^k \wedge \omega^l}.$$

于是，(M, F) 的闵可夫斯基曲率满足

$$P_i{}^j{}_{k\alpha} = P_k{}^j{}_{i\alpha}. \tag{5.7}$$

令 $\omega_{ij} := \delta_{jk}\omega_i{}^k$，并代入 (4.3) 式有如下的几乎相容性方程

$$\omega_{ij} + \omega_{ji} = -2\sum_\alpha H_{ij\alpha}\omega_n{}^\alpha, \tag{5.8}$$

其中 $\{H_{ij\alpha}\}$ 代表芬斯勒流形 (M, F) 的嘉当张量. 外微分 (5.8) 式可得

$$\mathrm{d}\omega_{ij} + \mathrm{d}\omega_{ji} = -2(\mathrm{d}H_{ij\alpha}) \wedge \omega_n{}^\alpha - 2H_{ij\alpha}\mathrm{d}\omega_n{}^\alpha. \tag{5.9}$$

记 $\Omega_{ij} = \delta_{jk}\Omega_i{}^k$. 由 (5.2) 式可得

$$\mathrm{d}\omega_{ij} = \Omega_{ij} + \sum_k \omega_{ik} \wedge \omega_{kj},$$

$$\mathrm{d}\omega_n{}^\alpha = \Omega_n{}^\alpha + \sum_\beta \omega_n{}^\beta \wedge \omega_\beta{}^\alpha \quad (因为 \omega_n{}^n = 0),$$

代入 (5.9) 式我们有

$$\Omega_{ij} + \Omega_{ji} + 2H_{ijk}\Omega_n{}^k + (\mathrm{I}) = 0, \tag{5.10}$$

其中

$$(\mathrm{I}) = \underbrace{\sum_k \omega_{ik} \wedge \omega_{kj} + \sum_k \omega_{jk} \wedge \omega_{ki}}_{(\mathrm{II})}$$

$$+ 2\sum_\alpha (\mathrm{d}H_{ij\alpha}) \wedge \omega_n{}^\alpha$$

$$+ 2\sum_{\alpha,\beta} H_{ij\alpha}\omega_n{}^\beta \wedge \omega_\beta{}^\alpha.$$

利用度量与联络的几乎相容性方程 (5.8)，我们有

$$(\mathrm{II}) = \sum_k \omega_{ik} \wedge \left(-\omega_{jk} - 2\sum_\alpha H_{kj\alpha}\omega_n{}^\alpha\right)$$

$$+ \sum_k \omega_{jk} \wedge \Big(-\omega_{ik} - 2\sum_\alpha H_{ki\alpha}\omega_n{}^\alpha \Big)$$
$$= -2\sum_k (H_{kj\alpha}\omega_{ik} + H_{ki\alpha}\omega_{jk}) \wedge \omega_n{}^\alpha,$$

因而得到

$$(\mathrm{I}) = 2\sum_\alpha (\mathrm{D}H_{ij\alpha}) \wedge \omega_n{}^\alpha,$$

这里 $\mathrm{D}H_{ij\alpha}$ 表示嘉当张量的共变微分, 参见 (4.5) 式. 将上式代入 (5.10) 式, 我们有

$$\Omega_{ij} + \Omega_{ji} + 2\sum_k H_{ijk}\Omega_n{}^k + 2\sum_\alpha (\mathrm{D}H_{ij\alpha}) \wedge \omega_n{}^\alpha = 0. \quad (5.11)$$

结合 (5.4) 和 (4.5) 式便有

$$0 = \frac{1}{2} R_{ijkl}\omega^k \wedge \omega^l + P_{ijk\alpha}\omega^k \wedge \omega_n{}^\alpha + \frac{1}{2} R_{jikl}\omega^k \wedge \omega^l$$
$$+ P_{jik\alpha}\omega^k \wedge \omega_n{}^\alpha + 2H_{ij\alpha}\Big(\frac{1}{2} R_n{}^\alpha{}_{kl}\omega^k \wedge \omega^l + P_n{}^\alpha{}_{k\beta}\omega^k \wedge \omega_n{}^\beta\Big)$$
$$+ 2(H_{ij\alpha|k}\omega^k + H_{ij\alpha;k}\omega_n{}^\beta) \wedge \omega_n{}^\alpha, \quad (5.12)$$

于是可得

$$(R_{ijkl} + R_{jikl} + 2H_{ij\alpha}R_n{}^\alpha{}_{kl})\omega^k \wedge \omega^l \equiv 0 \pmod{\omega^k \wedge \omega_n{}^\alpha, \omega_n{}^\alpha \wedge \omega_n{}^\beta}.$$

注意到 (5.5) 式便得

$$R_{ijkl} + R_{jikl} + 2H_{ij\alpha}R_n{}^\alpha{}_{kl} = 0. \quad (5.13)$$

(5.12) 式也可表为

$$(P_{ijk\alpha} + P_{jik\alpha} + 2H_{ij\beta}P_n{}^\beta{}_{k\alpha}$$
$$+ 2H_{ij\alpha|k})\omega^k \wedge \omega_n{}^\alpha \equiv 0 \pmod{\omega^i \wedge \omega^j, \omega_n{}^\alpha \wedge \omega_n{}^\beta},$$

这样便有

$$P_{ijk\alpha} + P_{jik\alpha} + 2\sum_\beta H_{ij\beta}P_n{}^\beta{}_{k\alpha} + 2H_{ij\alpha|k} = 0. \quad (5.14)$$

最后, 在 (5.12) 式中取 $\omega_n{}^\alpha \wedge \omega_n{}^\beta$ 之分量, 我们可得

$$H_{ij\alpha;\beta} = H_{ij\beta;\alpha}.$$

下面的命题说明闵可夫斯基曲率是非黎曼几何不变量.

命题 5.1.2 芬斯勒空间 (M, F) 的闵可夫斯基曲率 $P_{ijk\alpha}$ 可表为

$$P_{ijk\alpha} = -H_{ij\beta}L^\beta{}_{k\alpha} + H_{ki\beta}L^\beta{}_{j\alpha} - H_{jk\beta}L^\beta{}_{i\alpha}$$
$$- H_{ij\alpha|k} + H_{ki\alpha|j} - H_{jk\alpha|i},$$

其中 $P_{ijk\alpha} = P_i{}^l{}_{k\alpha}\delta_{lj}$.

证明 令

$$E_{ijk\alpha} := \frac{P_{ijk\alpha} + P_{jik\alpha}}{2}.$$

利用 (5.7) 式便有

$$P_{ijk\alpha} = \frac{P_{ijk\alpha} + P_{jik\alpha}}{2} + \frac{P_{jki\alpha} + P_{kji\alpha}}{2} - \frac{P_{kij\alpha} + P_{ikj\alpha}}{2}$$
$$= E_{ijk\alpha} + E_{jki\alpha} - E_{kij\alpha}. \tag{5.15}$$

从 (5.14) 式可知

$$E_{ijk\alpha} = -H_{ij\beta}P_n{}^\beta{}_{k\alpha} - H_{ij\alpha|k},$$

代入 (5.15) 式我们便有

$$P_{ijk\alpha} = -H_{ij\beta}P_n{}^\beta{}_{k\alpha} - H_{ij\alpha|k} - H_{jk\beta}P_n{}^\beta{}_{i\alpha}$$
$$- H_{jk\alpha|i} + H_{ki\beta}P_n{}^\beta{}_{j\alpha} + H_{ki\alpha|j}. \tag{5.16}$$

另一方面, 从 (4.5) 式可知

$$H_{ni\alpha|j}\omega^j \equiv \mathrm{d}H_{ni\alpha} - H_{ki\alpha}\omega_n{}^k - H_{nk\alpha}\omega_i{}^k - H_{nik}\omega_\alpha{}^k \pmod{\omega_n{}^\beta}$$
$$= -H_{\beta i\alpha}\omega_n{}^\beta \equiv 0 \pmod{\omega_n{}^\beta},$$

因而有

$$H_{ni\alpha|j} = 0. \tag{5.17}$$

结合 (5.16) 式我们便知

$$P_{n\beta n\alpha} = -H_{n\beta\gamma}P_n{}^\gamma{}_{n\alpha} - H_{n\beta\alpha|n} - H_{\beta n\gamma}P_n{}^\gamma{}_{n\alpha}$$
$$- H_{\beta n\alpha|n} + H_{nn\gamma}P_n{}^\gamma{}_{\beta\alpha} + H_{nn\alpha|\beta} = 0. \quad (5.18)$$

结合 (5.16) 和 (5.17) 式有

$$P_{njk\alpha} = -H_{nj\beta}P_n{}^\beta{}_{k\alpha} - H_{nj\alpha|k} - H_{jk\beta}P_n{}^\beta{}_{n\alpha}$$
$$- H_{jk\alpha|n} + H_{kn\beta}P_n{}^\beta{}_{j\alpha} + H_{kn\alpha|j}$$
$$= -\dot{H}_{jk\alpha} = L_{jk\alpha}.$$

将上式代入 (5.16) 式, 我们便得所要的结论. □

定义 5.1.3 闵可夫斯基曲率恒为零的芬斯勒流形称为 **Berwald 流形**.

从命题 5.1.2 的证明易见一切 Berwald 流形必为 Landsberg 流形. 在二维情形, Szabó 证得了下面的定理.

定理 5.1.4[42] Berwald 曲面必为黎曼曲面或局部闵可夫斯基曲面.

Szabó 也探索了三维 Berwald 流形, 他将这些流形除黎曼流形, 局部闵可夫斯基情形以外分为 56 个类. 人们关注的一个问题是: 是否存在非 Berwald 的 Landsberg 流形? 对 Randers 流形, 答案是否定的. 新近人们已证得对于正则的 (α,β) 度量答案也是否定的.

§5.2 旗 曲 率

设 (M,F) 是芬斯勒流形, $R_i{}^j{}_{kl}$ 为其黎曼曲率. 定义二阶张量

$$R_{\alpha\beta} := \delta_{\alpha\gamma}R_n{}^\gamma{}_{\beta n},$$

称 $R_{\alpha\beta}$ 为**旗曲率张量**. 利用 (5.5) 式和第一毕安基恒等式 (5.6) 易见 $R_{\alpha\beta}$ 是对称的. 故可将 $R_{\alpha\beta}$ 对角化, 得到其特征值

$$\kappa_1 \leqslant \cdots \leqslant \kappa_{n-1},$$

它们是芬斯勒度量 F 的最重要的内蕴几何不变量.

定义 5.2.1 旗曲率张量的特征值 κ_α 称为 (M,F) 的**第 α 个主曲率**.

定义 5.2.2 旗曲率张量的迹, 即 $\sum_{\alpha=1}^{n-1}\kappa_\alpha$, 称为**里奇标量**, 记为 Ric. 里奇标量是射影球丛 SM 上的函数.

定义 5.2.3 设 y 是芬斯勒流形 (M,F) 在 x 点的非零切向量, P 是 T_xM 中含 y 的二维线性子空间. 取 $b \in P$ 使得

$$g_{(x,[y])}(b,y) = 0, \quad g_{(x,[y])}(b,b) = 1,$$

则 $b = b^\alpha e_\alpha$. 显然几何量 $R_{\alpha\beta}b^\alpha b^\beta$ 是"旗" $\{x,y,P\}$ (见图 5.1) 的函数, 我们称之为在 $\{x,[y],P\}$ 处的**旗曲率**, 表为 $\kappa(P,y)$.

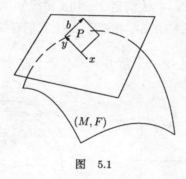

图 5.1

定义 5.2.4 设 (M,F) 是一个芬斯勒流形, 若存在射影球丛 SM 上的标量函数 κ, 使得对一切 $(x,[y]) \in SM$, 主曲率 $\kappa_\alpha = \kappa$, 对 $\alpha = 1,\cdots,n-1$, 我们称 (M,F) 具有**标量曲率**. 特别若 (M,F) 具有常标量曲率时, 称之为**常 (旗) 曲率流形**.

局部闵可夫斯基流形具有零旗曲率, (广义) Funk 度量具有负常旗曲率. 球面上常正旗曲率的非黎曼的芬斯勒度量近期已由 Bryant, 鲍大卫和沈忠民构造. 这些例子的发现极大地增加了芬斯勒几何学家对研究常旗曲率芬斯勒流形的兴趣. 下面的结果是易证的.

命题 5.2.5 对维数大于 2 的标量曲率芬斯勒流形,若其标量曲率是流形上的函数,那么此芬斯勒流形一定是常曲率流形.

§5.3 弧长的第一变分

芬斯勒流形上弧长的变分是希尔伯特在 1900 年巴黎国际数学家大会上提出的最后一个问题. 上节引进的旗曲率自然地出现在变分公式中. 本章的后半部分我们介绍变分公式以及它们和旗曲率的联系. 首先,我们用活动标架法探索芬斯勒流形 (M,F) 上的弧长的第一变分.

考查矩形
$$\triangle := [t_0, t_1] \times [-1, 1]$$
(见图 5.2). 设 $\sigma : \triangle \to M$ 满足:一切 t 曲线 $\sigma_u : [t_0, t_1] \to M$ 是光滑的,其中 $\sigma_u(t) := \sigma(t, u)$. 在矩形 $\triangle$ 上我们有如下的两个向量场
$$T := \sigma_*\left(\frac{\partial}{\partial t}\right), \quad U := \sigma_*\left(\frac{\partial}{\partial u}\right). \tag{5.19}$$

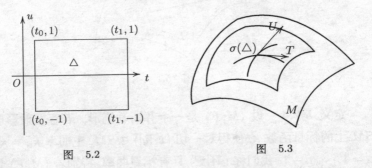

图 5.2   图 5.3

显然,T 正是 t 曲线的切向量场 (图 5.3). 映射 σ 的提升 $\tilde{\sigma} : \triangle \to SM$ 定义为
$$\tilde{\sigma}(t, u) := (\sigma(t, u), T(t, u)) \tag{5.20}$$
(见图 5.4). 在图 5.4 中 $p : SM \to M$ 是自然投影. 于是我们得到在 $\tilde{\sigma}(\triangle)$ 上的对应向量场

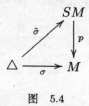

图 5.4

$$\tilde{T} := \tilde{\sigma}_*\left(\frac{\partial}{\partial t}\right), \quad \tilde{U} := \tilde{\sigma}_*\left(\frac{\partial}{\partial u}\right). \tag{5.21}$$

此时对一切 $(t, u) \in \triangle$,

$$T(t, u) \approx (\tilde{\sigma}(t, u), T(t, u)) \in p^*TM.$$

记

$$\|T(t, u)\| := \sqrt{g(T, T)}, \tag{5.22}$$
$$T(t, u) = T^i \frac{\partial}{\partial x^i},$$
$$\sigma(t, u) \to (\sigma^1, \cdots, \sigma^n),$$

利用 (5.22) 式便有

$$\|T(t, u)\| = \sqrt{T^i T^j g_{ij}} = F(\sigma^1, \cdots, \sigma^n; T^1, \cdots, T^n).$$

于是

$$T = \|T\| e_n = F(\sigma, T) e_n, \tag{5.23}$$

其中 $\{e_i\}$ 是芬斯勒流形上的适当标架场. 我们用 $\{\omega^i\}$ 表示 $\{e_i\}$ 的对偶余标架场, $\{\omega_i{}^j\}$ 是对应的陈联络 1 形式. 这些 1 形式可用 $\tilde{\sigma}^* : T^*SM \to T^*\triangle$ 拉回到 $\triangle$. 令

$$\tilde{\sigma}^*(\omega^i) = a^i \mathrm{d}t + b^i \mathrm{d}u, \tag{5.24}$$
$$\tilde{\sigma}^*(\omega_i{}^j) = a_i{}^j \mathrm{d}t + b_i{}^j \mathrm{d}u, \tag{5.25}$$

用 $(\sigma^1, \cdots, \sigma^n)$ 表示 σ 的分量函数,那么
$$T = \frac{\partial \sigma^i}{\partial t} \frac{\partial}{\partial x^i}.$$

利用 (5.20) 式可得
$$\tilde{\sigma} = \left(\sigma^1, \cdots, \sigma^n; \frac{\partial \sigma^1}{\partial t}, \cdots, \frac{\partial \sigma^n}{\partial t}\right),$$

结合 (5.21) 式我们有
$$\tilde{T} = \frac{\partial \sigma^i}{\partial t} \frac{\partial}{\partial x^i} + \frac{\partial^2 \sigma^i}{\partial t^2} \frac{\partial}{\partial y^i} \equiv T \ (\mathrm{mod} \ \frac{\partial}{\partial y^i}).$$

注意到 $\omega^i \in \Gamma(p^*T^*M)$, 因而
$$\omega^i(\tilde{T}) = \omega^i(T).$$

类似可得
$$\omega^i(\tilde{U}) = \omega^i(U).$$

结合 (5.21), (5.23) 和 (5.24) 式可得
$$a^i = a^i \mathrm{d}t\left(\frac{\partial}{\partial t}\right)$$
$$= (\tilde{\sigma}^* \omega^i - b^i \mathrm{d}u)\left(\frac{\partial}{\partial t}\right)$$
$$= \omega^i\left(\tilde{\sigma}_*\left(\frac{\partial}{\partial t}\right)\right)$$
$$= \omega^i(\tilde{T}) = \omega^i(T) = \|T\|\omega^i(e_n),$$

以及
$$b^i = \tilde{\sigma}^* \omega^i\left(\frac{\partial}{\partial u}\right) = \omega^i(\tilde{U}) = \omega^i(U).$$

这样我们便得
$$a^\alpha = 0, \quad a^n = \|T\|; \quad b^i = U^i. \tag{5.26}$$

利用 (3.22), (5.21) 和 (5.24) 式可得

$$a_i{}^j = \omega_i{}^j(\tilde{T}), \quad b_i{}^j = \omega_i{}^j(\tilde{U}), \quad a_n{}^n = 0, \quad b_n{}^n = 0. \tag{5.27}$$

从 (3.31) 和 (5.25) 式可知

$$a_\alpha{}^n = -\delta_{\alpha\beta} a_n{}^\beta, \quad b_\alpha{}^n = -\delta_{\alpha\beta} b_n{}^\beta. \tag{5.28}$$

用 $\tilde{\sigma}^*$ 拉回无挠性方程 (4.2), 我们有

$$\mathrm{d}(\tilde{\sigma}^* \omega^i) = \tilde{\sigma}^* \omega^i \wedge \tilde{\sigma}^* \omega_i{}^j.$$

由 (5.24) 和 (5.25) 式可得

$$\mathrm{d}(\tilde{\sigma}^* \omega^i) = \mathrm{d}(a^i \mathrm{d}t + b^i \mathrm{d}u) = \left(-\frac{\partial a^i}{\partial u} + \frac{\partial b^i}{\partial t}\right) \mathrm{d}t \wedge \mathrm{d}u$$

以及

$$\tilde{\sigma}^* \omega^j \wedge \tilde{\sigma}^* \omega_j{}^i = (a^j b_j{}^i - b^j a_j{}^i) \mathrm{d}t \wedge \mathrm{d}u.$$

比较 $\mathrm{d}t \wedge \mathrm{d}u$ 的系数, 便得

$$-\frac{\partial a^i}{\partial u} + \frac{\partial b^i}{\partial t} = a^j b_j{}^i - b^j a_j{}^i. \tag{5.29}$$

结合 (5.26) 和 (5.27) 式便知

$$\frac{\partial b^\alpha}{\partial t} = a^n b_n{}^\alpha - b^j a_j{}^\alpha, \tag{5.30}$$

$$\frac{\partial a^n}{\partial u} = \frac{\partial b^n}{\partial t} + b^\alpha a_\alpha{}^n. \tag{5.31}$$

利用 (5.2) 和 (5.25) 式, 我们有

$$\tilde{\sigma}^*(\Omega_k{}^i) = \tilde{\sigma}^*(\mathrm{d}\omega_k{}^i - \omega_k{}^j \wedge \omega_j{}^i)$$

$$= \left(-\frac{\partial a_k{}^i}{\partial u} + \frac{\partial b_k{}^i}{\partial t} - a_k{}^j b_j{}^i + b_k{}^j a_j{}^i\right) \mathrm{d}t \wedge \mathrm{d}u.$$

另一方面, 由 (5.4), (5.5), (5.24), (5.25) 和 (5.26) 式可得

$$\tilde{\sigma}^*(\Omega_k{}^i) = \tilde{\sigma}^* \left(\frac{1}{2} R_k{}^i{}_{jl} \omega^j \wedge \omega^l + P_k{}^i{}_{j\beta} \omega^j \wedge \omega_n{}^\beta\right)$$

$$= \left(\frac{1}{2}R_k{}^i{}_{jl}\,a^j b^l - \frac{1}{2}R_k{}^i{}_{jl}\,a^l b^j\right.$$
$$\left. + P_k{}^i{}_{j\beta}\,a^j b_n{}^\beta - P_k{}^i{}_{j\beta}\,b^j a_n{}^\beta\right)\mathrm{d}t \wedge \mathrm{d}u$$
$$= (R_k{}^i{}_{nl}\,a^n b^l + P_k{}^i{}_{n\beta}\,a^n b_n{}^\beta - P_k{}^i{}_{j\beta}\,b^j a_n{}^\beta)\mathrm{d}t \wedge \mathrm{d}u.$$

比较 $\mathrm{d}t \wedge \mathrm{d}u$ 的系数, 便有

$$\frac{\partial b_k{}^i}{\partial t} - \frac{\partial a_k{}^i}{\partial u} = a_k{}^j b_j{}^i - b_k{}^j a_j{}^i + R_k{}^i{}_{nl}\,a^n b^l$$
$$+ P_k{}^i{}_{n\beta}\,a^n b_n{}^\beta - P_k{}^i{}_{j\beta}\,b^j a_n{}^\beta. \tag{5.32}$$

由 (5.17) 式和命题 5.1.2 易知

$$P_\alpha{}^n{}_{n\beta} = 0.$$

在 (5.32) 式中取 $k=\alpha, i=n$, 结合上式便有

$$\frac{\partial a_\alpha{}^n}{\partial u} = \frac{\partial b_\alpha{}^n}{\partial t} - a_\alpha{}^j b_j{}^n + b_\alpha{}^j a_j{}^n - R_\alpha{}^n{}_{nl}\,a^n b^l + P_\alpha{}^n{}_{j\beta}\,b^j a_n{}^\beta. \tag{5.33}$$

以 $L(u)$ 代表 t 曲线 $\sigma_u : [t_0, t_1] \to M$ 的弧长. 那么从 (5.19) 和 (5.26) 式便知

$$L(u) = L(\sigma_u)$$
$$= \int_{t_0}^{t_1} \left\| \sigma_* \frac{\partial}{\partial t} \right\| \mathrm{d}t$$
$$= \int_{t_0}^{t_1} \|T\| \mathrm{d}t = \int_{t_0}^{t_1} a^n \mathrm{d}t. \tag{5.34}$$

结合 (5.31) 式我们便有弧长的第一变分公式

$$L'(u) = \frac{\mathrm{d}}{\mathrm{d}u} \int_{t_0}^{t_1} a^n \mathrm{d}t$$
$$= \int_{t_0}^{t_1} \frac{\partial a^n}{\partial u} \mathrm{d}t$$

$$= \int_{t_0}^{t_1} \left(\frac{\partial b^n}{\partial t} + b^\alpha a_\alpha{}^n \right) dt$$

$$= b^n \Big|_{t_0}^{t_1} + \int_{t_0}^{t_1} b^\alpha a_\alpha{}^n dt. \tag{5.35}$$

若变分 $\sigma : \triangle \to M$ 的所有 t 曲线具有相同端点,即

$$\text{Im} \sigma_{t_0} = p, \quad \text{Im} \sigma_{t_1} = q, \tag{5.36}$$

其中 $\sigma_t : [-1, 1] \to M$ 定义为 $\sigma_t(u) = \sigma(t, u)$. 则利用 (5.19) 式可知

$$U(t_0, u) = (\sigma_{t_0})_* \left(\frac{\partial}{\partial u} \right) = 0.$$

类似地

$$U(t_1, u) = 0.$$

结合 (5.26) 式我们便有

$$b^n \big|_{t_0}^{t_1} = U^n \big|_{t_0}^{t_1} = \omega^n(U) \big|_{t_0}^{t_1} = \omega^n(U \big|_{t_0}^{t_1}) = 0,$$

代入 (5.35) 式可得

$$L'(u) = \int_{t_0}^{t_1} b^\alpha a_\alpha{}^n dt. \tag{5.37}$$

命题 5.3.1 设 $\tau : [t_0, t_1] \to M$ 为芬斯勒流形 (M, F) 上一条曲线. 则 τ 是 M 上的测地线当且仅当 $a_n{}^\alpha = 0$,其中

$$\tilde{\tau}^* \omega_n{}^\alpha = a_n{}^\alpha dt,$$

$\{\omega_i{}^j\}$ 是陈联络 1 形式,$\tilde{\tau}$ 满足 $\tau = p \circ \tilde{\tau}$,而 $p : SM \to M$ 表示自然投影.

证明 类似于黎曼几何的情形,我们可以定义指数映射的概念. 取具有固定端点的 τ 的变分

$$\sigma(t, u) = p \left[\exp_{\tau(t)} \left(\sum_\alpha \epsilon(t) a_\alpha{}^n u e_\alpha \right) \right],$$

这里可微函数 $\epsilon:[t_0,t_1]\to\mathbb{R}$ 满足 $\epsilon|_{(t_0,t_1)}>0, \epsilon(t_0)=\epsilon(t_1)=0$. 因此我们有
$$\sigma(t,0)=\tau(t),$$
以及
$$\tilde{U}=\tilde{\sigma}^*\frac{\partial}{\partial u}=\sum_\alpha \epsilon(t)a_\alpha{}^n e_\alpha.$$
利用 (5.26) 和 (5.37) 式便有
$$0=L'(0)=\int_{t_0}^{t_1}\sum_\alpha(a_\alpha{}^n)^2\epsilon(t)\mathrm{d}t,$$
于是 $a_\alpha{}^n=0$. 反之，若 $a_\alpha{}^n=0$，那么从 (5.37) 式我们可得 τ 是测地线。 $\square$

§5.4 弧长的第二变分

沿用 §5.3 的记号。对于变分
$$\sigma(t,u),\quad (t,u)\in\triangle=[t_0,t_1]\times[-1,1],$$
简记 $\sigma(t)=\sigma(t,0)$. 注意到关于标准正交标架场
$$P_\beta{}^n{}_{j\alpha}=P_\beta{}^n{}_j{}^\alpha,$$
结合 (5.28) 式我们得到
$$b^\alpha P_\alpha{}^n{}_{j\beta}a_n{}^\beta=b^\beta P_\beta{}^n{}_{j\alpha}a_n{}^\alpha=-a_\alpha{}^n P_\beta{}^n{}_j{}^\alpha b^\beta.$$
再结合 (5.33) 式，有
$$\frac{\partial}{\partial u}(b^\alpha a_\alpha{}^n)=\frac{\partial b^\alpha}{\partial u}a_\alpha{}^n+b^\alpha\frac{\partial a_\alpha{}^n}{\partial u}$$
$$=\frac{\partial b^\alpha}{\partial u}a_\alpha{}^n+b^\alpha\left[\frac{\partial b_\alpha{}^n}{\partial t}-a_\alpha{}^j b_j{}^n\right.$$

$$+ b_\alpha{}^j a_j{}^n - R_\alpha{}^n{}_{nl} a^n b^l + P_\alpha{}^n{}_{j\beta} b^j a_n{}^\beta \bigg]$$

$$= \frac{\partial}{\partial t}(b^\alpha b_\alpha{}^n) + a_\alpha{}^n \bigg[\frac{\partial b^\alpha}{\partial u} - P_\beta{}^n{}_j{}^\alpha b^\beta b^j$$

$$+ b^\beta b_\beta{}^\alpha \bigg] - a^n b^\alpha b^l R_\alpha{}^n{}_{nl} + (\mathrm{I}),$$

其中

$$(\mathrm{I}) = -\frac{\partial b^\alpha}{\partial t} b_\alpha{}^n - b^\alpha a_\alpha{}^j b_j{}^n = b^n a_n{}^\alpha b_\alpha{}^n - a^n b_n{}^\alpha b_\alpha{}^n,$$

这里我们已用了 (5.27) 和 (5.30) 式. 结合 (5.31) 式便知

$$\frac{\partial^2 a^n}{\partial u^2} = \frac{\partial}{\partial u}\bigg[\frac{\partial b^n}{\partial t} + b^\alpha a_\alpha{}^n\bigg]$$

$$= \frac{\partial}{\partial t}\frac{\partial b^n}{\partial u} + \frac{\partial}{\partial t}(b^\alpha b_\alpha{}^n) + a_\alpha{}^n\bigg[\frac{\partial b^\alpha}{\partial u} - P_\beta{}^n{}_j{}^\alpha b^\beta b^j + b^\beta b_\beta{}^\alpha$$

$$- b^n \delta^{\alpha\beta} b_\beta{}^n \bigg] - a^n(b_n{}^\alpha b_\alpha{}^n + b^\alpha b^l R_\alpha{}^n{}_{nl}). \tag{5.38}$$

当 $\sigma(t)$ 为测地线时,命题 5.3.1 表明 $a_n{}^\alpha = 0$. 便得沿着测地线的弧长的第二变分公式

$$L''(0) = \frac{\partial^2}{\partial u^2} L(u)$$

$$= \int_{t_0}^{t_1} \frac{\partial^2 a^n}{\partial u^2} \mathrm{d}t$$

$$= \bigg[\frac{\partial b^n}{\partial u} + \delta_{ij} b^i b_n{}^j \bigg]\bigg|_{t_0}^{t_1} + \int_{t_0}^{t_1} a^n[\delta_{ij} b_n{}^i b_n{}^j + R_{ninj} b^i b^j]\mathrm{d}t. \tag{5.39}$$

下面我们叙述沿芬斯勒流形上的曲线的共变微分并用它来表示上述变分公式.

设 $\gamma(s)$ 是芬斯勒流形 (M,F) 的曲线. 记 $S(s) := \dfrac{\mathrm{d}\gamma}{\mathrm{d}s}$. 设 W 是沿着 γ 的向量场,而 $\tilde{\gamma}(s) := (\gamma(s), y(s))$ 是 γ 的任意提升,即

$\tilde{\gamma} : [s_0, s_1] \to SM$, 满足 $p \circ \tilde{\gamma} = \gamma$, 这里 $p : SM \to M$ 表示自然投影. 我们令
$$\tilde{S} := \tilde{\gamma}_* \frac{\mathrm{d}}{\mathrm{d}s} = \frac{\mathrm{d}}{\mathrm{d}s}(\gamma(s), y(s)),$$
其中 $\tilde{\gamma}_*$ 表示 $\tilde{\gamma}$ 的切映射.

定义 5.4.1 设 $\{\omega_k{}^i\}$ 是关于芬斯勒流形 (M, F) 上的适当余标架场 $\{\omega^j\}$ 的陈联络 1 形式. 关于 $\{\omega^j\}$ 的对偶场 $\{e_i\}$, $W = W^k e_k$. 我们把
$$\left[\frac{\mathrm{d}W^i}{\mathrm{d}s} + W^k \omega_k{}^i(\tilde{S})\right] e_i$$
称为 W 沿着 γ(具有提升 $\tilde{\gamma}$) 的**共变导数**.

利用几乎相容性方程 (4.3), 易得对一切 $V, W \in \Gamma(p^*TM)$,
$$(\mathrm{D}_s g)(V, W) := \frac{\mathrm{d}}{\mathrm{d}s}[g(V, W)] - g(\mathrm{D}_s V, W) - g(V, \mathrm{D}_s W)$$
$$= V^j W^i H_{ji\beta} \omega_n{}^\beta(\tilde{S}).$$

特别, 若 V 或 W 与 y 成比例或 $(\omega_n{}^\beta)|_{\tilde{\gamma}}(\tilde{S}) = 0$, 那么 $(\mathrm{D}_s g)(V, W) = 0$. 可见陈联络与度量是"几乎"相容的.

现在我们回到矩形 $\triangle$ 上的映射 $\sigma : \triangle \to M$. 我们利用 t 曲线的切向量场将 σ 提升为到射影球丛 SM 的映射, 即 $\tilde{\sigma} = (\sigma, T)$. 记 $U = \sigma_*\left(\frac{\partial}{\partial u}\right)$, 则易得
$$\mathrm{D}_T U = \mathrm{D}_U T. \tag{5.40}$$
根据陈联络的曲率 2 形式的定义可知
$$\Omega_k{}^i(\tilde{U}, \tilde{T}) = \frac{\partial}{\partial u}\omega_k{}^i(\tilde{T}) - \frac{\partial}{\partial t}\omega_k{}^i(\tilde{U}) - \omega_k{}^j(\tilde{U})\omega_j{}^i(\tilde{T}) + \omega_k{}^j(\tilde{T})\omega_j{}^i(\tilde{U}),$$
故得
$$\mathrm{D}_U \mathrm{D}_T Z = \mathrm{D}_T \mathrm{D}_U Z + Z^k \Omega_k{}^i(\tilde{U}, \tilde{T}) e_i, \tag{5.41}$$
其中 Z 是 $\sigma(\triangle)$ 上的任意向量场. 另一方面
$$\Omega_k{}^i(\tilde{U}, \tilde{T}) = \left(\frac{1}{2} R_k{}^i{}_{jl} \omega^j \wedge \omega^l + P_k{}^i{}_{j\alpha} \omega^j \wedge \omega_n{}^\alpha\right)(\tilde{U}, \tilde{T}),$$

代入 (5.41) 式我们有

$$\mathrm{D}_U\mathrm{D}_T Z = \mathrm{D}_T\mathrm{D}_U Z + Z^k[R_k{}^i{}_{jn}U^j\|T\|$$
$$+ P_k{}^i{}_{j\alpha}U^j\omega_n{}^\alpha(\tilde{T}) - P_k{}^i{}_{n\alpha}\|T\|\omega_n{}^\alpha(\tilde{U})]e_i.$$
(5.42)

由 (5.40) 式和度量相容性易得

$$L'(u) = \frac{\mathrm{d}}{\mathrm{d}u}\int_{t_0}^{t_1}\sqrt{g(T,T)}\mathrm{d}t$$
$$= \int_{t_0}^{t_1}\left\{\frac{\partial}{\partial t}\left[g\left(U,\frac{T}{\|T\|}\right)\right] - g\left(U,\mathrm{D}_T\left(\frac{T}{\|T\|}\right)\right)\right\}\mathrm{d}t,$$
(5.43)

这样 (M,F) 上测地线的方程是

$$\mathrm{D}_T\left(\frac{T}{\|T\|}\right) = 0. \tag{5.44}$$

当测地线以弧长为参数时，$\|T\|$ 为常数. 注意 (M,F) 上任意正则曲线必可选择弧长为参数. 在此情形，(5.44) 式归结为 $\mathrm{D}_T T = 0$.

利用 (5.43) 式，直接计算可得

$$L''(0) = \left[g\left(\mathrm{D}_U U,\frac{T}{\|T\|}\right)\right]_{t=t_1}^{t=t_0} + \int_{t_0}^{t_1}\left\{g\left(\mathrm{D}_T U,\mathrm{D}_U\left(\frac{T}{\|T\|}\right)\right)\right.$$
$$\left. + g\left(U,[\mathrm{D}_T\mathrm{D}_U - \mathrm{D}_U\mathrm{D}_T]\left(\frac{T}{\|T\|}\right)\right)\right\}\mathrm{d}t. \tag{5.45}$$

由 (5.23) 和 (5.42) 式，

$$[\mathrm{D}_T,\mathrm{D}_U]\left(\frac{T}{\|T\|}\right) = [-R_n{}^i{}_{jn}U^j\|T\| - P_n{}^i{}_{j\alpha}U^j\omega_n{}^\alpha(\tilde{T})$$
$$+ P_n{}^i{}_{n\alpha}\|T\|\omega_n{}^\alpha(\tilde{U})]e_i,$$

利用 (5.40) 式，我们可得

$$g\left(\mathrm{D}_T U,\mathrm{D}_U\left(\frac{T}{\|T\|}\right)\right) = g\left(\mathrm{D}_U T,\frac{-\mathrm{D}_U(\|T\|)T + (\mathrm{D}_U T)\|T\|}{\|T\|^2}\right)$$

$$= \frac{1}{\|T\|}\left[g(D_U T, D_U T) - \left(\frac{\partial \|T\|}{\partial u}\right)^2\right].$$

将上两式代入 (5.45) 式, 我们便有

$$L''(0) = \left[g\left(D_U U, \frac{T}{\|T\|}\right)\right]_{t=t_0}^{t=t_1} + \int_{t_0}^{t_1} \frac{1}{\|T\|} [g(D_U T, D_U T)$$

$$- \left(\frac{\partial \|T\|}{\partial u}\right)^2 + \|T\|^2 R_{ninj} U^i U^j \Big] dt. \tag{5.46}$$

将曲率项记为

$$\|T\|^2 R_{njnj} U^i U^j = g(R(T,U)T,U). \tag{5.47}$$

把 (5.40) 和 (5.47) 式代入 (5.46) 式可得如下的第二变分公式

$$L''(0) = \left[g\left(D_U U, \frac{T}{\|T\|}\right)\right]_{t=t_0}^{t=t_1} + \int_{t_0}^{t_1} \frac{1}{\|T\|} [g(D_T U, D_T U)$$

$$+ g(R(T,U)T,U)] dt - \int_{t_0}^{t_1} \frac{1}{\|T\|} \left(\frac{\partial \|T\|}{\partial u}\right)^2 dt. \tag{5.48}$$

定义 5.4.2 设 $\sigma(t)$ 是芬斯勒流形 (M,F) 上的测地线, 其中 $t \in [a,b]$. $T(t)$ 是 $\sigma(t)$ 的切向量场. 设 V, W 是沿着 σ 的向量场. 二次型

$$I(V,W) := \int_a^b \frac{1}{\|T\|} [g(D_T V, D_T W) + g(R(T,V)T,W)] dt \tag{5.49}$$

称做沿 σ 的**指标形**.

注 在 (5.49) 式中, $g = g_{(\sigma(t),[T(t)])}$. 利用 (5.47) 式以及旗曲率的对称性易知 $I(V,W)$ 是对称的. 若测地线以弧长为参数, 那么 $I(V,W)$ 的定义中 $1/\|T\|$ 不是实质的.

习 题 五

1. 设 (M,F) 是一个芬斯勒流形. 证明: (M,F) 为 Berwald 流

形的充要条件是对 $\forall x_0 \in M$, 存在开集 $x_0 \in U$, 使得 $\Gamma^i_{jk} = \Gamma^i_{jk}(x)$ 在 U 上成立. 这里 Γ^i_{jk} 是关于陈联络的克里斯托费尔符号.

2. 证明: 二维 Berwald 流形一定是黎曼流形或局部闵可夫斯基流形.

3. 给出芬斯勒流形上关于黎曼曲率的第二毕安基恒等式.

4. 证明命题 5.2.5.

5. 证明 Berwald 流形具有零 S 曲率.

6. 证明黎曼流形与局部闵可夫斯基流形均为 Berwald 流形.

7. 证明局部闵可夫斯基流形具有零旗曲率.

8. 证明: 芬斯勒流形 (M, F) 具有标量曲率 κ 当且仅当 $R_j{}^i = \kappa\left(\delta^i{}_j - \dfrac{y^i}{F} F_{y^j}\right)$.

9. 证明: (广义)Funk 度量具有负常旗曲率.

10. 设 ω^i 是芬斯勒流形上的适当标架场的对偶场. 证明: $\omega^i(\tilde{U}) = \omega^i(U)$, 这里 U 与 $\tilde{U}$ 分别由 (5.19) 和 (5.21) 式定义.

11. 证明公式 (5.40).

12. 设 $\sigma(t)$ 是芬斯勒流形的测地线, 证明: σ 可以重新参数化, 使得它具有常速, 即 $\|\dot{\sigma}\|$ 为常数.

第六章 射影球丛的几何

芬斯勒几何的重要思想是探索芬斯勒流形上的射影球丛. 它的原因是从芬斯勒结构诱导的多数几何不变量关于切向量是零阶正齐次的, 因而它们定义在射影球丛上. 芬斯勒流形的射影球丛是一个具有由基本张量诱导的 Sasaki 型度量的黎曼流形.

在本章中, 我们先介绍射影球丛的黎曼几何, 然后给出射影球丛的几个重要子丛 (如芬斯勒丛) 和芬斯勒流形自身的内蕴联系. 特别, 我们表明芬斯勒丛可积等价于流形自身具有零曲率; 芬斯勒丛是极小的等价于流形自身是黎曼流形.

§6.1 射影球丛的联络和曲率

设 (M, F) 是一个 n 维芬斯勒流形. (SM, G) 是其射影球丛, 它是一个 $2n - 1$ 维黎曼流形, 其中

$$G := \delta_{ij}\omega^i \otimes \omega^j + \delta_{\alpha\beta}\omega_n{}^\alpha \otimes \omega_n{}^\beta. \tag{6.1}$$

在本章中指标范围作如下约定: i, j, k 和 α, β, γ 与第三章引理 3.1.3 中相同. 此外

$$1 \leqslant a, b, c, \cdots \leqslant 2n - 1.$$

简记

$$\psi_i = \delta_{ij}\omega^j; \quad \psi_{\bar{\alpha}} = \delta_{\alpha\beta}\omega_n{}^\beta, \quad \bar{\alpha} = n + \alpha. \tag{6.2}$$

结合 (6.1) 式, 黎曼度量 G 可表为

$$G = \sum_a \psi_a \otimes \psi_a = \sum_\alpha \psi_\alpha \otimes \psi_\alpha + \psi_n \otimes \psi_n + \sum_\alpha \psi_{\bar{\alpha}} \otimes \psi_{\bar{\alpha}}. \tag{6.3}$$

利用 (4.1), (4.2), (4.3) 和 (6.2) 式我们有

$$\begin{aligned}
\mathrm{d}\psi_\alpha = \mathrm{d}\omega^\alpha &= \sum_k \omega^k \wedge \omega_k{}^\alpha \\
&= \sum_\beta \omega^\beta \wedge \omega_\beta{}^\alpha + \omega^n \wedge_n{}^\alpha \\
&= \sum_\beta \psi_\beta \wedge \omega_{\beta\alpha} + \psi_n \wedge \psi_{\bar\alpha},
\end{aligned} \tag{6.4}$$

$$\begin{aligned}
\mathrm{d}\psi_n = \mathrm{d}\omega^n &= \sum_k \omega^k \wedge \omega_k{}^n \\
&= \sum_\beta \omega^\beta \wedge \omega_\beta{}^n \\
&= -\sum_\alpha \psi_\alpha \wedge \psi_{\bar\alpha},
\end{aligned} \tag{6.5}$$

$$\begin{aligned}
\mathrm{d}\psi_{\bar\alpha} &= \mathrm{d}\omega_n{}^\alpha \\
&= \Omega_n{}^\alpha + \omega_n{}^k \wedge \omega_k{}^\alpha \\
&= \frac{1}{2}\sum_{i,j} R_n{}^\alpha{}_{ij}\omega_i \wedge \omega_j + \sum_i P_n{}^\alpha{}_{i\beta}\omega_i \wedge \omega_n{}^\beta + \omega_n{}^\beta \wedge \omega_\beta{}^\alpha \\
&= \frac{1}{2}\sum_{\beta,\gamma} R_n{}^\alpha{}_{\beta\gamma}\omega_\beta \wedge \omega_\gamma + \sum_\beta R_n{}^\alpha{}_{\beta n}\omega_\beta \wedge \omega_n \\
&\quad + \sum_{\beta,\gamma} P_n{}^\alpha{}_{\gamma\beta}\omega_\gamma \wedge \omega_n{}^\beta + \sum_\beta \psi_{\bar\beta} \wedge \omega_{\beta\alpha} \\
&= \frac{1}{2}\sum_{\beta,\gamma} R_{\alpha\beta\gamma}\psi_\beta \wedge \psi_\gamma + \sum_\beta R_{\alpha\beta}\omega_\beta \wedge \omega_n \\
&\quad + \sum_{\beta,\gamma} L_{\alpha\beta\gamma}\psi_\beta \wedge \psi_{\bar\gamma} + \sum_\beta \psi_{\bar\beta} \wedge \omega_{\beta\alpha},
\end{aligned} \tag{6.6}$$

这里 $R_{\alpha\beta\gamma} := \delta_{\alpha\varepsilon}R_n{}^\varepsilon{}_{\beta\gamma}$, $L_{\alpha\beta\gamma}$ 表示 Landsberg 曲率, 而 ε 表示哑指标. 显然旗曲率张量 $R_{\alpha\beta}$ 的模长平方是射影球丛 SM 上的标量函数, 记为 $\|S\|^2$. 我们易证得下述结果.

引理 6.1.1 芬斯勒流形 (M,F) 具有标量曲率 κ 当且仅当

$$R_{\alpha\beta} = \kappa \delta_{\alpha\beta}. \tag{6.7}$$

特别, (M,F) 具有零旗曲率的充要条件是 $\|S\|^2$ 恒为零.

设 ψ_{ab} 是 G 的黎曼联络 1 形式, 故如下的第一结构方程成立

$$d\psi_a = -\sum_b \psi_{ab} \wedge \psi_b; \quad \psi_{ab} + \psi_{ba} = 0. \tag{6.8}$$

利用 (6.4) 和 (6.8) 式, 得

$$\sum_\beta \psi_\beta \wedge (\psi_{\alpha\beta} - \omega_{\beta\alpha}) + \psi_n \wedge (\psi_{\alpha n} - \psi_{\bar\alpha}) + \sum_\beta \psi_{\bar\beta} \wedge \psi_{\alpha\bar\beta} = 0. \tag{6.9}$$

类似地, 利用 (6.5),(6.6) 和 (6.8) 式, 我们可得

$$\sum_\beta \psi_\beta \wedge (\psi_{n\beta} + \psi_{\bar\beta}) + \sum_\beta \psi_{\bar\beta} \wedge \psi_{n\bar\beta} = 0, \tag{6.10}$$

$$\sum_\beta \psi_\beta \wedge \left(\psi_{\bar\alpha\beta} - \frac{1}{2}\sum_\gamma R_{\alpha\beta\gamma}\psi_\gamma - \sum_\gamma L_{\alpha\beta\gamma}\psi_{\bar\gamma}\right)$$
$$+ \psi_n \wedge \left(\psi_{\bar\alpha n} + \sum_\beta R_{\alpha\beta}\psi_\beta\right) + \sum_\beta \psi_{\bar\beta} \wedge (\psi_{\bar\alpha\bar\beta} - \omega_{\beta\alpha}) = 0. \tag{6.11}$$

由上面三式便有 $\sum_b \psi_b \wedge \vartheta_{ab} = 0$, 其中

$$(\vartheta_{ab}) := \begin{bmatrix} \psi_{\alpha\beta} - \omega_{\beta\alpha} & \psi_{\alpha n} - \psi_{\bar\alpha} & \psi_{\alpha\bar\beta} \\ \psi_{n\beta} + \psi_{\bar\beta} & 0 & \psi_{n\bar\beta} \\ \psi_{\bar\alpha\beta} - \frac{1}{2}\sum_\gamma R_{\alpha\beta\gamma}\psi_\gamma \\ - \sum_\gamma L_{\alpha\beta\gamma}\psi_{\bar\gamma} & \psi_{\bar\alpha n} + \sum_\beta R_{\alpha\beta}\psi_\beta & \psi_{\bar\alpha\bar\beta} - \omega_{\beta\alpha} \end{bmatrix}.$$
$$\tag{6.12}$$

由著名的嘉当引理, 我们可得

$$\vartheta_{ab} = \sum_c a_{abc}\psi_c, \quad a_{abc} = a_{acb}, \tag{6.13}$$

代入 (6.12) 式有

$$(\psi_{ab}) = \begin{bmatrix} \omega_{\beta\alpha} + \sum_c a_{\alpha\beta c}\psi_c & \psi_{\bar{\alpha}} + \sum_c a_{\alpha n c}\psi_c & \sum_c a_{\alpha\bar{\beta}c}\psi_c \\ -\psi_{\bar{\beta}} + \sum_c a_{n\beta c}\psi_c & 0 & \sum_c a_{n\bar{\beta}c}\psi_c \\ \frac{1}{2}\sum_\gamma R_{\alpha\beta\gamma}\psi_\gamma & & \\ +\sum_\gamma L_{\alpha\beta\gamma}\psi_{\bar{\gamma}} & \sum_c a_{\bar{\alpha}nc}\psi_c & \omega_{\beta\alpha} \\ +\sum_c a_{\bar{\alpha}\bar{\beta}c}\psi_c & -\sum_\gamma R_{\alpha\gamma}\psi_\gamma & +\sum_c a_{\bar{\alpha}\bar{\beta}c}\psi_c \end{bmatrix}.$$

(6.14)

记

$$b_{abc} = \frac{a_{abc} + a_{bac}}{2}, \qquad (6.15)$$

由 (5.8), (6.12), (6.13) 和 (6.15) 式可知

$$\sum_c b_{\alpha\beta c}\psi_c = \frac{\vartheta_{\alpha\beta} + \vartheta_{\beta\alpha}}{2} = -\frac{1}{2}(\omega_{\alpha\beta} + \omega_{\beta\alpha}) = \sum_\gamma H_{\alpha\beta\gamma}\psi_{\bar{\gamma}}.$$

类似可得

$$\sum_c b_{\alpha n c}\psi_c = \frac{1}{2}(\vartheta_{\alpha n} + \vartheta_{n\alpha}) = 0,$$

$$\sum_c b_{\alpha\bar{\beta}c}\psi_c = \frac{1}{2}(\vartheta_{\alpha\bar{\beta}} + \vartheta_{\bar{\beta}\alpha}) = -\frac{1}{4}\left(\sum_\gamma R_{\beta\alpha\gamma}\psi_\gamma + 2\sum_\gamma L_{\alpha\beta\gamma}\psi_{\bar{\gamma}}\right).$$

故得

$$(b_{\alpha\beta c}) = \begin{bmatrix} 0 \\ 0 \\ H_{\alpha\beta\gamma} \end{bmatrix}, \quad (b_{\alpha nc}) = 0, \quad (b_{\alpha\bar{\beta}c}) = -\frac{1}{4}\begin{bmatrix} R_{\beta\alpha\gamma} \\ 0 \\ 2L_{\alpha\beta\gamma} \end{bmatrix}, \quad (6.16)$$

$$(b_{n\bar{\alpha}c}) = \frac{1}{2}\begin{bmatrix} R_{\alpha\gamma} \\ 0 \\ 0 \end{bmatrix}, \quad (b_{nnc}) = 0, \quad (b_{\bar{\alpha}\bar{\beta}c}) = \begin{bmatrix} 0 \\ 0 \\ H_{\alpha\beta\gamma} \end{bmatrix}. \quad (6.17)$$

利用 (6.13) 和 (6.15) 式易知

$$a_{abc} = b_{abc} - b_{bca} + b_{cab}.$$

结合 (6.16) 和 (6.17) 式可求出 a_{abc}, 再代入 (6.14) 式有

$$(\psi_{ab}) = \begin{bmatrix} \omega_{\beta\alpha} + \sum_{\gamma}(H_{\alpha\beta\gamma} + \frac{1}{2}R_{\gamma\beta\alpha})\psi_{\bar{\gamma}} & \psi_{\alpha n} & \psi_{\alpha\bar{\beta}} \\ \sum_{\beta}(\frac{1}{2}R_{\alpha\beta} - \delta_{\alpha\beta})\psi_{\bar{\beta}} & 0 & \frac{1}{2}\sum_{\gamma}R_{\beta\gamma}\psi_{\gamma} \\ -\sum_{\gamma}(H_{\alpha\beta\gamma} + \frac{1}{2}R_{\alpha\gamma\beta})\psi_{\gamma} & & \\ +\frac{1}{2}R_{\alpha\beta}\psi_{n} + \sum_{\gamma}L_{\alpha\beta\gamma}\psi_{\bar{\gamma}} & \psi_{\bar{\alpha}n} & \omega_{\beta\alpha} + \sum_{\gamma}H_{\alpha\beta\gamma}\psi_{\gamma} \end{bmatrix}.$$

(6.18)

以 Ψ_{ab} 表示 (SM, G) 的曲率形式, K_{abcd} 为其分量. 则我们有如下的第二结构方程

$$\mathrm{d}\psi_{ab} = -\sum_{c}\psi_{ac}\wedge\psi_{cb} + \Psi_{ab}; \quad \Psi_{ab} = \frac{1}{2}\sum_{c,d}K_{abcd}\psi_{c}\wedge\psi_{d}. \quad (6.19)$$

把 (6.18) 式代入上式可知

$$\Psi_{\alpha n} = \mathrm{d}\psi_{\alpha n} + \sum_{c}\psi_{\alpha c}\wedge\psi_{cn}$$
$$\equiv \sum_{\beta,\gamma}R_{\beta\gamma}\left(\delta_{\alpha\beta} - \frac{3}{4}R_{\alpha\beta}\right)\psi_{\gamma}\wedge\psi_{n} \ (\mathrm{mod}\ \psi_{\alpha}\wedge\psi_{\beta}, \psi_{a}\wedge\psi_{\bar{\beta}}).$$
(6.20)

类似地,

$$\Psi_{n\bar{\alpha}} \equiv \sum_{\beta,\gamma}R_{\alpha\beta}R_{\beta\gamma}\psi_{n}\wedge\psi_{\bar{\gamma}} \ (\mathrm{mod}\ \psi_{\alpha}\wedge\psi_{a}, \psi_{\bar{\alpha}}\wedge\psi_{\bar{\beta}}). \quad (6.21)$$

比较 (6.19) 和 (6.20) 式我们有

$$K_{\alpha n\alpha n} = \sum_{\beta}R_{\alpha\beta}\left(\delta_{\alpha\beta} - \frac{3}{4}R_{\alpha\beta}\right); \quad (6.22)$$

再比较 (6.19) 和 (6.21) 式便知

$$K_{n\bar{\alpha}n\bar{\alpha}} = \frac{1}{4}\sum_{\beta}(R_{\alpha\beta})^{2}. \quad (6.23)$$

以 $\hat{\ell}$ 表示希尔伯特形式关于 G 的对偶向量场 (见 (4.9) 式). 那么作为黎曼流形, SM 的沿 $\hat{\ell}$ 方向的里奇曲率为

$$\begin{aligned}
\mathrm{Ric}\,(\hat{\ell}) &= \sum_a K_{anan} \\
&= \sum_\alpha (K_{\alpha n\alpha n} + K_{n\bar{\alpha}n\bar{\alpha}}) \\
&= \sum_{\alpha,\beta} R_{\alpha\beta}\left(\delta_{\alpha\beta} - \frac{3}{4}R_{\alpha\beta}\right) + \frac{1}{4}\sum_{\alpha,\beta}(R_{\alpha\beta})^2 \\
&= \mathrm{Ric} - \frac{1}{2}\|S\|^2,
\end{aligned} \qquad (6.24)$$

其中 Ric 表示芬斯勒流形 (M,F) 的里奇标量.

定理 6.1.2[22] 设 (M,F) 是一个 n 维芬斯勒流形. 则

$$Ric\,(\hat{\ell}) \leqslant \min\left\{\frac{n-1}{2},\ \mathrm{Ric}\right\}.$$

进一步, $Ric\,(\hat{\ell}) \equiv (n-1)/2$ 等价于 (M,F) 具有常旗曲率 1, 而 $Ric\,(\hat{\ell}) \equiv \mathrm{Ric}$ 当且仅当 (M,F) 具有零旗曲率.

证明 事实上

$$\begin{aligned}
\|S\|^2 &:= \sum_{\alpha,\beta}(R_{\alpha\beta})^2 \\
&\geqslant \sum_\alpha (R_{\alpha\alpha})^2 \\
&\geqslant \frac{1}{n-1}\left(\sum_\alpha R_{\alpha\alpha}\right)^2 = \frac{1}{n-1}\mathrm{Ric}^2,
\end{aligned} \qquad (6.25)$$

上式代入 (6.24) 式可知

$$\begin{aligned}
Ric\,(\hat{\ell}) &\leqslant \mathrm{Ric} - \frac{1}{2(n-1)}\mathrm{Ric}^2 \\
&= \frac{n-1}{2} - \left[\frac{\mathrm{Ric}}{\sqrt{2(n-1)}} - \sqrt{\frac{n-1}{2}}\right]^2 \leqslant \frac{n-1}{2}.
\end{aligned}$$

若 $Ric(\hat{\ell}) = (n-1)/2$,从 (6.25) 式我们有

$$R_{\alpha\beta} = 0, \qquad 当 \alpha \neq \beta 时,$$
$$R_{11} = R_{22} = \cdots = R_{n-1,n-1}.$$

于是对 $\alpha = 1, 2, \cdots, n-1$,

$$R_{\alpha\alpha} = \frac{1}{n-1} \operatorname{Ric} = 1.$$

定理的另一结论易从 (6.24) 式直接得到. □

§6.2 芬斯勒丛的可积条件

设 (M, F) 是一个芬斯勒流形,其射影球丛是 SM. 由 §3.4, SM 的水平子丛 H 是

$$\{b \in TSM | \psi_{\bar{\alpha}}(b) = 0\}.$$

注意到 H 同构于芬斯勒丛 p^*TM [9],我们把 H 亦称为 (M, F) 的芬斯勒丛. 本节我们来探讨芬斯勒丛 H 之可积性. 利用弗罗贝尼乌斯 (Frobenius) 定理,H 可积当且仅当

$$d\psi_{\bar{\alpha}} \equiv 0 \pmod{\psi_{\bar{\alpha}}}. \tag{6.26}$$

有关弗罗贝尼乌斯定理及其证明,读者可参见《黎曼几何初步》(白正国,沈一兵,水乃翔,郭孝英著,高等教育出版社) 第 92 页中定理 2.2.15.

由 (6.6) 式可知

$$d\psi_{\bar{\alpha}} \equiv \frac{1}{2} \sum_{\beta,\gamma} R_{\alpha\beta\gamma} \psi_\beta \wedge \psi_\gamma + \sum_\beta R_{\alpha\beta} \psi_\beta \wedge \psi_n \pmod{\psi_{\bar{\alpha}}},$$

这里

$$R_{\alpha\beta\gamma} = -R_{\alpha\gamma\beta} := \delta_{\alpha\varepsilon} R_n{}^\varepsilon{}_{\beta\gamma},$$

其中 ε 表示哑指标. 因而 (6.26) 式等价于

$$R_{\alpha\beta} = 0, \quad R_{\alpha\beta\gamma} = 0. \tag{6.27}$$

首先我们给出下述引理.

引理 6.2.1 部分黎曼曲率 $R_{\alpha\beta\gamma}$ 满足

$$R_{\alpha\beta\gamma} = \frac{1}{3}(R_\beta{}^\alpha{}_{;\gamma} - R_\gamma{}^\alpha{}_{;\beta}), \tag{6.28}$$

这里 $R_\beta{}^\alpha{}_{;\gamma}$ 定义为

$$R_\beta{}^\alpha{}_{;\gamma}\omega_n{}^\gamma \equiv \mathrm{d}R_\beta{}^\alpha + R_\beta{}^\gamma \omega_\gamma{}^\alpha - R_\gamma{}^\alpha \omega_\beta{}^\gamma \pmod{\omega^i}.$$

证明 复习关于陈联络的曲率 2 形式

$$\Omega_i{}^j = \mathrm{d}\omega_i{}^j - \omega_i{}^k \wedge \omega_k{}^j, \tag{6.29}$$

对 (6.29) 式外微分, 可得下述第二毕安基恒等式

$$\mathrm{d}\Omega_i{}^j = -\Omega_i{}^k \wedge \omega_k{}^j + \omega_i{}^k \wedge \Omega_k{}^j.$$

特别, 取 $i = n, j = \alpha$, 便有

$$\mathrm{d}\Omega_n{}^\alpha + \Omega_n{}^\beta \wedge \omega_\beta{}^\alpha - \Omega_\beta{}^\alpha \wedge \omega_n{}^\beta = 0. \tag{6.30}$$

把 (5.4) 式 (取 $i = n, j = \alpha$) 和其微分代入 (6.30) 式, 我们便有

$$R^\alpha{}_{\beta;\gamma} = R^\alpha{}_{\beta\gamma} + R_\gamma{}^\alpha{}_{\beta n} + L^\alpha{}_{\beta\gamma|n}. \tag{6.31}$$

另一方面, 利用第一毕安基恒等式 (5.6) 可知

$$R_{\alpha\beta\gamma n} + R_{\gamma\beta n\alpha} + R_{n\beta\alpha\gamma} = 0, \tag{6.32}$$

从 (6.31) 式有

$$\begin{aligned}
R_{\alpha\beta\gamma n} &:= \delta_{\beta\varepsilon} R_\alpha{}^\varepsilon{}_{\gamma n} \\
&= \delta_{\beta\varepsilon}[R_\gamma{}^\varepsilon{}_{;\alpha} - R^\varepsilon{}_{\gamma\alpha} - L^\varepsilon{}_{\gamma\alpha|n}] \\
&= R_\gamma{}^\beta{}_{;\alpha} - R_{\beta\gamma\alpha} - L_{\alpha\beta\gamma|n}. \tag{6.33}
\end{aligned}$$

类似可得

$$R_{\gamma\beta n\alpha} = -R_{\gamma\beta\alpha n}$$
$$= -(R_\alpha{}^\beta{}_{;\gamma} - R_{\beta\alpha\gamma} - L_{\gamma\beta\alpha|n})$$
$$= -R_\alpha{}^\beta{}_{;\gamma} - R_{\beta\gamma\alpha} + L_{\alpha\beta\gamma|n}. \tag{6.34}$$

把 (6.33) 和 (6.34) 式代入 (6.32) 式, 便有

$$0 = R_\gamma{}^\beta{}_{;\alpha} - R_{\beta\gamma\alpha} - L_{\alpha\beta\gamma|n} + (-R_\alpha{}^\beta{}_{;\gamma} - R_{\beta\gamma\alpha} + L_{\alpha\beta\gamma|n}) + R_{n\beta\alpha\gamma}$$
$$= R_\gamma{}^\beta{}_{;\alpha} - R_\alpha{}^\beta{}_{;\gamma} - 3R_{\beta\gamma\alpha}.$$

这样我们便得到了 (6.28) 式. □

定理 6.2.2[22] 设 (M, F) 是一个芬斯勒流形. 则其芬斯勒丛 H 可积之充要条件是 (M, F) 具有零旗曲率. 特别, 平坦黎曼流形和局部闵可夫斯基流形具有可积的芬斯勒丛.

证明 设 (M, F) 具有零旗曲率. 由引理 6.2.1 可知 $R_{\gamma\beta\alpha} \equiv 0$. 故 (6.27) 式真, 于是 (M, F) 的芬斯勒丛 H 可积. 反之, 当芬斯勒丛可积时, 由 (6.26) 和 (6.27) 式便得 (M, F) 必有零旗曲率. □

现在我们转向 SM 的垂直子丛 V 的讨论. SM 的叶状结构正是射影球之集 $\{S_xM\}$. 分布 V 是由 $\psi_i = 0$ 确定的. 我们把 (6.18) 式限制到 V 上便有

$$\psi_{\alpha\bar{\beta}} = -\sum_\gamma L_{\alpha\beta\gamma}\psi_{\bar{\gamma}},$$
$$\psi_{n\bar{\alpha}} = 0.$$

这样包含映射 $i_x : S_xM \hookrightarrow SM$ 的第二基本形式的分量 $h^i_{\bar{\beta}\bar{\gamma}}$ 满足

$$h^\alpha{}_{\bar{\beta}\bar{\gamma}} = -L_{\alpha\beta\gamma}; \quad h^n{}_{\bar{\beta}\bar{\gamma}} = 0. \tag{6.35}$$

设 $\hat{\ell}$ 是希尔伯特形式 ω 关于 SM 上黎曼度量 G 的对偶, 我们可以关于 G 作正交分解

$$H = H_1 \oplus \mathrm{span}\{\hat{\ell}\},$$

那么 (6.35) 式蕴含着下述命题.

命题 6.2.3 射影球的第一法空间包含在 H_1 中.

事实上, (6.35) 式的另一个应用是给出定理 4.3.2 和定理 4.3.4 的简单证明. 此外, 通过进一步探讨 (M, F) 的黎曼曲率 $R_i{}^j{}_{kl}$ 的结构可得: 芬斯勒流形具有平坦的水平叶状结构当且仅当流形自身具有消失的黎曼曲率.

§6.3 芬斯勒丛的极小性

本节我们考虑芬斯勒流形 (M, F) 的芬斯勒丛 H 的极小条件. 我们首先来讨论一般情形.

设 V 是光滑黎曼流形 (N, h) 上的一个光滑分布, 我们称之为**垂直分布**. 设 H 是 V 关于 h 的正交补, 我们称之为**水平分布**. 此时 $TN = H \oplus V$.

定义 6.3.1 若对任意 $x \in N, U \in V_x, X, Y \in H_x$, 有 $\mathcal{L}_U(X, Y) = 0$, 则称**分布 V 是黎曼**的. 这里 $\mathcal{L}_U$ 表示沿着 U 的李导数.

注 在分布 V 是可积的情形, 那么 V 是**黎曼分布**等价于其叶片局部地为黎曼淹没的纤维. 此时我们称由 V 确定的叶状结构是黎曼的.

设 ∇ 为黎曼度量 h 的列维-齐维塔联络, $\mathcal{V}$ 表示到分布 V 上的正交投影. H 在 $x \in N$ 的**第二基本形式**是下述双线性形式

$$\zeta = \zeta_x : H_x \times H_x \to V_x,$$
$$(X, Y) \to \frac{1}{2} \mathcal{V}(\nabla_X Y + \nabla_Y X).$$

(注意, 在计算共变导数时, X 和 Y 已被扩充为局部向量场.) 当 $\|X\| := \sqrt{h(X, X)} = 1$ 时, $\zeta(X, X)$ 被称为 H 在 X 方向的**法曲率**. 我们称向量 $\frac{1}{\dim V} \operatorname{tr} \zeta_x$ 为 H 在 x 处的**平均曲率**. 若 H 的平均曲率恒为零, 我们称 H 为**极小**的. 当 H 的第二基本形式恒为零时, 称 H 是**全测地**的.

§6.3 芬斯勒丛的极小性

现在我们从芬斯勒丛的角度刻画黎曼流形. 利用 SM 上黎曼度量 G 和其标准正交余标架 $\{\psi_a\}$, 我们定义如下同构 $\mu: H_1^* \to V$,

$$G(\mu(\theta), X) = [\lambda(\theta)](X),$$

其中 $\lambda: H_1^* \to V^*$ 定义为

$$\lambda(\xi^\alpha \psi_\alpha) = \xi^\alpha \psi_{\bar\alpha}.$$

引理 6.3.2 通过 μ 我们将 H_1^* 和 V 视为等同, 此时芬斯勒丛的第二基本形式恰为 (M, F) 的嘉当张量. 特别, 芬斯勒丛的平均曲率正是 (M, F) 的嘉当形式.

证明 利用 (6.18) 式, 我们有

$$\psi_{\beta\bar\alpha} \equiv \sum_\gamma \left(H_{\alpha\beta\gamma} + \frac{1}{2}R_{\alpha\gamma\beta}\right)\psi_\gamma - \frac{1}{2}R_{\alpha\beta}\psi_n \pmod{\psi_{\bar\alpha}}, \tag{6.36}$$

$$\psi_{n\bar\alpha} = \frac{1}{2}\sum_\beta R_{\alpha\beta}\psi_\beta. \tag{6.37}$$

我们用 ζ 表示芬斯勒丛 H 的第二基本形式. 那么它的分量 $\zeta_{\bar\alpha}$ 满足

$$\zeta_{\bar\alpha} := \psi_{\bar\alpha}(\zeta)$$
$$\equiv \frac{1}{2}\sum_i [\psi_{i\bar\alpha} \otimes \psi_{\bar\alpha} + \psi_i \otimes \psi_{i\bar\alpha}] \pmod{\psi_{\bar\alpha}}$$
$$= (\text{I}) + (\text{II}), \tag{6.38}$$

其中

$$2(\text{I}) :\equiv \sum_\beta [\psi_{\beta\bar\alpha} \otimes \psi_\beta + \psi_\beta \otimes \psi_{\beta\bar\alpha}] \pmod{\psi_{\bar\alpha}}$$
$$= \sum_\beta \left[\sum_\gamma \left(H_{\alpha\beta\gamma} + \frac{1}{2}R_{\alpha\gamma\beta}\right)\psi_\gamma - \frac{1}{2}R_{\alpha\beta}\psi_n\right] \otimes \psi_\beta$$
$$+ \sum_\beta \psi_\beta \otimes \left[\sum_\gamma \left(H_{\alpha\beta\gamma} + \frac{1}{2}R_{\alpha\gamma\beta}\right)\psi_\gamma - \frac{1}{2}R_{\alpha\beta}\psi_n\right]$$

$$= \sum_{\beta,\gamma}(H_{\alpha\beta\gamma} + H_{\alpha\gamma\beta})\psi_\beta \otimes \psi_\gamma$$

$$+ \frac{1}{2}\sum_{\beta,\gamma}(R_{\alpha\beta\gamma} + R_{\alpha\gamma\beta})\psi_\beta \otimes \psi_\gamma$$

$$- \frac{1}{2}\sum_{\beta}R_{\alpha\beta}(\psi_n \otimes \psi_\beta + \psi_\beta \otimes \psi_n)$$

$$= 2\sum_{\beta,\gamma}H_{\alpha\beta\gamma}\psi_\beta \otimes \psi_\gamma - (\psi_{n\bar{\alpha}} \otimes \psi_n + \psi_n \otimes \psi_{n\bar{\alpha}})$$

$$= 2\sum_{\beta,\gamma}H_{\alpha\beta\gamma}\psi_\beta \otimes \psi_\gamma - 2(\text{II}). \tag{6.39}$$

利用恒同 $H_1^* \simeq V$, 我们得到

$$\zeta \simeq \sum_\alpha \zeta_{\bar{\alpha}}\psi_\alpha = \sum_{\alpha,\beta,\gamma}\psi_\alpha \otimes \psi_\beta \otimes \psi_\gamma = A,$$

这里 A 表示芬斯勒流形 (M,F) 的嘉当张量. 特别, H 的平均曲率为

$$\frac{1}{n}\text{tr}\,\zeta \simeq \frac{1}{n}\text{tr}\,A = \frac{1}{n}\eta, \qquad \Box$$

其中 η 是 (M,F) 的嘉当形式.

结合定理 2.2.4 我们便有

定理 6.3.3[24] 芬斯勒流形是黎曼流形当且仅当它的芬斯勒丛是极小的.

注意到芬斯勒流形的旗曲率恰为黎曼流形的截面曲率的自然推广, 结合定理 6.2.2 我们有

推论 6.3.4 芬斯勒流形是平坦黎曼流形等价于它的芬斯勒丛具有极小叶片.

一般, 对于黎曼流形 (N,h) 上的光滑分布 V, Wood 证明了下叙命题.

命题 6.3.5[43] 若分布 V 是可积的, 则由 V 确定的叶状结构是黎曼的当且仅当 V 对应的水平分布是全测地的.

注意到定理 4.3.2 和定理 4.3.4, 我们可按射影球的观点, 给黎曼流形、Landsberg 流形和弱 Landsberg 流形一个统一的描述.

命题 6.3.6 设 (M, F) 是一个芬斯勒流形, 则

(i) F 是黎曼的等价于所有射影球是黎曼的;

(ii) F 是 Landsberg 的等价于所有射影球是全测地的;

(iii) F 是弱 Landsberg 的等价于所有射影球是极小的.

最后我们考虑芬斯勒流形的希尔伯特形式. 利用 (6.38) 和 (6.39) 式, 对一切 α,

$$\zeta_{\bar{\alpha}} \equiv 0 \pmod{\psi_\beta},$$

于是便得

命题 6.3.7 希尔伯特形式是芬斯勒丛的渐近方向, 即正规截面 $\hat{\ell}$ 的法曲率恒为零.

习 题 六

1. 证明引理 6.1.1.
2. 证明微分流形上关于一次微分形式的嘉当引理.
3. 证明微分流形上可微分布的弗罗贝尼乌斯定理.
4. 证明: 芬斯勒流形具有平坦的水平叶状结构当且仅当流形自身具有消失的黎曼曲率.
5. 利用 (6.35) 式证明定理 4.3.2 和定理 4.3.4.
6. 给出公式 (6.31) 的详细证明.
7. 证明: 芬斯勒流形是一个局部闵可夫斯基流形当且仅当它有零黎曼曲率和零闵可夫斯基曲率.
8. 验证 §6.3 中定义的 $\mu: H_1^* \to V$ 是同构.
9. 证明命题 6.3.5.

第七章 三类几何不变量的内蕴联系

在前面的第二章、第四章和第五章中，我们已经介绍了芬斯勒流形上三类几何不变量，其中前面两类是非黎曼的不变量，最后一类是黎曼几何不变量. 近来我们已发现了在黎曼几何不变量与非黎曼几何不变量之间的若干重要关系. 本章我们以常曲率流形中 Akbar-Zadeh 二阶微分方程为线索，建立嘉当张量、Landsberg 曲率和旗曲率之间的基本关系. 接着我们通过讨论芬斯勒流形上的里奇恒等式巧妙的给出 S 曲率、旗曲率和嘉当形式之间的内蕴联系.

§7.1 嘉当张量和旗曲率的关系

命题 7.1.1[23] 设 (M,F) 是一个芬斯勒流形，$H_{ij\alpha}$ 是其嘉当张量，$R_{\alpha\beta}$ 是它的旗曲率张量. 那么

$$\ddot{H}_{\alpha\beta\gamma}+H_{\alpha\beta\varepsilon}R^{\varepsilon}{}_{\gamma}+\frac{1}{6}R^{\beta}{}_{\alpha;\gamma}+\frac{1}{6}R^{\alpha}{}_{\beta;\gamma}+\frac{1}{3}R^{\beta}{}_{\gamma;\alpha}+\frac{1}{3}R^{\alpha}{}_{\gamma;\beta}=0, \quad(7.1)$$

其中

$$\ddot{H}_{\alpha\beta\gamma}\omega^n \equiv \mathrm{d}\dot{H}_{\alpha\beta\gamma}-\sum_i \dot{H}_{i\beta\gamma}\omega_\alpha{}^i-\sum_i \dot{H}_{\alpha i\gamma}\omega_\beta{}^i$$
$$-\sum_i \dot{H}_{\alpha\beta i}\omega_\gamma{}^i \pmod{\omega^\varepsilon, \omega_n{}^\varepsilon}. \quad(7.2)$$

证明 利用 (6.28) 式我们可得

$$R_{\beta\gamma\alpha} = \frac{R^\beta{}_{\gamma;\alpha}-R^\beta{}_{\alpha;\gamma}}{3}, \quad(7.3)$$

其中 $R_{\beta\gamma\alpha} := \delta_{\beta\varepsilon}R_n{}^\varepsilon{}_{\gamma\alpha}$, $R_i{}^j{}_{k\alpha}$ 表示芬斯勒流形的黎曼曲率. 另一方面，由 (6.31) 式可知

$$R^\alpha{}_{\beta;\gamma} = R^\alpha{}_{\beta\gamma} + L_{\alpha\beta\gamma|n} + R_\gamma{}^\alpha{}_{\beta n}, \tag{7.4}$$

其中

$$L_{\alpha\beta\gamma} := -\dot{H}_{\alpha\beta\gamma} \tag{7.5}$$

为 (M, F) 的 Landsberg 曲率. 将 (7.3) 和 (7.5) 式代入 (7.4) 式便得

$$\begin{aligned}
R_\alpha{}^\beta{}_{\gamma n} &= R^\beta{}_{\gamma;\alpha} - R^\beta{}_{\gamma\alpha} - L_{\alpha\beta\gamma|n} \\
&= R^\beta{}_{\gamma;\alpha} + \frac{1}{3}(R^\beta{}_{\alpha;\gamma} - R^\beta{}_{\gamma;\alpha}) + \ddot{H}_{\alpha\beta\gamma} \\
&= \frac{2}{3} R^\beta{}_{\gamma;\alpha} + \frac{1}{3} R^\beta{}_{\alpha;\gamma} + \ddot{H}_{\alpha\beta\gamma}.
\end{aligned} \tag{7.6}$$

结合 (5.13) 式我们便有

$$\begin{aligned}
0 &= R_{\alpha\beta\gamma n} + R_{\beta\alpha\gamma n} + 2 H_{\alpha\beta\varepsilon} R_n{}^\varepsilon{}_{\gamma n} \\
&= \frac{2}{3} R^\beta{}_{\gamma;\alpha} + \frac{1}{3} R^\beta{}_{\alpha;\gamma} + \ddot{H}_{\alpha\beta\gamma} \\
&\quad + \frac{2}{3} R^\alpha{}_{\gamma;\beta} + \frac{1}{3} R^\alpha{}_{\beta;\gamma} + \ddot{H}_{\beta\alpha\gamma} + 2 H_{\alpha\beta\varepsilon} R^\varepsilon{}_\gamma \\
&= 2\left(\ddot{H}_{\alpha\beta\gamma} + H_{\alpha\beta\varepsilon} R^\varepsilon{}_\gamma + \frac{1}{6} R^\beta{}_{\alpha;\gamma} + \frac{1}{6} R^\alpha{}_{\beta;\gamma} + \frac{1}{3} R^\beta{}_{\gamma;\alpha} + \frac{1}{3} R^\alpha{}_{\gamma;\beta} \right),
\end{aligned}$$

因此 (7.1) 式成立. □

特别, 若 (M, F) 具有常旗曲率 c, 则

$$R^\alpha{}_{\beta;\gamma} = 0, \tag{7.7}$$

$$R^\varepsilon{}_\gamma = c \delta^\varepsilon{}_\gamma. \tag{7.8}$$

将它们代入 (7.1) 式, 我们有关于嘉当张量的二阶微分方程

$$\ddot{H}_{\alpha\beta\gamma} + c H_{\alpha\beta\gamma} = 0. \tag{7.9}$$

进一步, 若 (M, F) 是 Landsberg 流形且 $c \neq 0$, 则 (M, F) 的嘉当张量恒消失, 因而得到

定理 7.1.2[2] **(Akbar-Zadeh 刚性定理)** 设 (M, F) 是具有非零常旗曲率的 Landsberg 流形, 则它必为具有非零常截曲率的黎曼

流形.

注 对具有负常曲率的紧致芬斯勒流形, 利用 (7.9) 式和常微分方程理论可得类似结论.

§7.2 里奇恒等式

本节我们将给出芬斯勒流形上一些重要的里奇恒等式. 设 (M,F) 是一个芬斯勒流形, SM 为其射影球丛. 对于光滑函数, 利用 (4.4) 式可得

$$\mathrm{d}f = f_{|i}\omega^i + f_{;\alpha}\omega_n{}^\alpha, \tag{7.10}$$

其中 $|i$ 表示水平共变导数, 而 $;\alpha$ 表示垂直共变导数. 外微分 (7.10) 式并利用结构方程便知

$$\mathrm{D}f_{|i} \wedge \omega^i + \mathrm{D}f_{;\alpha} \wedge \omega_n{}^\alpha + f_{;\alpha}\Omega_n{}^\alpha = 0, \tag{7.11}$$

这里

$$\mathrm{D}f_{|i} = \mathrm{d}f_{|i} - f_{|j}\omega_i{}^j, \tag{7.12}$$

$$\mathrm{D}f_{;\alpha} = \mathrm{d}f_{;\alpha} - f_{;\beta}\omega_\alpha{}^\beta. \tag{7.13}$$

复习关于陈联络的曲率 2 形式 $\Omega_i{}^j$, 它具有如下结构:

$$\Omega_i{}^j = \frac{1}{2}R_i{}^j{}_{kl}\omega^k \wedge \omega^l + P_i{}^j{}_{k\alpha}\omega^k \wedge \omega_n{}^\alpha, \tag{7.14}$$

将 (7.12), (7.13) 和 (7.14) 式代入 (7.11) 式便有

$$f_{|i|j} = f_{|j|i} + f_{;\alpha}R_n{}^\alpha{}_{ij}, \tag{7.15}$$

$$f_{|i;\alpha} = f_{;\alpha|i} + f_{;\beta}P_n{}^\beta{}_{i\alpha}, \tag{7.16}$$

$$f_{;\alpha;\beta} = f_{;\beta;\alpha}. \tag{7.17}$$

与 §4.2 相同, 我们以 $\hat{f}$ 表示 $f_{|n}$, 它是 SM 上的整体函数. 用 $\{\epsilon_i, \epsilon_{\bar{\alpha}}\}$ 表示 $\{\omega^i, \omega_n{}^\alpha\}$ 关于 G 的对偶基. 由 (7.10) 和 (7.12) 式我们可得

$$f_{|n;\alpha} = (\mathrm{D}f_{|n})(\epsilon_{\bar{\alpha}})$$

$$= (\mathrm{d}f_{|n} - f_{|b}\omega_n{}^b)(\epsilon_{\bar{\alpha}}) = \dot{f}_{;\alpha} - f_{|\alpha}. \tag{7.18}$$

注意到

$$P_n{}^\beta{}_{n\alpha} = -L^\beta{}_{n\alpha} = -\dot{H}^\beta{}_{n\alpha} = 0, \tag{7.19}$$

并结合 (7.16) 和 (7.18) 式我们可得

$$f_{;\alpha|n} = \dot{f}_{;\alpha} - f_{|\alpha}. \tag{7.20}$$

根据 (7.10) 和 (7.12) 式我们有

$$f_{|n|\alpha} = \mathrm{D}f_{|n}(\epsilon_\alpha) = (\mathrm{d}f_{|n} - f_{|j}\omega_n{}^j)(\epsilon_\alpha) = \dot{f}_{|\alpha}, \tag{7.21}$$

沿着希尔伯特形式外微分 (7.20) 式并利用 (7.15), (7.16) 和 (7.21) 式，我们便有

$$\begin{aligned} f_{;\alpha|n|n} &= \dot{f}_{;\alpha|n} - f_{|\alpha|n} \\ &= \dot{f}_{|n;\alpha} - f_{|n|\alpha} - f_{;\beta}R^\beta{}_\alpha \\ &= \dot{f}_{|n;\alpha} - \dot{f}_{|\alpha} - f_{;\beta}R^\beta{}_\alpha. \end{aligned}$$

结合 (7.20) 式，我们得到下述引理.

引理 7.2.1 对于芬斯勒流形的射影球丛 SM 上任意光滑函数 f，我们有

$$f_{;\alpha|n} = \dot{f}_{;\alpha} - f_{|\alpha}, \tag{7.22}$$

$$f_{;\alpha|n|n} = \dot{f}_{|n;\alpha} - \dot{f}_{|\alpha} - f_{;\beta}R^\beta{}_\alpha. \tag{7.23}$$

推论 7.2.2 设 (M, F) 是一个芬斯勒流形，则其嘉当形式 η_α，S 曲率 S 和旗曲率张量 $R^\beta{}_\alpha$ 满足

$$\left(\frac{S}{F}\right)_{|n;\alpha} - \left(\frac{S}{F}\right)_{|\alpha} = \ddot{\eta}_\alpha + \eta_\beta R^\beta{}_\alpha. \tag{7.24}$$

证明 由 (2.6) 式和 §4.4 易知

$$\tau_{;\alpha} = \eta_\alpha, \quad \tau_{|n} = \frac{S}{F}, \tag{7.25}$$

这里 τ 为 (M,F) 的畸变. 结合 (7.23) 式便有

$$\ddot{\eta}_\alpha = \tau_{;\alpha|n|n}$$
$$= \dot{\tau}_{|n;\alpha} - \dot{\tau}_{|\alpha} - \tau_{;\beta}R^\beta{}_\alpha$$
$$= \left(\frac{S}{F}\right)_{|n;\alpha} - \left(\frac{S}{F}\right)_{|\alpha} - \eta_\beta R^\beta{}_\alpha. \qquad \Box$$

§7.3 S 曲率和旗曲率的关系

缩并方程 (7.1) 我们便得

引理 7.3.1 设 (M,F) 是一个芬斯勒流形. 它的嘉当形式、旗曲率张量和里奇标量分别为 η_α, $R^\alpha{}_\beta$ 和 Ric. 那么

$$\ddot{\eta}_\alpha + \eta_\beta R^\beta{}_\alpha + \frac{1}{3}(\mathrm{Ric}_{;\alpha} + 2R^\beta{}_{\alpha;\beta}) = 0. \qquad (7.26)$$

把这个引理应用到常旗曲率芬斯勒流形, 我们有

推论 7.3.2[40] 设 (M,F) 是具有常曲率 c 的芬斯勒流形, 则

$$\ddot{\eta}_\alpha + c\,\eta_\alpha = 0. \qquad (7.27)$$

进一步, 当 F 是弱 Landsberg 度量且 $c \neq 0$, 那么 (M,F) 是一个具有非零常截面曲率的黎曼流形.

证明 由于 (M,F) 具有常曲率 c, 故 $\mathrm{Ric}_{;\alpha} = 0$. 结合 (7.7) 和 (7.8) 式便有 (7.27) 式. 若 F 具有消失的平均 Landsberg 曲率, 那么 $\dot{\eta}_\alpha = -J_\alpha = 0$. 再利用条件 $c \neq 0$ 可得 $\eta_\alpha = 0$. 这样 Deicke 定理 (定理 2.2.4) 蕴含着 (M,F) 是一个黎曼流形. $\qquad \Box$

合并推论 7.2.2 和引理 7.3.1, 我们有

定理 7.3.3 设 (M,F) 是一个芬斯勒流形, 则其旗曲率张量 $R^\alpha{}_\beta$、S 曲率 S、里奇标量 Ric 和嘉当形式 η_α 满足

$$\ddot{\eta}_\alpha + \eta_\beta R^\beta{}_\alpha = \left(\frac{S}{F}\right)_{|n;\alpha} - \left(\frac{S}{F}\right)_{|\alpha} = -\frac{1}{3}(\mathrm{Ric}_{;\alpha} + 2R^\beta{}_{\alpha;\beta}). \qquad (7.28)$$

§7.4 具有常 S 曲率的芬斯勒流形

回顾芬斯勒流形 (M,F) 具有常 S 曲率 c 意味着 $S=(n+1)cF$, 这里 n 是 M 的维数. 下面我们讨论具有常 S 曲率的芬斯勒流形 (M,F). 利用 (7.24) 式可知

$$\ddot{\eta}_\alpha + \eta_\beta R^\beta{}_\alpha = 0. \tag{7.29}$$

上述方程的一个具体应用是

定理 7.4.1[40] 设 (M,F) 是具有常 S 曲率的紧致芬斯勒流形. 若 F 具有非正旗曲率, 那么 F 必为弱 Landsberg 度量, 即, (M,F) 是弱 Landsberg 流形. 特别, 若 F 的旗曲率在 x 处为负的, 则 F **在 x 处是黎曼的**, 即 $F^2(x,y) = \sum_{i,j} g_{ij}(x) y^i y^j$.

我们以 $\kappa_1,\cdots,\kappa_{n-1}$ 表示 (M,F) 的**主曲率**, 即

$$R_{\alpha\beta} = \kappa_\alpha \delta_{\alpha\beta}. \tag{7.30}$$

如果 (M,F) 是有具常 S 曲率的弱 Landsberg 流形, 那么 (7.29) 和 (7.30) 式意味着

$$\eta_\alpha \kappa_\alpha = 0, \quad \alpha = 1,\cdots,n-1,$$

因而便得

定理 7.4.2 设 (M,F) 是 n 维具有常 S 曲率的弱 Landsberg 流形. 如果主曲率均非零, 即 $\kappa_1 \kappa_2 \cdots \kappa_{n-1} \neq 0$, 则 (M,F) 是一个黎曼流形.

回顾一个具有消失闵可夫斯基曲率的芬斯勒流形称为 Berwald 流形 (请参见定义 5.1.3). 易证黎曼流形和局部闵可夫斯基流形都是 Berwald 流形. 而且 Berwald 流形必定是弱 Landsberg 流形和满足 $S=0$[33]. 因而从定理 7.4.2 可知

推论 7.4.3 设 (M,F) 是一个 n 维 Berwald 流形. 若 (M,F) 满足 $\kappa_1\kappa_2\cdots\kappa_{n-1} \neq 0$, 那么 (M,F) 是黎曼的.

对于二维芬斯勒流形, 即芬斯勒曲面, 其旗曲率通常称为**高斯曲率**. (7.28) 式的另一个应用是下述定理.

定理 7.4.4[25] 设 (M,F) 是具有常 S 曲率的芬斯勒曲面. 那么其高斯曲率仅为 M 上的函数.

注意芬斯勒曲面是局部闵可夫斯基曲面等价于它既有消失的高斯曲率又有消失的闵可夫斯基曲率. 这样推论 7.4.3 和定理 7.4.4 即是 Szabó 定理的推广[42]. Szabó 的结果是说一切 Berwald 曲面必具有黎曼型或局部闵可夫斯基型.

在定理 7.4.2 中, (M,F) 是弱 Landsberg 流形的条件不可去. 事实上, 近期鲍大卫和沈忠民利用 Randers 度量, 在三维标准球面 S^3 上构造了具有常旗曲率 1 和消失 S 曲率的一族非黎曼的芬斯勒度量 F_k[10]. 利用 Akbar-Zadeh 的方程 (7.9) 可知, F_k 不是弱 Landsberg 度量.

从推论 7.3.2(参见 [35] 的定理 9.1.1), 一切非零常旗曲率的弱 Landsberg 度量是黎曼度量. 可见定理 7.4.2 减弱了推论 7.3.2 中常旗曲率的条件, 但增加了常 S 曲率的条件.

习 题 七

1. 证明: 具有负常曲率的紧致芬斯勒流形必为黎曼流形.
2. 证明定理 7.4.1.
3. 在 S^3 上构造常旗曲率 1 和零 S 曲率的非黎曼芬斯勒度量.

第八章 具有标量曲率的芬斯勒流形

一个芬斯勒流形 (M,F) 若满足对一切 $y \in TM\setminus\{0\}$, 它的旗曲率 $K(P,y)$ 与包含 y 的切平面 P 无关, 便称之为具有**标量曲率**. 芬斯勒曲面总具有标量曲率. 本章我们将利用在上一章导出的基本方程探讨具有标量曲率的芬斯勒流形. 特别, 我们对某些非黎曼几何不变量为迷向的芬斯勒流形确定它们的旗曲率. 接着我们将导出关于 Matsumoto 挠率的 Akbar-Zadeh 型微分方程并给出它的应用.

§8.1 具有迷向 S 曲率的芬斯勒流形

这一节我们来确定具有迷向 S 曲率的芬斯勒流形的旗曲率.

定理 8.1.1[11] 设 (M,F) 是具有标量曲率 $\kappa(x,y)$ 的芬斯勒流形. 若其 S 曲率是迷向的, 即存在 M 上函数 $c(x)$, 使得
$$S = (n+1)c(x)F(x,y),$$
则存在 M 上函数 σ, 使得
$$\kappa = 3\dot{c} + \sigma,$$
这里 $\dot{c}$ 表示 c 沿着希尔伯特形式的导数. 特别, $c(x)$ 为常值等价于 $\kappa = \kappa(x)$ 是 M 上的函数. 此时若 $n \geqslant 3$, 那么 (M,F) 是常曲率流形.

证明 对于具有标量曲率 κ 的芬斯勒流形 (M,F), 易知
$$R^\beta{}_\alpha = \kappa\delta^\beta{}_\alpha, \tag{8.1}$$
$$\mathrm{Ric}_{;\alpha} = (n-1)\kappa_{;\alpha}, \tag{8.2}$$
$$R^\beta{}_{\alpha;\gamma} = \kappa_{;\gamma}\delta^\beta{}_\alpha, \tag{8.3}$$

代入 (7.28) 式便有

$$\left(\frac{S}{F}\right)_{|n;\alpha} - \left(\frac{S}{F}\right)_{|\alpha} = -\frac{1}{3}(n+1)\kappa_{;\alpha}. \tag{8.4}$$

注意到

$$\frac{S}{F} = (n+1)c(x),$$

因而

$$c_{|n;\alpha} - c_{|\alpha} = -\frac{1}{3}\kappa_{;\alpha}, \tag{8.5}$$

利用 (7.16) 和 (7.19) 式我们可得

$$c_{|n;\alpha} = c_{;\alpha|n} = 0. \tag{8.6}$$

另外，由 (7.22) 式有

$$c_{|\alpha} = \dot{c}_{;\alpha} - c_{;\alpha|n} = \dot{c}_{;\alpha}, \tag{8.7}$$

将 (8.6) 和 (8.7) 式代入 (8.5) 式便知

$$(\kappa - 3\dot{c})_{;\alpha} = 0.$$

于是

$$\sigma := \kappa - 3\dot{c}$$

是 M 上的函数. 关于切丛 TM 上的坐标 (x^i, y^i)，我们有

$$\dot{c} = \frac{\partial c}{\partial x^i}\frac{y^i}{F}.$$

这样 $\kappa = \kappa(x)$ 等价于 c 为常数. 进一步在 $n \geqslant 3$ 的情形, 由命题 5.2.5 可得 κ 是常值. □

近期 Kim 和 Yim 已证得对于具有正常旗曲率和零 S 曲率的芬斯勒流形 (M, F)，当 F 是对称芬斯勒结构时，(M, F) 必是黎曼流形. 于是我们有下述推论.

推论 8.1.2 设 (M, F) 为 n 维具有正标量曲率和零 S 曲率的对称芬斯勒流形. 那么 (M, F) 必是黎曼流形.

存在大量的芬斯勒曲面, 它们的高斯曲率不是曲面上的标量函数 (参见 §8.3). 而对于 $\dim M \geqslant 3$ 的情形, 同样有许多具有标量曲率的芬斯勒流形, 它们的旗曲率随着切向量 y 的变化而变化. 我们知道一个 Randers 度量 $\alpha + \beta$ 是局部射影平坦的 (因此它必具有标量曲率) 等价于 α 具有常截曲率且 β 为闭形式 (参见定理 8.2.5 的证明). 设 (M, α) 是常曲率 -1 的紧致黎曼流形, β 是 M 上任意一个闭的 1 形式. 那么对于足够小的 ε, Randers 度量 $F_\varepsilon := \alpha + \varepsilon \beta$ 具有负标量曲率. 若 F_ε 的标量曲率 κ 为 M 上的函数, 那么利用条件 $n \geqslant 3$ 和命题 5.2.5 便知 κ 是常数. 由 Akbar-Zadeh 的刚性定理, 紧致流形上具有负常旗曲率的芬斯勒度量 F_ε 必是黎曼度量, 这样 $\beta = 0$. 由此可见, 当 $n \geqslant 3, \beta \neq 0$ 时 κ 总是依赖于 y 的.

注 推论 8.1.2 中对称性的条件是不可去的. 事实上, 沈忠民已构造了 S^n 上大量的具有常旗曲率 1 和零 S 曲率的非黎曼的芬斯勒度量.

§8.2 具有标量曲率的芬斯勒流形的基本方程

设 (M, F) 是一个芬斯勒流形. 令

$$M_{\alpha\beta\gamma} := H_{\alpha\beta\gamma} - \frac{1}{n+1}\eta_\alpha \delta_{\beta\gamma} - \frac{1}{n+1}\eta_\beta \delta_{\gamma\alpha} - \frac{1}{n+1}\eta_\gamma \delta_{\alpha\beta}, \quad (8.8)$$

其中 $H_{\alpha\beta\gamma}$ 是嘉当张量而 η_α 为嘉当形式. 显然 $M_{\alpha\beta\gamma}$ 是全对称张量. 注意对于芬斯勒曲面, $M_{\alpha\beta\gamma} \equiv 0$. 张量 $M_{\alpha\beta\gamma}$ 是由日本芬斯勒几何学家 Matsumoto 引进的 [17].

定义 8.2.1 我们称全对称张量 $M_{\alpha\beta\gamma}$ 为 **Matsumoto 挠率**.

Matsumoto 考查了 Randers 度量的 Matsumoto 挠率, 证得这类芬斯勒度量的 Matsumoto 挠率消失. 后来, Matsumoto 和他的学生 Hojō 证得了其逆也真.

定理 8.2.2[20] 设 (M,F) 是一个芬斯勒流形，$\dim M \geqslant 3$. 则 (M,F) 是一个 Randers 流形当且仅当其 Matsumoto 挠率恒为零.

由上述定理可见，对于大于二维的芬斯勒流形，Matsumoto 挠率反映了它距离 Randers 流形的程度. 一个自然的问题是：是否存在芬斯勒曲面上的几何量，它可刻画其中的 Randers 曲面. 下述命题建立了具有标量曲率芬斯勒流形关于 Matsumoto 挠率的 Akbar-Zadeh 型微分方程.

命题 8.2.3[27] 设 (M,F) 是具有标量曲率 κ 的芬斯勒流形，那么其 Matsumoto 挠率满足

$$\ddot{M}_{\alpha\beta\gamma} + \kappa M_{\alpha\beta\gamma} = 0. \tag{8.9}$$

证明 把 (8.1),(8.2),(8.3) 式代入 (7.28) 式可得

$$\ddot{\eta}_\alpha + \eta_\alpha \kappa = -\frac{1}{3}(n+1)\kappa_{;\alpha}, \tag{8.10}$$

即

$$\kappa_{;\alpha} = -\frac{3}{n+1}(\ddot{\eta}_\alpha + \kappa\eta_\alpha). \tag{8.11}$$

另一方面，将 (8.1), (8.2), (8.3) 式代入 (7.1) 式便有

$$\ddot{H}_{\alpha\beta\gamma} + \kappa H_{\alpha\beta\gamma} + \frac{1}{3}\delta_{\alpha\beta}\kappa_{;\gamma} + \frac{1}{3}\delta_{\beta\gamma}\kappa_{;\alpha} + \frac{1}{3}\delta_{\gamma\alpha}\kappa_{;\beta} = 0, \tag{8.12}$$

利用 (8.8), (8.11) 和 (8.12) 式易得 (8.9) 式. □

由基本方程 (8.9)、定理 8.2.2 和常微分方程理论可得下述定理.

定理 8.2.4[27] 设 M 是大于二维的紧致芬斯勒流形. F 是 M 上具有负标量曲率的芬斯勒度量. 则 F 必为 Randers 度量.

上述定理极大地缩小了具有负标量曲率紧致芬斯勒流形的范围. 值得注意的是，尽管 Randers 度量是很特殊的芬斯勒度量，具有标量曲率的 Randers 度量的完全分类仍未解决. 对于常旗曲率的 Randers 度量的分类，建议读者参见文献 [7], [8], [18], [21], [44]. 在文献 [8] 中，鲍大卫等利用黎曼流形的导航问题，完全分类了常旗曲率的 Randers 度量. 新近，陈新跃和沈忠民已将上述成果推广到具有标量曲率和迷向 S 曲率的芬斯勒度量.

通常，对于一个微分流形上的芬斯勒度量，若在任一点都存在该点的局部坐标系，使得在该点邻域内测地线作为点集是直线，则称该芬斯勒度量是**局部射影平坦的**. 我们有下述定理.

定理 8.2.5 设 (M, F) 为大于二维的负曲率紧致芬斯勒流形. 则 F 是局部射影平坦度量当且仅当 $F = \alpha + \beta$ 为 Randers 度量，其中 α 具有常截曲率，β 是一个闭的 1 形式.

证明 必要性 由于 F 局部射影平坦，即，它逐点射影相关于一个局部闵可夫斯基度量，故 F 的 Weyl 曲率和 Douglas 曲率同时消失. 具有消失 Weyl 曲率的芬斯勒度量必具有标量曲率. 注意到 M 紧致且具有负旗曲率，定理 8.2.4 蕴含 $F = \alpha + \beta$ 是 Randers 度量.

对于具有消失 Douglas 曲率的 Randers 度量 $\alpha + \beta$，我们有 $d\beta = 0$. 于是 $\alpha + \beta$ 与 α **逐点射影相关**，即两个度量的测地线作为点集是相同的. 因为 Weyl 曲率是射影不变量，这样 α 的 Weyl 曲率也消失，因此 α 有常截曲率.

充分性 由于 $d\beta = 0$, 故 F 与 α 逐点射影相关，且 $(M, \alpha + \beta)$ 的 Douglas 曲率恒为零. 因为 α 具有常截曲率，因而其 Weyl 曲率恒为零，这样 F 的 Weyl 曲率也消失. 因此 (M, F) 是局部射影平坦的芬斯勒度量. □

推论 8.2.6 设 (M, F) 是大于二维的紧致负标量曲率的弱 Landsberg 流形. 那么 (M, F) 一定是黎曼流形.

证明 由定理 8.2.4 可得，F 是一个 Randers 度量. 结合定理 8.2.2, F 的 Matsumoto 挠率消失. 结合 F 的弱 Landsberg 曲率也消失的条件，我们有

$$0 = \dot{M}_{\alpha\beta\gamma}$$
$$= \dot{H}_{\alpha\beta\gamma} - \frac{1}{n+1}\dot{\eta}_\alpha \delta_{\beta\gamma} - \frac{1}{n+1}\dot{\eta}_\beta \delta_{\gamma\alpha} - \frac{1}{n+1}\dot{\eta}_\gamma \delta_{\alpha\beta}$$
$$= \dot{H}_{\alpha\beta\gamma} = -L_{\alpha\beta\gamma}.$$

因此 F 是一个 Landsberg 度量. 由 Numata 证得大于二维的非零标量曲率的 Landsberg 流形必为黎曼流形 [30], 故得此时 (M, F) 为黎曼流形. □

把上述推论与 Numata 的结果比较可见, 推论减弱了 Numata 的 Landsberg 曲率消失的条件而增加了流形的紧致性条件. 自然的问题是, 对于正标量曲率的弱 Landsberg 流形推论 8.2.6 是否也成立? 我们知道任何具有非零常曲率的弱 Landsberg 度量必定是黎曼度量 (参见推论 7.3.2).

以 S 表示芬斯勒流形 (M, F) 的 S 曲率. 令

$$E_{ij} := \frac{1}{2}\frac{\partial^2 S}{\partial y^i \partial y^j}, \quad E_y := E_{ij}(x,y)\mathrm{d}x^i \otimes \mathrm{d}x^j.$$

定义 8.2.7 我们称 $E := \{E_y\}$ 为**平均 Berwald 曲率**. 当 $E = 0$ 时, 称 F 是**弱 Berwald 度量**.

推论 8.2.8 设 (M, F) 是大于二维紧致负标量曲率的弱 Berwald 流形, 则 (M, F) 是黎曼流形.

证明 首先由定理 8.2.4, F 是一个 Randers 度量; 再根据文献 [12] 的结论, Randers 度量具有常平均 Berwald 曲率等价于它具有常 S 曲率, 因而 F 具有常 S 曲率. 结合 F 具有负标量曲率, 定理 8.1.1 告诉我们此时 F 具有负常曲率. 结合 Akbar-Zadeh 的刚性定理 [2], F 是黎曼度量. □

注意在推论 8.2.8 中紧致性条件是不可去的. 在文献 [7] 的例 3.3.3 中, 作者构造了 $S^2 \times (0,\tau)$ 上非黎曼的具有常旗曲率 -1 的弱 Berwald 度量.

从定理 8.2.5 的证明可见: Randers 度量 $F = \alpha + \beta$ 是局部射影

平坦度量等价于 α 具有常截曲率而 $\mathrm{d}\beta = 0$. 利用定理 8.1.1, 我们已经在参考文献 [14] 中确定了 β, 使得 $F = \alpha + \beta$ 是局部射影平坦具有迷向 S 曲率. 于是我们得到了局部射影平坦且具有迷向 S 曲率的 Randers 度量的完全分类.

§8.3 具有相对迷向平均 Landsberg 曲率的度量

设 (M, F) 是一个芬斯勒流形, 它的平均 Landsberg 曲率为 J, 嘉当形式是 η. 若存在 M 上的函数 $c(x)$ 使得 $J = c(x)\eta$, 则称 (M, F) 具有**相对迷向**的平均 Landsberg 曲率.

定理 8.3.1 设 (M, F) 是具有标量曲率的 n 维芬斯勒流形. 若其平均 Landsberg 曲率 J 是相对迷向的, 即

$$J - c(x)\eta = 0, \tag{8.13}$$

其中 $c(x)$ 是 M 上的光滑函数. 则 (M, F) 的旗曲率 $\kappa(x, y)$ 和畸变 $\tau(x, y)$ 满足

$$\frac{n+1}{3}\kappa_{;\alpha} + (\kappa + c^2 - \dot{c})\tau_{;\alpha} = 0. \tag{8.14}$$

进一步,

(i) 若 $c(x)$ 为常值, 则存在 M 上的函数 $\rho(x)$, 使得

$$\kappa = -c^2 + \rho e^{-\frac{3\tau}{n+1}}; \tag{8.15}$$

(ii) 若 F 在 M 的任一开子集上为非黎曼度量, 且 κ 是 M 上的函数, 那么 c 为常值, 且 $\kappa = -c^2 \leqslant 0$.

证明 由条件 (8.13), 对 $\alpha = 1, 2, \cdots, n-1$ 我们有

$$J_\alpha - c\eta_\alpha = 0. \tag{8.16}$$

由 §4.3 我们知道

$$J_\alpha = -\dot{\eta}_\alpha, \tag{8.17}$$

代入 (7.26) 式便有

$$-\dot{J}_\alpha + \kappa\eta_\alpha = -\frac{1}{3}(n+1)\kappa_{;\alpha}. \tag{8.18}$$

由 (8.16) 和 (8.17) 式可得

$$\begin{aligned}\dot{J}_\alpha &= \dot{c}\eta_\alpha + c\dot{\eta}_\alpha \\ &= \dot{c}\eta_\alpha + c(-J_\alpha) \\ &= \dot{c}\eta_\alpha - c^2\eta_\alpha = (\dot{c} - c^2)\eta_\alpha,\end{aligned}$$

代入 (8.18) 式便有

$$(c^2 - \dot{c})\eta_\alpha + \kappa\eta_\alpha + \frac{1}{3}(n+1)\kappa_{;\alpha} = 0,$$

故 (8.14) 式成立. 上面我们已用了 (7.25) 式的第一个等式, 即, $\tau_{;\alpha} = \eta_\alpha$.

(i) 设 $c(x)$ 为常值, 则 (8.14) 式简化为

$$\frac{n+1}{3}\kappa_{;\alpha} + (\kappa + c^2)\tau_{;\alpha} = 0.$$

令 $\rho := (\kappa + c^2)\mathrm{e}^{\frac{3\tau}{n+1}}$, 利用上式可得

$$\left(\log \rho^{\frac{n+1}{3}}\right)_{;\alpha} = 0,$$

于是 $\rho = \rho(x)$ 且 (8.15) 式成立.

(ii) 设 κ 是 M 上的函数, 此时 (8.14) 式简化为

$$(\kappa + c^2 - \dot{c})\tau_{;\alpha} = 0, \tag{8.19}$$

我们来证明 $c(x)$ 是常值函数. 因为否则必有一个开子集 $\mathcal{U}$, 使得对一切 $x \in \mathcal{U}, \mathrm{d}c(x) \neq 0$. 因而对任意固定的 $x \in \mathcal{U}$, 皆有 $\kappa(x) \neq -c^2(x) + \dot{c}(x,y)$, 对几乎一切 $y \in T_xM$. 利用 (8.19) 式便知 $\eta_\alpha = \tau_{;\alpha} = 0$. 这样 Deicke 定理蕴含 F 在 $\mathcal{U}$ 上是黎曼的, 与条件矛盾. 这样我们由 (8.15) 式可知

$$\rho(x)\tau_{;\alpha} = 0. \tag{8.20}$$

接下去我们断言 $\rho(x) = 0$. 因为否则必有一个开子集 $\mathcal{U}$, 使得对一切 $x \in \mathcal{U}, \rho(x) \neq 0$. 这样结合 (8.20) 式可知 F 是 $\mathcal{U}$ 上的黎曼度量, 矛盾. 故 $\rho(x) \equiv 0$. 代入 (8.15) 式有 $\kappa = -c^2 \leqslant 0$. □

例 8.3.2 对于定义在 (4.16) 和 (4.17) 式中的 Randers 度量, 易验证它满足

$$J_\alpha - c\eta_\alpha = 0,$$

这里 $c(x)$ 是定义在 (4.18) 式中的函数. 当 $\dim M = 2$ 时, 直接计算可得高斯曲率 κ 为

$$\kappa = \frac{-5\kappa^2 - 4\zeta[\varepsilon + (\kappa^2 + \varepsilon\zeta)|x|^2]}{4[\varepsilon + (\kappa^2 + \varepsilon\zeta)|x|^2]^2} + \frac{3(\kappa^2 + \varepsilon\zeta)(1 + \zeta|x|^2)\alpha}{[\varepsilon + (\kappa^2 + \varepsilon\zeta)|x|^2]^2 F}.$$

事实上, 对于任一 Randers 度量 $F = \alpha + \beta$, F 具有相对迷向平均 Landsberg 曲率等价于 F 具有迷向 S 曲率且 β 是闭形式. 然而对一般的芬斯勒度量, (8.13) 式并不蕴含

$$S = (n+1)c(x)F, \tag{8.21}$$

这里 $n = \dim M$. 现在我们把 (8.13) 和 (8.21) 式两个条件合并, 证明如下的定理.

定理 8.3.3 设 (M, F) 是一个 n 维具有标量曲率的芬斯勒流形. 若其 S 曲率和平均 Landsberg 曲率满足

$$S = (n+1)cF, \quad J = c\eta, \tag{8.22}$$

其中 $c(x)$ 是 M 上的函数. 则 (M, F) 的旗曲率 κ 可表为

$$\kappa = 3\dot{c} + \sigma = -\frac{3c^2 + \sigma}{2} + \mu e^{\frac{-2\tau}{n+1}},$$

这里 $\sigma(x)$ 和 $\mu(x)$ 都是 M 上的函数. 进一步,

(i) 若 F 在 M 中的任一开集上是非黎曼度量且 $c(x)$ 为常值函数, 则 $\kappa = -c^2$, $\sigma(x) = -c^2$, $\mu(x) = 0$.

(ii) 若 $c(x) \neq$ 常数, 则 (M, F) 的畸变 τ 可表为

$$\tau = \ln\left[\frac{2\mu}{6\dot{c}+3(c^2+\sigma)}\right]^{\frac{n+1}{2}}. \tag{8.23}$$

证明　由定理 8.1.1 可得

$$\dot{c} = \frac{1}{3}(\kappa - \sigma),$$

其中 σ 是 M 上的函数. 将上式代入 (8.14) 式便有

$$\frac{n+1}{3}\kappa_{;\alpha} + \left(\frac{2}{3}\kappa + c^2 + \frac{\sigma}{3}\right)\tau_{;\alpha} = 0. \tag{8.24}$$

从上式易得

$$\left[(2\kappa + 3c^2 + \sigma)^{\frac{n+1}{2}} e^\tau\right]_{;\alpha} = 0, \tag{8.25}$$

于是便有 M 上的函数 $\mu(x)$, 使得

$$\kappa = \mu e^{-\frac{2\tau}{n+1}} - \frac{3c^2+\sigma}{2}, \tag{8.26}$$

把上式与定理 8.1.1 中的公式作比较便有

$$\dot{c} = -\frac{1}{2}(c^2+\sigma) + \frac{\mu}{3}e^{-\frac{2\tau}{n+1}}. \tag{8.27}$$

(i) 设 $c(x)$ 是常值函数. 我们来证明 $\mu(x) = 0$. 因为若不然, 那么集合 $\mathcal{U} := \{x \in M | \mu(x) \neq 0\} \neq \emptyset$. 利用 (8.27) 式可得此时畸变 $\tau(x)$ 为 M 上的函数, 这样 F 在 $\mathcal{U}$ 上是黎曼度量, 这与 (i) 的条件矛盾. 把 $\mu(x) = 0$ 代入 (8.27) 式我们有 $\sigma = -c^2$, 再代入 (8.26) 式有 $\kappa = -c^2$.

(ii) 若 $c(x)$ 不是常值函数, 从 (8.27) 式可知此时 μ 不为零. 故可从 (8.27) 式解出 τ 便有 (8.23) 式成立. □

习　题　八

1. 设 f 是芬斯勒流形 (M, F) 上的实值函数. 证明: $\dot{f} = \frac{\partial f}{\partial x^i}\frac{y^i}{F}$, 这里 "·" 表示沿着希尔伯特形式的共变导数.

2. 证明：具有正常旗曲率和零 S 曲率的对称芬斯勒流形必为黎曼流形.

3. 具体构造常截面曲率 -1 的紧致黎曼流形.

4. 构造 S^n 上非对称的正常旗曲率, 零 S 曲率的芬斯勒度量.

5. 证明定理 8.2.2.

6. 在芬斯勒流形上构造一个几何量来刻画二维 Randers 流形.

7. 详细证明定理 8.2.4.

8. 芬斯勒流形的**导航问题**可以简述如下:

考虑一个在度量空间 (如欧几里得空间) 中运动的物体. 它由一个内力和一个外力共同推动. 最短时间问题是确定该物体在空间中从一点到另一点的曲线, 使物体在沿该曲线的运动所需时间最短. 在某些特殊情形此问题已被 Zermelo 所研究, 因此这个问题称为 Zermelo 航行问题, 简称为**导航问题**. 这里我们将讨论最一般情形的导航问题. 设芬斯勒流形 (M, Φ) 上的一个物体, 它由一个长度不变的内力 U 推动, 这里长度不变可用关系式 $\Phi(x, U_x) = c$ 来表示. 同时该物体受到一个满足 $\Phi(x, -V_x) < c$ 的外力场 V 的推动. 在 x 处的合力为 $T_x := U_x + V_x$. 条件 $\Phi(x, -V_x) < c$ 保证了物体可以朝着任何方向运动.

因为具有摩擦力, M 上的物体以一个与合力 T 成比例的速度运动. 为了简明起见, 我们设 $c = 1$ 且在 M 的任意点 x 处速度恰好是 T_x. 由于 $\Phi(x, U_x) = 1$, 我们便知
$$\Phi(x, T_x - V_x) = \Phi(x, U_x) = 1.$$
另一方面, 对任意向量 $y \in T_xM \setminus \{0\}$, 存在下列方程之唯一解 $F = F(x, y) > 0$, 满足
$$\Phi\left(x, \frac{y}{F} - V_x\right) = 1.$$
注意到对任意 $\lambda > 0$,
$$1 = \Phi\left(x, \frac{\lambda y}{\lambda F(x,y)} - V_x\right) = \Phi\left(x, \frac{\lambda y}{F(x, \lambda y)} - V_x\right),$$

由唯一性可得
$$F(x, \lambda y) = \lambda F(x, y).$$

易验证
$$F_x := F|_{T_x M}$$

是 $T_x M$ 上的闵可夫斯基范数. 这样 $F = F(x, y)$ 是 M 上的芬斯勒度量. 设 (M, h, W) 是 Randers 度量 $F = \alpha + \beta$ 的导航表示. 证明: $|W|_h = \|\beta\|_\alpha$.

9. 通过导航问题, 给出具有常旗曲率的 Randers 度量的完全分类.

10. 证明: Randers 度量具有常平均 Berwald 曲率当且仅当它具有常 S 曲率.

11. 在 $S^2 \times (0, \tau)$ 上构造非黎曼的, 具有常旗曲率 -1 的弱 Berwald 度量.

12. 证明: 对于 Randers 度量 $F = \alpha + \beta$, F 具有相对迷向的平均 Landsberg 曲率当且仅当 F 具有迷向 S 曲率且 β 是闭形式.

13. 设 (M, F) 是一个 Randers 流形. 证明: (M, F) 是 Berwald 流形当且仅当 (M, F) 是 Landsberg 流形.

14. 证明: Randers 度量的导航表示 (也就是它的导航问题的解) 仍为 Randers 度量.

第九章 从芬斯勒流形出发的调和映射

芬斯勒流形是度量上无二次型限制的黎曼流形. 设 ϕ 是从一个芬斯勒流形到一个黎曼流形的光滑映射. 本章我们引入 ϕ 的能量泛函, 应力-能量张量和欧拉-拉格朗日算子. 我们证明 ϕ 是其能量泛函的极值点等价于 ϕ 满足相应的欧拉-拉格朗日方程. 芬斯勒流形上调和映射的基本存在性定理成立. 我们利用调和性和水平守恒性刻画弱 Landsberg 流形. 利用张力场的测地系数表示, 我们构造了从非黎曼亦非闵可夫斯基的 Berwald 流形出发的调和映射的实例.

§9.1 一些定义和引理

设 (M, F) 是一个 m 维芬斯勒流形. $\omega_1, \cdots, \omega_m$ 是其对偶芬斯勒丛上的适当标架场 (参见引理 3.1.1). 设 ω_{ij} 是 (M, F) 的关于 $\omega_1, \cdots, \omega_m$ 的陈联络 1 形式, 而 $g_{ij} := \left[\frac{1}{2}F^2\right]_{y^i y^j}$ 是 F 的基本张量. 由 (4.1) 式可见

$$\omega_1 \wedge \cdots \wedge \omega_m \wedge \omega_{m1} \wedge \cdots \wedge \omega_{m,m-1}$$

是 (M, F) 的射影球丛 SM 关于黎曼度量 G 的体积元, 记它为 Π.

下述引理是显然的, 我们在后面将要用到它.

引理 9.1.1 设 M 是一个紧致芬斯勒流形, $f : SM \to \mathbb{R}$ 是 SM 上任一函数. 则

$$\int_{SM} f\Pi = \int_M \mathrm{d}x \int_{S_x M} f \sqrt{\det(g_{ij})}\, \chi,$$

其中

$$\mathrm{d}x = \mathrm{d}x^1 \wedge \cdots \wedge \mathrm{d}x^m,$$

$$\chi = \omega_{m1} \wedge \cdots \wedge \omega_{m,m-1} \pmod{\mathrm{d}x^j}.$$

特别, 若 M 是黎曼流形, f 为 M 上的函数, 那么
$$\int_{SM} f\Pi = \mathrm{Vol}(S^{m-1}) \int_M f\mathrm{d}V,$$
其中 $\mathrm{Vol}(S^{m-1})$ 表示 $m-1$ 维标准球面的体积.

本章的指标约定如下:
$$1 \leqslant i,j,k,\cdots \leqslant m,$$
$$1 \leqslant \lambda,\mu,\tau,\cdots \leqslant m-1, \quad \bar{\lambda} = m+\lambda,$$
$$1 \leqslant a,b,c,\cdots \leqslant 2m-1.$$

根据 (4.2) 和 (4.3) 式, (M,F) 的第一结构方程可表为
$$\mathrm{d}\omega_i = \sum_j \omega_j \wedge \omega_{ji}, \quad \omega_{ij} + \omega_{ji} = -2\sum_\lambda H_{ij\lambda}\omega_{m\lambda}, \qquad (9.1)$$

其中 $H_{ij\lambda} = A(e_i, e_j, e_\lambda)$. 利用 (5.4) 式, (M,F) 关于陈联络的曲率 2 形式 $\Omega_{ij} := \mathrm{d}\omega_{ij} - \sum_k \omega_{ik} \wedge \omega_{kj}$ 具有下列形式:
$$\Omega_{ij} = \frac{1}{2}\sum_{k,l} R_{ijkl}\omega_k \wedge \omega_l + \sum_{k,\lambda} P_{ijk\lambda}\omega_k \wedge \omega_{m\lambda},$$

其中 $R_{ijkl} = -R_{ijlk}$. 记
$$L_{\lambda\mu\gamma} := P_{m\lambda\mu\gamma}$$

为 (M,F) 的 Landsberg 曲率. 由命题 5.1.2 的证明可得
$$\sum_\lambda L_{\lambda\lambda\mu} = -\sum_\lambda \dot{H}_{\lambda\lambda\mu}, \quad L_{m\lambda\mu} = 0, \qquad (9.2)$$

其中 "·" 表示沿希尔伯特形式的共变导数.

设 G 是 SM 上的黎曼度量. SM 上的 1 形式 Ψ 关于 G 的**散度**定义为
$$\mathrm{div}\,\Psi := \sum_a (\mathrm{D}_{\epsilon_a}\Psi)(\epsilon_a),$$

这里 $\{\epsilon_a\}$ 是 $T(SM)$ 上 $\{\omega_1,\cdots,\omega_m,\omega_{m1},\cdots,\omega_{m,m-1}\}$ 关于 G 的对偶标架场, 而 D_{ϵ_a} 表示由 G 诱导的沿着 ϵ_a 的共变导数.

引理 9.1.2 (i) 对 $S = \sum\limits_i S_i\omega_i \in \Gamma(p^*T^*M)$, 我们有

$$\operatorname{div} S = \sum_i S_{i|i} + \sum_{\lambda,\mu} S_\mu L_{\lambda\lambda\mu}.$$

(ii) 对 $T = \sum\limits_{i,j} T_{ij}\omega_i\omega_j \in \Gamma(\odot^2 p^*T^*M)$, 我们有

$$\operatorname{div} T(\epsilon_i) = \sum_j T_{ij|j} + \sum_{\lambda,\mu} T_{i\mu} L_{\lambda\lambda\mu}.$$

证明 简记

$$\psi_i = \omega_i, \quad \psi_{\bar\lambda} = \omega_{m\lambda}.$$

以 $\{\psi_{ab}\}$ 表示关于 $\{\psi_a\}$ 的黎曼联络. 利用 (6.18) 式我们有

$$\psi_{ij} \equiv \omega_{ji} \pmod{\psi_{\bar\lambda}}, \quad \psi_{i\bar\lambda} \equiv -\sum_\mu L_{i\lambda\mu}\psi_{\bar\mu} \pmod{\psi_j}.$$

因而

$$\begin{aligned}
\operatorname{div} S &= \sum_a (\mathrm{D}S_a)(\epsilon_a) \\
&= \sum_i \Big(\mathrm{d}S_i - \sum_j S_j \psi_{ji}\Big)(\epsilon_i) - \sum_{i,\lambda} S_i \psi_{i\bar\lambda}(\epsilon_{\bar\lambda}) \\
&= \sum_i \Big(\mathrm{d}S_i - \sum_j S_j \omega_{ji}\Big)(\epsilon_i) - \sum_{\lambda,\mu} S_\mu(-L_{\lambda\lambda\mu}) \\
&= \sum_i S_{i|i} + \sum_{\lambda,\mu} S_\mu L_{\lambda\lambda\mu},
\end{aligned}$$

其中 S 的共变导数定义为

$$\mathrm{D}S_i = \mathrm{d}S_i - \sum_j S_j \omega_{ij} = \sum_j S_{i|j}\omega_j + \sum_\lambda S_{i;\lambda}\omega_{m\lambda}.$$

故 (i) 得证. 类似地, 对张量场 T, 我们有

$$\operatorname{div} T(\epsilon_i) = \sum_b \Big(\mathrm{d} T_{ib} - \sum_c T_{cb}\psi_{ci} - \sum_c T_{ic}\psi_{cb} \Big)(\epsilon_b)$$
$$= \sum_j \Big(\mathrm{d} T_{ij} - \sum_k T_{kj}\omega_{ik} - \sum_k T_{ik}\omega_{jk} \Big)(\epsilon_j) + \sum_{\lambda,\mu} T_{i\mu} L_{\lambda\lambda\mu}$$
$$= \sum_j T_{ij|j} + \sum_{\lambda,\mu} T_{i\mu} L_{\lambda\lambda\mu},$$

所以 (ii) 也真. □

设 $\phi : (M, F) \to (N, h)$ 是从芬斯勒流形 (M, F) 到黎曼流形 (N, h) 的光滑映射. ϕ 的**能量密度**是函数 $e(\phi) : SM \to \mathbb{R}^+ \cup \{0\}$, 具体定义为

$$e(\phi)(x, [y]) = \frac{1}{2}\sum_j h(\phi_* e_j, \phi_* e_j), \tag{9.3}$$

其中 $\{e_i\}$ 是关于 F 的基本张量 g 在 $(x, [y])$ 的标准正交基.

设 Ω 是 M 的紧致区域, 我们利用 SM 上的体积元 Π 定义 $\phi : (\Omega, F) \to (N, h)$ 的**能量**如下:

$$E(\phi, \Omega) = \frac{1}{c} \int_{S\Omega} e(\phi) \Pi,$$

这里 $c := \operatorname{Vol}(S^{m-1})$ 为 $m-1$ 维标准球面的体积, $S\Omega$ 为 Ω 的射影球丛. 在 M 紧致的情形, 我们简记 $E(\phi) = E(\phi, M)$.

注 当 M 是紧致黎曼流形时, 利用引理 9.1.1 可知上述能量的概念正是我们熟知的能量的概念.

设 $\phi : (M, F) \to (N, h)$. 若 ϕ 限制到 M 的每一个紧致区域上的能量均取到极值, 则称 ϕ 是**调和映射**.

§9.2 第一变分

设 (M, F) 是一个光滑芬斯勒流形具有基本张量 g. 设 (N, h) 是一个黎曼流形. 设 $\phi : (M, F) \to (N, h)$ 为一个光滑映射. 记

$$h = \sum_\alpha (\theta_\alpha)^2 \in \Gamma(\odot^2 T^* N), \quad 1 \leq \alpha, \beta, \gamma, \cdots \leq n, \tag{9.4}$$

其中 θ_α 是 (N,h) 的局部标准正交余标架场. 将 (N,h) 的第一结构方程表为

$$d\theta_\alpha = \sum_\beta \theta_\beta \wedge \theta_{\beta\alpha}, \quad \theta_{\alpha\beta} + \theta_{\beta\alpha} = 0. \tag{9.5}$$

设 v 是沿着 ϕ 的向量场, 它确定了一个变分 ϕ_t, 具体定义为

$$\phi_t(x) = \exp_{\phi(x)}[tv(x)],$$

这里 $t \in I := (-\varepsilon, \varepsilon)$ 对某一个 $\varepsilon > 0$. 注意

$$\phi_t^*\theta_\alpha \in \Gamma(T^*M) \subset \Gamma(p^*T^*M).$$

令

$$\phi_t^*\theta_\alpha = \sum_i a_{\alpha i}\omega_i, \tag{9.6}$$

其中 $a_{\alpha i} = a_{\alpha i}(t)$. 于是

$$\phi_t^*h = \phi_t^*\left(\sum_\alpha \theta_\alpha^2\right)$$

$$= \sum_\alpha [\phi_t^*\theta_\alpha]^2 = \sum_{\alpha,i,j} a_{\alpha i}a_{\alpha j}\omega_i\omega_j. \tag{9.7}$$

由于 $\{e_i\}$ 是 $\{\omega_i\}$ 的对偶标架场, 利用 (9.3) 和 (9.7) 式可得

$$2e(\phi_t) = \sum_i \left(\sum_{\alpha,j,k} a_{\alpha j}a_{\alpha k}\omega_j\omega_k\right)(e_i, e_i) = \sum_{\alpha,i} a_{\alpha i}^2.$$

若 v 具有紧致支柱 $\Omega \subset M$, 则

$$c \cdot \frac{d}{dt}E(\phi_t, \Omega)\Big|_{t=0} = \int_{SM} \sum_{\alpha,i} a_{\alpha i}\frac{\partial a_{\alpha i}}{\partial t}\Big|_{t=0} \Pi. \tag{9.8}$$

定义映射 $\Phi: M \times I \to N$, 具体而言, Φ 满足

$$(x,t) \overset{\Phi}{\longmapsto} \phi_t(x).$$

易见

$$\Phi^*\theta_\alpha \equiv \phi_t^*\theta_\alpha, \quad \Phi^*\theta_{\alpha\beta} \equiv \phi_t^*\theta_{\alpha\beta} \pmod{dt}.$$

令

$$\Phi^*\theta_\alpha = \phi_t^*\theta_\alpha + b_\alpha \mathrm{d}t, \tag{9.9}$$

$$\Phi^*\theta_{\alpha\beta} = \phi_t^*\theta_{\alpha\beta} + B_{\alpha\beta}\mathrm{d}t, \tag{9.10}$$

于是 $\sum b_\alpha v_\alpha|_{t=0} := b$ 即为形变向量场, 其中 $\{v_\alpha\}$ 是 $\{\theta_\alpha\}$ 的对偶标架场. 显然 $B_{\alpha\beta}$ 满足

$$B_{\alpha\beta} = -B_{\beta\alpha}. \tag{9.11}$$

利用 (9.5), (9.6), (9.9) 和 (9.10) 式可得

$$\begin{aligned}
\mathrm{d}(\Phi^*\theta_\alpha) &= \Phi^*(\mathrm{d}\theta_\alpha) \\
&= \Phi^*\left(\sum_\beta \theta_\beta \wedge \theta_{\beta\alpha}\right) \\
&= \sum_\beta \Phi^*\theta_\beta \wedge \Phi^*\theta_{\beta\alpha} \\
&= \sum_\beta \left(\sum_i a_{\beta i}\omega_i + b_\beta \mathrm{d}t\right) \wedge (\phi_t^*\theta_{\beta\alpha} + B_{\beta\alpha}\mathrm{d}t).
\end{aligned} \tag{9.12}$$

另一方面, (9.6) 与 (9.9) 式蕴含

$$\begin{aligned}
\mathrm{d}(\Phi^*\theta_\alpha) &= \mathrm{d}\Big[\sum_i a_{\alpha i}\omega_i + b_\alpha \mathrm{d}t\Big] \\
&= \sum_i (\mathrm{d}a_{\alpha i}) \wedge \omega_i + \sum_i a_{\alpha i}\mathrm{d}\omega_i + \mathrm{d}b_\alpha \wedge \mathrm{d}t \\
&= \sum_i \left(\mathrm{d}_{SM}a_{\alpha i} + \frac{\partial a_{\alpha i}}{\partial t}\mathrm{d}t\right) \wedge \omega_i + \sum_i a_{\alpha i}\mathrm{d}\omega_i + \mathrm{d}_{SM}b_\alpha \wedge \mathrm{d}t.
\end{aligned} \tag{9.13}$$

比较 (9.12) 和 (9.13) 式中 $\mathrm{d}t$ 的系数便有

$$\sum_i \frac{\partial a_{\alpha i}}{\partial t}\omega_i - \mathrm{d}_{SM}b_\alpha = \sum_\beta \left(b_\beta \phi_t^*\theta_{\beta\alpha} - \sum_i B_{\beta\alpha}a_{\beta i}\omega_i\right). \tag{9.14}$$

定义 $\{b_\alpha\}$ 的共变导数如下:

$$Db_\alpha := d_{SM}b_\alpha - \sum_\beta b_\beta \phi_t^* \theta_{\alpha\beta}$$

$$= \sum_i b_{\alpha|i}\omega_i + \sum_\lambda b_{\alpha;\lambda}\omega_{m\lambda}, \qquad (9.15)$$

将 (9.15) 代入 (9.14) 式可得

$$\frac{\partial a_{\alpha i}}{\partial t} = b_{\alpha|i} - \sum_\beta B_{\beta\alpha}a_{\beta i}, \quad b_{\alpha;\lambda} = 0. \qquad (9.16)$$

利用 (9.8), (9.11) 和 (9.16) 式便知

$$c \cdot \frac{d}{dt}E(\phi_t, \Omega)|_{t=0} = \int \sum_{\alpha,i} a_{\alpha i}(b_{\alpha|i} - \sum_\beta B_{\beta\alpha}a_{\beta i})\Pi$$

$$= \int \left(\sum_{\alpha,i} a_{\alpha i}b_{\alpha|i} - \sum_{\alpha,\beta,i} a_{\alpha i}B_{\beta\alpha}a_{\beta i}\right)\Pi$$

$$= \int \sum_i \left(\sum_\alpha a_{\alpha i}b_\alpha\right)_{|i} \Pi - \int \sum_{\alpha,i} a_{\alpha i|i}b_\alpha \Pi,$$

其中

$$a_{\alpha i|j} := \left[da_{\alpha i} - \sum_k a_{\alpha k}\omega_{ik} - \sum_\beta a_{\beta i}\phi^*\theta_{\alpha\beta}\right](e_j),$$

并且

$$\sum_i \left(\sum_\alpha a_{\alpha i}b_\alpha\right)\omega_i = \langle d\phi, b\rangle$$

是对偶芬斯勒丛 p^*T^*M 上的一个整体截面. 利用 (9.2) 式和引理 9.1.2 便有

$$c \cdot \frac{d}{dt}E(\phi_t, \Omega)|_{t=0} = \int_{SM} \text{div}\,\langle d\phi, b\rangle\Pi - \int_{SM} \langle\tau(\phi), b\rangle\Pi$$

$$= -\int_{SM} \langle\tau(\phi), b\rangle\Pi,$$

其中

$$\tau(\phi) := -\langle d\phi, \dot{\eta}\rangle + \text{tr}\nabla d\phi \in \Gamma((\phi \circ p)^*TN). \qquad (9.17)$$

上式中 η 是嘉当形式，$\nabla \mathrm{d}\phi$ 是 ϕ 的第二基本形式. 我们称 $\tau(\phi)$ 是 ϕ 的**张力场**. 由上面的讨论我们易得 [25]

定理 9.2.1 设 ϕ 是一个从芬斯勒流形 M 到黎曼流形 N 的光滑映射. 则 ϕ 是调和映射当且仅当 ϕ 具有消失的张力场.

调和映射的基本问题可如下表述: 设 $u_0: M \to N$ 是黎曼流形之间的映射, 那么 u_0 是否可以形变为一个具有极小能量的调和映射 $u: M \to N$? 设 M, N 均为紧致无边流形, N 的截面曲率是非正的, Eells 和 Sampson 已经对上述基本问题作出了肯定的回答.

现在考虑从芬斯勒流形 (M, F) 到黎曼流形 (N, h) 的光滑映射. Shen 和 Zhang 最近计算了这种映射之能量泛函的第二变分公式 [41]. 在 2000 年的全国芬斯勒几何工作营上, 陈省身先生猜想这种映射的基本存在性亦真. 近期我们已经证明了芬斯勒流形上调和映射的基本存在性结果. 确切地, 我们得到了下述定理.

定理 9.2.2[29] 设 (M, F) 是一个紧致芬斯勒流形，而 (N, h) 为具有非正截曲率的紧致黎曼流形. 那么任意一个映射 $\phi: (M, F) \to (N, h)$ 必同伦于一个在其同伦类中具有极小能量的调和映射.

下面我们用 M 的局部坐标 (x^i) 以及 N 上的局部坐标 (u^α) 表示张力场. 我们以 g_{ij} 表示 (M, F) 的基本张量的分量, $^M\Gamma^i_{jk}$ 为 (M, F) 上陈联络的克里斯托费尔符号. 把对应于 (N, h) 的相应量记为 $h_{\alpha\beta}$ 和 $^N\Gamma^\alpha_{\beta\gamma}$. 注意由于 (N, h) 是黎曼流形, 因而 $^N\Gamma^\alpha_{\beta\gamma}$ 正是 (N, h) 的黎曼联络的克里斯托费尔符号.

我们以 ∇ 表示 SM 上 p^*TM 和 p^*T^*M 的张量积截面关于陈联络的共变微分. 利用文献 [4] 的 (2.46) 和 (2.47a) 式便有

$$\nabla \frac{\partial}{\partial x^k} = {}^M\Gamma^i_{kl} \mathrm{d}x^l \otimes \frac{\partial}{\partial x^i},$$

其中

$$^M\Gamma^i_{kl} = g^{ij}\, {}^M\Gamma_{jkl}, \qquad (9.18)$$

$$^M\Gamma_{jkl} = \frac{1}{2}\left(\frac{\partial g_{jk}}{\partial x^l} - \frac{\partial g_{kl}}{\partial x^j} + \frac{\partial g_{lj}}{\partial x^k}\right) + \frac{1}{2}(M_{jkl} - M_{klj} + M_{ljk}), \quad (9.19)$$

$$M_{ijk} = -\frac{\partial g_{ij}}{\partial y^l}\frac{\partial G^l}{\partial y^k}, \quad (9.20)$$

而 G^l 表示 (M, F) 的测地系数 (参见定义 3.3.8). 由莱布尼兹法则, 可得 (参见文献 [6] 中第 41 页)

$$\nabla \mathrm{d}x^i = -{}^M\Gamma^i_{kl}\mathrm{d}x^k \otimes \mathrm{d}x^l. \quad (9.21)$$

设 $\phi: (M, F) \to (N, h)$ 为光滑映射. 局部地我们可记 $\phi = (\phi^\alpha)$, 这里 ϕ^α 为定义在 M 的开子集上的光滑函数. 以 ∇ 表示 $p^*T^*M \otimes (\phi \circ p)^*TN$ 上的共变微分. 则 (参见文献 [16])

$$\nabla_{\partial/\partial x^i}(\mathrm{d}\phi) = \nabla_{\partial/\partial x^i}\left(\phi^\alpha_j \mathrm{d}x^j \frac{\partial}{\partial u^\alpha}\right)$$
$$= \phi^\alpha_{ij}\mathrm{d}x^j \frac{\partial}{\partial u^\alpha} + \phi^\alpha_j \nabla^{p^*T^*M}_{\partial/\partial x^i}\mathrm{d}x^i \frac{\partial}{\partial u^\alpha}$$
$$+ \phi^\alpha_j \mathrm{d}x^j \nabla^{(\phi\circ p)^*TN}_{\partial/\partial x^i}\frac{\partial}{\partial u^\alpha},$$

其中

$$\phi^\alpha_i = \frac{\partial \phi^\alpha}{\partial x^i}, \quad \phi^\alpha_{ij} = \frac{\partial^2 \phi^\alpha}{\partial x^i \partial x^j}.$$

注意到

$$\nabla^{P^*T^*M}_{\partial/\partial x^i}\mathrm{d}x^j = -{}^M\Gamma^j_{ki}\mathrm{d}x^k,$$
$$\nabla^{P^*\phi^*TN}_{\partial/\partial x^i}\frac{\partial}{\partial u^\alpha} = \phi^\beta_i \,{}^N\Gamma^\gamma_{\alpha\beta}\frac{\partial}{\partial u^\gamma},$$

因而

$$\nabla_{\partial/\partial x^i}(\mathrm{d}\phi) = (\phi^\alpha_{ij} - {}^M\Gamma^k_{ij}\phi^\alpha_k + {}^N\Gamma^\alpha_{\beta\gamma}\phi^\beta_i \phi^\gamma_j)\mathrm{d}x^j \otimes \frac{\partial}{\partial u^\alpha}.$$

这里我们已利用了下述事实 (参见文献 [4])

$$^M\Gamma^k_{ij} = {}^M\Gamma^k_{ji},$$

因此第二基本形式 $\nabla \mathrm{d}\phi$ 的分量满足

$$(\nabla \mathrm{d}\phi)^\alpha_{ij} = \phi^\alpha_{ij} - {}^M\Gamma^k_{ij}\phi^\alpha_k + {}^N\Gamma^\alpha_{\beta\gamma}\phi^\beta_i\phi^\gamma_j.$$

下面考虑 M 的开集上的光滑函数 f. 记

$$f_j = \frac{\partial f}{\partial x^j}, \quad f_{ij} = \frac{\partial f_j}{\partial x^i},$$

$$\nabla_{\partial/\partial x^i}(\mathrm{d}f) = (\nabla \mathrm{d}f)_{ij}\mathrm{d}x^j,$$

则

$$\mathrm{d}f = f_j \mathrm{d}x^j,$$

$$(\nabla \mathrm{d}f)_{ij} = (\nabla \mathrm{d}f)\Big(\frac{\partial}{\partial x^i}, \frac{\partial}{\partial x^j}\Big) = f_{ij} - {}^M\Gamma^k_{ij}f_k.$$

现在关于 f, (9.17) 式可写为

$$\begin{aligned}\tau(f) &= -\langle \mathrm{d}f, \dot\eta\rangle + \mathrm{tr}\nabla \mathrm{d}f \\ &= g^{ij}[f_{ij} - {}^M\Gamma^k_{ij}f_k - \xi_i f_j],\end{aligned} \qquad (9.22)$$

其中

$$\xi_j = \dot\eta\Big(\frac{\partial}{\partial x^j}\Big). \qquad (9.23)$$

设 $\phi: (M, F) \to (N, h)$ 是一个光滑映射. 利用 (9.22) 式可得

$$\tau(\phi^\alpha) = g^{ij}[\phi^\alpha_{ij} - {}^M\Gamma^k_{ij}\phi^\alpha_k - \xi_i\phi^\alpha_j], \qquad (9.24)$$

于是 ϕ 的张力场为

$$\begin{aligned}\tau^\alpha_\phi &= \mathrm{d}u^\alpha(-\langle \mathrm{d}\phi, \dot\eta\rangle + \mathrm{tr}\nabla \mathrm{d}\phi) \\ &= g^{ij}[-\xi_i\phi^\alpha_j + \phi^\alpha_{ij} - {}^M\Gamma^k_{ij}\phi^\alpha_k + {}^N\Gamma^\alpha_{\beta\gamma}\phi^\beta_i\phi^\gamma_j] \\ &= \tau(\phi^\alpha) + g^{ij}\,{}^N\Gamma^\alpha_{\beta\gamma}\phi^\beta_i\phi^\gamma_j.\end{aligned} \qquad (9.25)$$

利用 (9.2), (9.18), (9.19) 和 (9.20) 式可得 (参见文献 [6] 的 (3.3.3) 式)

$$\xi_i = -y^j \frac{\partial {}^M\Gamma^k_{jk}}{\partial y^i},$$

$$^M\Gamma_{ki}^i = \left(\frac{\partial}{\partial x^k} - \frac{\partial G^i}{\partial y^k}\frac{\partial}{\partial y^i}\right)\log\sqrt{\det(g_{jl})}.$$

§9.3 复合性质

设 $\phi: (M, F) \to (N, h)$ 是一个光滑映射，设 θ_α 是 h 的标准正交余标架场. 记
$$\langle \theta_\alpha, \mathrm{d}\phi \rangle = \sum_i a_{\alpha i}\omega_i,$$
那么利用 (9.5) 式可知
$$\begin{aligned}
\mathrm{d}\left(\sum_i a_{\alpha i}\omega_i\right) &= \mathrm{d}(\phi^*\theta_\alpha) \\
&= \phi^*\mathrm{d}\theta_\alpha \\
&= \phi^*\left(\sum_\beta \theta_\beta \wedge \theta_{\beta\alpha}\right) \\
&= \sum_\beta \phi^*\theta_\beta \wedge \phi^*\theta_{\beta\alpha}.
\end{aligned} \tag{9.26}$$

把 (9.26) 式作为定义在射影球丛 SM 上的 2 形式，我们可知
$$\begin{aligned}
\mathrm{d}\left(\sum_i a_{\alpha i}\omega_i\right) &= \sum_i \mathrm{d}a_{\alpha i} \wedge \omega_i + \sum_i a_{\alpha i}\mathrm{d}\omega_i \\
&= \sum_i \mathrm{d}a_{\alpha i} \wedge \omega_i + \sum_{i,j} a_{\alpha i}\omega_j \wedge \omega_{ji} \\
&= \sum_{i,\beta} a_{\beta i}\omega_i \wedge \phi^*\theta_{\beta\alpha}.
\end{aligned} \tag{9.27}$$

定义
$$\begin{aligned}
\mathrm{D}a_{\alpha i} &:= \mathrm{d}a_{\alpha i} - \sum_j a_{\alpha j}\omega_{ij} + \sum_\beta a_{\beta i}\phi^*\theta_{\beta\alpha} \\
&:= \sum_j a_{\alpha i|j}\omega_j + \sum_\lambda a_{\alpha i;\lambda}\omega_{m\lambda},
\end{aligned} \tag{9.28}$$

那么 (9.26), (9.27) 与 (9.28) 式蕴含着

$$\sum_i \mathrm{D}a_{\alpha i} \wedge \omega_i = 0. \tag{9.29}$$

把 (9.28) 代入上式便有

命题 9.3.1 映射 $\phi: (M, F) \to (N, h)$ 的第二基本形式满足

$$a_{\alpha i|j} = a_{\alpha j|i}, \quad a_{\alpha i;\lambda} = 0.$$

ϕ 的第二基本形式可表为

$$\nabla \mathrm{d}\phi = \sum_{i,\alpha} (\mathrm{D}a_{\alpha i}) \omega_i v_\alpha,$$

这里 v_α 是 θ_α 的对偶标架. 易证 (9.29) 式等价于

$$(\nabla \mathrm{d}\phi)(e_i, e_j) = \nabla_{\phi_* e_i}(\phi_* e_j) - \phi_*(\nabla_{e_i} e_j),$$

其中 e_i 为 ω_i 的对偶标架，而最后的 ∇ 表示 SM 上关于陈联络的 p^*TM 和 p^*T^*M 之张量积截面上的共变微分. 结合 (9.29) 式便有

$$(\nabla \mathrm{d}\phi)(X, Y) = \nabla_{\phi_* X}(\phi_* Y) - \phi_*(\nabla_X Y) = (\nabla \mathrm{d}\phi)(Y, X), \tag{9.30}$$

其中 $X, Y \in \Gamma(p^*TM)$.

命题 9.3.2 设 (M, F) 是一个芬斯勒流形， (N, h) 和 (P, k) 是两个黎曼流形. 设 $\phi \in C(M, N), \psi \in C(N, P)$. 那么

$$\tau(\psi \circ \phi) = \mathrm{d}\psi \circ \tau(\phi) + \mathrm{tr} \nabla \mathrm{d}\psi(\mathrm{d}\phi, \mathrm{d}\phi). \tag{9.31}$$

证明 用 (9.30) 式可得

$$\begin{aligned}
\nabla \mathrm{d}(\psi \circ \phi)(X, Y) &= \nabla_{(\psi \circ \phi)_* X}[(\psi \circ \phi)_* Y] - (\psi \circ \phi)_*(\nabla_X Y) \\
&= \nabla_{(\psi \circ \phi)_* X}[(\psi \circ \phi)_* Y] - \psi_*(\nabla_{\phi_* X} \phi_* Y) \\
&\quad + \psi_*(\nabla_{\phi_* X} \phi_* Y) - (\psi \circ \phi)_*(\nabla_X Y) \\
&= (\nabla \mathrm{d}\psi)(\phi_* X, \phi_* Y) \\
&\quad + \psi_*[\nabla_{\phi_* X}(\phi_* Y) - \phi_*(\nabla_X Y)]
\end{aligned}$$

§9.3 复合性质   125

$$= \nabla \mathrm{d}\psi(\mathrm{d}\phi, \mathrm{d}\phi)(X,Y) + \mathrm{d}\psi \circ \nabla \mathrm{d}\phi(X,Y). \tag{9.32}$$

令 $\mathrm{d}\phi = \sum \xi_\alpha v_\alpha$, 这里 $\{v_\alpha\}$ 是 $\{\theta_\alpha\}$ 的对偶标架场, 则

$$\begin{aligned}
\mathrm{d}\psi(\langle \mathrm{d}\phi, \dot\eta \rangle) &= \mathrm{d}\psi\left(\left\langle \sum_\alpha \xi_\alpha v_\alpha, \dot\eta \right\rangle\right) \\
&= \sum_\alpha \mathrm{d}\psi(\langle \xi_\alpha, \dot\eta \rangle v_\alpha) \\
&= \sum_\alpha \langle \xi_\alpha, \dot\eta \rangle \mathrm{d}\psi(v_\alpha) \\
&= \sum_\alpha \langle \xi_\alpha \mathrm{d}\psi(v_\alpha), \dot\eta \rangle \\
&= \sum_\alpha \langle \mathrm{d}\psi(\xi_\alpha v_\alpha), \dot\eta \rangle = \langle \mathrm{d}\psi \circ \mathrm{d}\phi, \dot\eta \rangle.
\end{aligned}$$

对 (9.32) 式取迹, 利用 (9.17) 式和上式便有

$$\begin{aligned}
\tau(\psi \circ \phi) &= \mathrm{tr}\,\nabla \mathrm{d}(\psi \circ \phi) - \langle \mathrm{d}(\psi \circ \phi), \dot\eta \rangle \\
&= \mathrm{d}\psi \circ (\mathrm{tr}\,\nabla \mathrm{d}\phi) \\
&\quad + \mathrm{tr}\,\nabla \mathrm{d}\psi(\mathrm{d}\phi, \mathrm{d}\phi) - \mathrm{d}\psi(\langle \mathrm{d}\phi, \dot\eta \rangle) \\
&= \mathrm{d}\psi \circ \tau(\phi) + \mathrm{tr}\,\nabla \mathrm{d}\psi(\mathrm{d}\phi, \mathrm{d}\phi). \quad \square
\end{aligned}$$

设 $\phi:(M,F) \to (N,h)$ 是从芬斯勒流形 (M,F) 到黎曼流形 (N,h) 的光滑映射. 如果 ϕ 的第二基本形式消失, 则称 ϕ 为**全测地**的.

推论 9.3.3 设 (M,F) 是一个芬斯勒流形, (N,h) 和 (P,k) 是两个黎曼流形. 设 $\phi \in C(M,N), \psi \in C(N,P)$. 若 ϕ 是调和映射, ψ 是全测地映射, 那么 $\psi \circ \phi$ 是调和映射.

设 (M,F) 是一个芬斯勒流形, (N,h) 和 (P,k) 是两个黎曼流形, $\phi \in C(M,N)$. 设 N 通过 i 等距浸入在 P 中. (由于每一个黎曼流形都可以等距浸入到一个欧氏空间中, 故选取 P 为欧氏空间应

是不错的.) 此时 i 作为一个映射的第二基本形式恰为它作为子流形的包含映射的第二基本形式. 把 ϕ 和 i 的复合记为 $\Phi: M \to P$, 则在 SM 的每一点, $\tau(\phi)$ 为 $\tau(\Phi)$ 到 $(\phi \circ p)^*TN$ 上的正交射影. 确切地, $\tau(\Phi) = \tau(\phi) + \text{tr}\beta(\mathrm{d}\phi, \mathrm{d}\phi)$, 这里 β 是 i 的第二基本形式. 特别, 我们得到

命题 9.3.4 设 $\phi: (M, F) \to (N, h)$ 是一个光滑映射. 则 ϕ 为调和映射当且仅当 $\tau(\Phi)$ 是浸入 $i: N \to P$ 的法向量场, 其中 $\Phi = i \circ \phi$.

下述结果是 Takahashi 结果的自然推广.

命题 9.3.5 设 $i: S^n \to \mathbb{R}^{n+1}$ 为自然嵌入. 那么映射 $\phi: (M, F) \to (S^n, i^*(\mathrm{d}s^2_{\mathbb{R}^{n+1}}))$ 是调和映射的充要条件是

$$\tau(\Phi) = -2e(\phi)\Phi,$$

其中 $e(\phi)$ 表示 ϕ 的能量密度.

证明 由于 i 为等距浸入, 因而从命题 9.3.4 便有 ϕ 是调和映射当且仅当 $\tau(\Phi) = A\Phi$, 其中 $A: SM \to \mathbb{R}$. 注意到 i 是具有常平均曲率 1 的**全脐**等距浸入, 即, 其第二基本形式与黎曼度量成比例. 因此

$$\text{tr}\nabla \mathrm{d}i(\mathrm{d}\phi, \mathrm{d}\phi) = \text{tr}\,\phi^* hH = -2e(\phi)\Phi,$$

其中 H 表示 i 的平均曲率. 故 $A = -2e(\phi)$. □

设 k 是定义在 (M, F) 的一个开集 U 上的函数, 若对 SU 上的每一点, $\tau(k) \geqslant 0$, 则称 k 在 U 上是**次调和函数**.

定理 9.3.6 映射 $\phi: (M, F) \to (N, h)$ 是调和的当且仅当 ϕ 把凸函数的芽映为次调和函数的芽.

证明 设 k 是 N 的开子集 U 上的函数. 根据复合公式有

$$\tau(k \circ \phi) = \mathrm{d}k \circ \tau(\phi) + \text{tr}\nabla \mathrm{d}k(\mathrm{d}\phi, \mathrm{d}\phi).$$

若 ϕ 是调和映射, 则在 $S\phi^{-1}U$ 上必有 $\tau(k \circ \phi) \geqslant 0$. 因而 $k \circ \phi$ 是次调和函数. 反之, 若在 $(x_0, [y_0]) \in SM$, 有 $\tau(\phi)(x_0, [y_0]) = \omega \neq 0$, 注

意到 (N,h) 为黎曼流形,我们可以选取 $\phi(x_0)$ 附近的法坐标系 (v^α). 在该法坐标系中定义下述函数

$$k = b_\alpha v^\alpha + \sum_\alpha (v^\alpha)^2, \qquad (9.33)$$

其中 $\{b_\alpha\}$ 满足

$$\sum_\alpha b_\alpha w^\alpha < -4e(\phi)(x_0,[y_0]), \quad w^\alpha = \mathrm{d}v^\alpha(w),$$

$$\mathrm{Hess}\,(k)|_{\phi(x_0)} = 2h, \qquad (9.34)$$

则 k 是 $\phi(x_0)$ 附近的凸函数. 利用 (3.4) 和 (3.5) 式我们可得

$$\mathrm{d}k(\omega)|_{\phi(x_0)} = \sum_\alpha b_\alpha \omega^\alpha,$$

因而

$$\tau(k \circ \phi)(x_0,[y_0]) = \mathrm{d}k \circ \tau(\phi) + \mathrm{tr}\,\nabla \mathrm{d}k(\mathrm{d}\phi,\mathrm{d}\phi)$$
$$= \mathrm{d}k(\omega) + 4e(\phi) < 0,$$

即,$k \circ \phi$ 不是次调和的,矛盾. □

§9.4 应力-能量张量

设 $\phi : (M,F) \to (N,h)$ 是从芬斯勒流形 (M,F) 到黎曼流形 (N,h) 的光滑映射. ϕ 的**应力-能量张量** S_ϕ 定义为

$$S_\phi := e(\phi)g - \phi^* h,$$

其中 $e(\phi)$ 是 ϕ 的能量密度,g 是 F 的基本张量,而 $\phi^* h$ 是 h 的拉回,可作为 SM 上的张量. 若 $\sum_{i=1}^m (\mathrm{D}_{\epsilon_i} S_\phi)(\epsilon_i, Y) = 0$,对一切 $Y \in H_p$,我们称 S_ϕ 是**水平散度自由**的. 这里 $\{\epsilon_i\}$ 是水平空间

$$H_p := \{X \in T_p SM | \omega_{m\lambda}(X) = 0\}$$

的一组标准正交基.

ϕ 的应力-能量张量可表为

$$S_\phi = \sum_{i,j} S_{ij}\omega_i \otimes \omega_j,$$

故有

$$S_{ij} = e(\phi)\delta_{ij} - \sum_\alpha a_{\alpha i}a_{\alpha j}, \tag{9.35}$$

这样 S_ϕ 的水平散度便是

$$\begin{aligned}\operatorname{div} S_\phi &= \sum_{i,j} S_{ijj}\omega_i \\ &= \sum_i \left(\sum_j S_{ij|j} + \sum_{\lambda,\mu} S_{i\mu}L_{\lambda\lambda\mu}\right)\omega_i \\ &= \sum_i \left\{\sum_j \left[e(\phi)\delta_{ij} - \sum_{\alpha,j} a_{\alpha i}a_{\alpha j}\right]_{|j} \right. \\ &\quad \left. + \sum_\mu \left[e(\phi)\delta_{i\mu} - \sum_\alpha a_{\alpha i}a_{\alpha\mu}\right]L_{\lambda\lambda\mu}\right\}\omega_i \\ &= -\sum_i \left[\sum_{\alpha,j} a_{\alpha i}a_{\alpha j|j} + \sum_{\alpha,\lambda,\mu} a_{\alpha i}a_{\alpha\mu}L_{\lambda\lambda\mu}\right]\omega_i \\ &\quad + e(\phi)\sum_{\lambda,\mu} L_{\lambda\lambda\mu}\omega_\mu \\ &= -\langle\tau(\phi), \mathrm{d}\phi\rangle - e(\phi)\dot\eta, \end{aligned} \tag{9.36}$$

其中 $\dot\eta$ 是嘉当形式沿着希尔伯特形式的共变导数. 上述推导中我们用了 (9.2) 式和引理 9.1.2 中的 (ii). 回顾一下, 当 $\dot\eta = 0$ 时, 我们称 (M,F) 是弱 Landsberg 流形.

下述定理是 (9.36) 式的直接结果.

定理 9.4.1 设 $\phi : (M,F) \to (N,h)$ 是从芬斯勒流形到黎曼流形的非常值调和映射. 那么 S_ϕ 为水平散度自由之充要条件是 (M,F) 为弱 Landsberg 流形.

结合定理 4.3.4, 我们便有下述 Wood 型结果 (参见文献 [43] 的定理 2.9).

定理 9.4.2 设 $\phi:(M,F) \to (N,h)$ 为从芬斯勒流形到黎曼流形的浸没. 则以下任意两条件蕴含第三者:

(i) ϕ 是调和映射;

(ii) S_ϕ 是水平散度自由的;

(iii) $p: SM \to M$ 具有极小纤维.

下面我们运用应力-能量张量导出一些重要的积分公式.

引理 9.4.3 设 $\phi:(M,F) \to (N,h)$ 是一个光滑映射, Ψ 是对偶芬斯勒丛 p^*T^*M 上的光滑截面. 则

$$\mathrm{div}\,(e(\phi)\Psi) = \mathrm{div}\left(\sum_\alpha \langle \Psi, \phi^*\theta_\alpha\rangle \phi^*\theta_\alpha\right)$$
$$+ \langle \mathrm{div}_H S_\phi, \Psi\rangle + \langle S_\phi, \mathrm{D}\Psi\rangle, \qquad (9.37)$$

其中 div_H 表示水平散度.

证明 利用引理 9.1.2 我们有

$$\mathrm{div}\,(e(\phi)\Psi) = \sum_j e(\phi)_{|j}\Psi_j + e(\phi)\sum_j \Psi_{j|j} + e(\phi)\sum_{\lambda,\nu}\Psi_\nu L_{\lambda\lambda\nu}. \quad (9.38)$$

另一方面

$$\mathrm{div}\left(\sum_\alpha \langle \Psi, \phi^*\theta_\alpha\rangle \phi^*\theta_\alpha\right) = \mathrm{div}\left(\sum_{i,j,\alpha} \Psi_j a_{\alpha j} a_{\alpha i}\omega_i\right)$$

$$= \sum_{i,j,\alpha}(\Psi_j a_{\alpha j} a_{\alpha i})_{|i} + \sum_{j,\alpha,\lambda,\nu}\Psi_j a_{\alpha j}a_{\alpha\nu}L_{\lambda\lambda\nu}$$

$$= \sum_{i,j,\alpha}\Psi_{j|i}a_{\alpha j}a_{\alpha i} + \sum_{i,j,\alpha}\Psi_j a_{\alpha j|i}a_{\alpha i}$$

$$+ \sum_{i,j,\alpha}\Psi_j a_{\alpha j}a_{\alpha i|i} + \sum_{j,\alpha,\lambda,\nu}\Psi_j a_{\alpha j}a_{\alpha\nu}L_{\lambda\lambda\nu}$$

$$= \sum_{i,j,\alpha}\Psi_{i|j}a_{\alpha j}a_{\alpha i} + \sum_{i,j,\alpha}\Psi_j a_{\alpha i|j}a_{\alpha i}$$

$$+ \sum_{j,\alpha} \Psi_j a_{\alpha j} \tau_\alpha(\phi). \tag{9.39}$$

记

$$\begin{aligned}\langle S_\phi, \mathrm{D}\Psi\rangle_{p^*T^*M} &:= \sum_{i,j} S_{ij}\,\Psi_{i|j} \\ &= \sum_{i,j}\left(e(\phi)\delta_{ij} - \sum_\alpha a_{\alpha i}a_{\alpha j}\right)\Psi_{i|j} \\ &= e(\phi)\sum_j \Psi_{j|j} - \sum_{i,j,\alpha}\Phi_{i|j}a_{\alpha j}a_{\alpha i}\end{aligned} \tag{9.40}$$

从 (9.38), (9.39), (9.40) 式直接可得 (9.37) 式. □

积分 (9.37) 式两边, 利用格林定理便知下面的定理.

定理 9.4.4 如果 Ψ 的支柱 $\mathrm{supp}\,\Psi$ 是紧致的, 那么

$$\int_{SM}\langle\mathrm{div}_H S_\phi, \Psi\rangle\Pi + \int_{SM}\langle S_\phi, \mathrm{D}\Psi\rangle\Pi = 0.$$

用 $\mathcal{L}(\Phi,\Psi)$ 表示 SM 上两个张量 Φ 和 Ψ 之间的夹角. 利用定理 9.4.2 我们有

推论 9.4.5 设 $\phi:(M,F)\to(N,h)$ 是从闭芬斯勒流形出发的光滑映射. 则

$$\mathcal{L}(S_\phi, \mathrm{D}\,\mathrm{div}_H S_\phi) \geqslant \frac{\pi}{2};$$

进一步, 上述等式成立当且仅当 S_ϕ 是水平散度自由的. 特别, 如果 F 是弱 Landsberg 度量, 则上述等号成立等价于 ϕ 为调和映射.

§9.5 恒同映射的调和性

本节我们将按照测地系数导出从芬斯勒流形到黎曼流形的恒同映射的调和方程. 接着我们构造从非黎曼也非闵可夫斯基的 Berwald 流形到黎曼流形的调和映射.

§9.5 恒同映射的调和性

设 $I:(M,F)\to(M,h)$ 是从芬斯勒流形 (M,F) 到黎曼流形 (M,h) 的恒同映射. 类似于 §9.2, 我们记

$$I=(I^i):U(\subset M)\to\mathbb{R}^m,$$

这里局部地 $I^i(x^1,\cdots,x^m)=x^i$. 由此

$$I^i_j:=\frac{\partial I^i}{\partial x^j}=\delta^i_j,\quad I^i_{jk}=\frac{\partial^2 I^i}{\partial x^j\partial x^k}=0.$$

利用 (9.24) 和 (9.25) 式便有

$$\tau(I^k)=-g^{ij\,F}\Gamma^k_{ij}-g^{kj}\xi_j,$$

于是

$$\tau^k_I=g^{ij}(^h\Gamma^k_{ij}-{}^F\Gamma^k_{ij})-g^{kj}\xi_j. \tag{9.41}$$

我们将用 $^FG^i$ 和 $^hG^i$ 分别表示 (M,F) 和 (M,h) 的测地系数. 从文献 [6] 的 (3.8.3) 式知

$$\frac{1}{2}(^FG^i)_{y^jy^k}={}^F\Gamma^i_{jk}+\dot{H}^i_{jk},$$

这里 $\dot{H}^i_{jk}$ 是嘉当张量沿着希尔伯特形式的共变导数. 结合 (9.23) 式便有

$$g^{ij\,F}\Gamma^k_{ij}+g^{ki}\xi_i=g^{ij}\left[\frac{1}{2}(^FG^k)_{y^iy^j}-\dot{H}^k_{ij}\right]+g^{ki}\dot{H}_i$$

$$=\frac{1}{2}g^{ij}(^FG^k)_{y^iy^j}-\dot{H}^k+\dot{H}^k$$

$$=\frac{1}{2}g^{ij}(^FG^k)_{y^iy^j}. \tag{9.42}$$

类似地, 对于黎曼度量 h 可得

$$\frac{1}{2}(^hG^i)_{y^jy^k}={}^h\Gamma^i_{jk}. \tag{9.43}$$

将 (9.42) 和 (9.43) 式代入调和方程 (9.41) 便有

$$\tau^k_I=\frac{1}{2}g^{ij}(^hG^k-{}^FG^k)_{y^iy^j}. \tag{9.44}$$

这样我们得到下述命题.

命题 9.5.1 设 (M,h) 是一个黎曼流形. 那么对 M 上任何局部闵可夫斯基结构 F, 恒同映射

$$I:(M,F)\to(M,h)$$

为调和映射.

证明 由 (4.9) 式可知

$$^F G^i = \frac{1}{4}\sum_{i,k,l} g^{jl}\left(2\frac{\partial g_{il}}{\partial x^k}-\frac{\partial g_{ik}}{\partial x^l}\right)y^i y^k. \tag{9.45}$$

另一方面, 从局部闵可夫斯基结构的定义 (参见定义 1.3.1)

$$g_{ij}(x,y)=g_{ij}(y). \tag{9.46}$$

现在由 (9.44), (9.45), (9.46) 式易得 $\tau_I^k=0$. □

回顾芬斯勒流形 (M,F), 若它具有消失的闵可夫斯基曲率, 则称之为 Berwald 流形; 芬斯勒度量 F 若有形式 $F=\alpha+\beta$, 则称之为 Randers 度量, 其中 α 为黎曼度量, $\beta:=b_i\mathrm{d}x^i$ 为 1 形式. 易证明一个 Randers 流形是 Berwald 流形当且仅当 $b_{i|j}=0$, 这里 $b_{i|j}$ 是 β 关于黎曼度量 α 的共变导数, 即 1 形式 β 关于 α 是平行的. 此时, Randers 度量和黎曼度量 α 具有相同的测地系数 (参见文献 [6] 的 (11.3.11) 式). 将该事实与 (9.44) 式结合就可得到下述命题.

命题 9.5.2 设 $(M,\alpha+\beta)$ 是一个 Randers 流形. 若 β 关于黎曼度量 α 是平行的, 则恒同映射

$$I:(M,\alpha+\beta)\to(M,\alpha)$$

为调和映射.

Antonelli, Ingarden 和 Matsumoto 用某种 Randers 度量构造了非黎曼也非闵可夫斯基的 Berwald 流形[3]. 因此上述命题便构造了从非黎曼也非闵可夫斯基的 Berwald 流形出发的调和映射的例子.

习 题 九

1. 证明引理 9.1.1.
2. 证明定理 9.2.2.
3. 推导公式 (9.21).
4. 设 $^M\Gamma_{ij}^k$ 是芬斯勒流形 (M,F) 上陈联络的克里斯托费尔符号，证明：$^M\Gamma_{ij}^k = {^M\Gamma_{ji}^k}$.
5. 设 η 是芬斯勒流形 (M,F) 的嘉当形式，$\xi_i = -\dot{\eta}\left(\dfrac{\partial}{\partial x^i}\right)$. 证明：

$$\xi_i = y^j \frac{\partial {^M\Gamma_{jk}^k}}{\partial y^i}, \quad {^M\Gamma_{ki}^i} = \left(\frac{\partial}{\partial x^k} - \frac{\partial G^i}{\partial y^k}\frac{\partial}{\partial y^i}\right)\ln\sqrt{\det\mathcal{G}}.$$

6. 设 $\phi:(M,g)\hookrightarrow(N,h)$ 为黎曼流形之间的等距浸入. 试证：ϕ 的第二基本形式恰好是子流形的第二基本形式.
7. 证明：$i:S^n\to\mathbb{R}^{n+1}$ 是具有常平均曲率 1 的全脐等距浸入.
8. 设 $F=\alpha+\beta$ 是微分流形 M 上的 Randers 度量. 证明：若 1 形式 β 关于 α 是平行的，则 F 与 α 具有相同的测地系数.

第十章　局部射影平坦和非局部射影平坦的芬斯勒度量

本章主要讨论局部射影平坦的芬斯勒度量的构造和分类. 同时我们也将讨论一些非局部射影平坦的芬斯勒度量的解析构造.

§10.1　迷向 S 曲率的局部射影平坦的 Randers 度量

在 §8.1 中, 我们确定了具有标量曲率和迷向 S 曲率的芬斯勒度量的旗曲率. 本节将利用这个结果分类具有迷向 S 曲率的局部射影平坦的 Randers 度量.

对于 Randers 度量 $\alpha+\beta$, 从定理 8.2.5 的证明易知: $\alpha+\beta$ 是局部射影平坦的当且仅当 α 具有常截曲率而 β 是闭形式. 首先我们给出下面的局部结果.

定理 10.1.1　设 (M, F) 是一个 n 维局部射影平坦的 Randers 流形. 记 $F := \alpha + \beta$, 用 μ 表示黎曼度量 α 的常曲率. 设 F 具有迷向 S 曲率, 即对某一个 M 上的函数 $c(x)$, $S = (n+1)c(x)F$. 则 F 必为如下之一:

(A) 若 $\mu + 4c(x)^2 \equiv 0$, 那么 $c(x) = $ 常数, $\kappa = -c^2$, 进一步

(A1) 当 $c = 0$ 时, F 是局部闵可夫斯基度量;

(A2) 当 $c \neq 0$ 时, 通过正规化, 即取 $\mu = -1$, F 局部等距于广义 Funk 度量 (参看例 4.4.3).

(B) 若 $\mu + 4c(x)^2 \neq 0$, 则

$$F(x,y) = \alpha(x,y) - \frac{2c_{x^k}(x)y^k}{\mu + 4c(x)^2}, \quad \kappa = 3(\dot{c} + c^2) + \mu,$$

进一步

(B1) 当 $\mu = -1$ 时,

$$\alpha(x,y) = \frac{\sqrt{|y|^2 - (|x|^2|y|^2 - \langle x,y\rangle^2)}}{1-|x|^2}, \quad (x,y) \in T\mathbb{B}^n,$$

$$c(x) = \frac{\lambda + \langle a,x\rangle}{2\sqrt{(\lambda + \langle a,x\rangle)^2 \pm (1-|x|^2)}}, \quad x \in \mathbb{B}^n,$$

其中 $\lambda \in \mathbb{R}, a \in \mathbb{R}^n, |a|^2 < \lambda^2 \pm 1$;

(B2) 当 $\mu = 0$ 时,

$$\alpha(x,y) = |y|, \quad (x,y) \in T\mathbb{R}^n,$$

$$c(x) = \frac{\pm 1}{2\sqrt{\lambda + 2\langle a,x\rangle + |x|^2}}, \quad x \in \mathbb{R}^n,$$

其中 $\lambda > 0, a \in \mathbb{R}^n, |a|^2 < \lambda$;

(B3) 当 $\mu = 1$ 时,

$$\alpha(x,y) = \frac{\sqrt{|y|^2 + (|x|^2|y|^2 - \langle x,y\rangle^2)}}{1+|x|^2}, \quad (x,y) \in T\mathbb{R}^n,$$

$$c(x) = \frac{\lambda + \langle a,x\rangle}{2\sqrt{1+|x|^2 - (\lambda + \langle a,x\rangle)^2}}, \quad x \in \mathbb{R}^n,$$

其中 $\lambda \in \mathbb{R}, a \in \mathbb{R}^n, |a|^2 < 1 - \lambda^2$.

证明大意:

记 $\alpha^2 = a_{ij}(x)y^iy^j$, $\beta = b_iy^i$. 由于 $F := \alpha + \beta$ 是局部射影平坦的芬斯勒度量,因此 F 必具有标量曲率 κ. 结合 α 具有常截曲率、$\mathrm{d}\beta = 0$ 的事实,我们有

$$\kappa F^2 = \mu\alpha^2 + 3\left(\frac{\Phi}{2F}\right)^2 - \frac{\Psi}{2F}, \tag{10.1}$$

其中

$$\Phi := b_{i|j}y^iy^j, \quad \Psi := b_{i|j|k}y^iy^jy^k,$$

而 $b_{i|j}$ 表示关于 α 的共变导数等 (参见命题 4.4.5). 注意到 F 的 S 曲率是迷向的, β 是闭的, 我们可得到

$$\Phi = 2c(\alpha^2 - \beta^2), \quad \Psi = (2\dot{c}F - 8c^2\beta)(\alpha^2 - \beta^2). \tag{10.2}$$

由定理 8.1.1 我们知道 F 的旗曲率 κ 满足

$$\kappa = 3\dot{c} + \sigma(x), \tag{10.3}$$

把 (10.2) 式代入 (10.1) 式, 结合 (10.3) 式便有

$$\kappa = 3(\dot{c} + c^2) + \mu, \tag{10.4}$$

$$2c_{x^i}y^i + (\mu + 4c^2)\beta = 0. \tag{10.5}$$

情形 1 $\mu + 4c^2 = 0$. 此时 c 为常数, 于是 $\kappa = -c^2$ 是非正常数. 这说明 F 为常曲率局部射影平坦的 Randers 度量. 从沈忠民 (文献 [37]) 的分类可见 F 具有 (A1) 和 (A2) 的分类.

情形 2 $\mu + 4c^2 \neq 0$. 由 (10.5) 式我们有

$$\beta = -\frac{2c_{x^i}y^i}{\mu + 4c^2}, \tag{10.6}$$

令 $\mathrm{d}\beta = 0$, 并结合 $S = (n+1)c(x)F$ 可得到

$$b_{i|j} = 2c(x)(a_{ij} - b_ib_j). \tag{10.7}$$

由 (10.6) 和 (10.7) 式直接计算便有

$$c_{i|j} = -c(\mu + 4c^2)a_{ij} + \frac{12cc_{x^i}c_{x^j}}{\mu + 4c^2}. \tag{10.8}$$

最后分别对 $\mu = -1, 0, 1$ 求解 (10.8) 式可得 $c(x)$ 的解析式, 再代入 (10.6) 式便得 β. □

若我们设流形是紧致无边的, 则标量函数可取到更特殊的值.

定理 10.1.2 设 $F = \alpha + \beta$ 是 n 维紧致无边流形 M 上的局部射影平坦 Randers 度量. 以 μ 表示 α 的常截曲率. 设 F 的 S 曲率满足 $S = (n+1)c(x)F$.

(i) 若 $\mu = -1$, 则 $F = \alpha$ 为黎曼度量;

(ii) 若 $\mu = 0$, 则 F 为局部闵可夫斯基度量;

(iii) 若 $\mu = 1$, 则

$$F(x,y) = \alpha(x,y) - \frac{f_{x^i} y^i}{\sqrt{1-f^2}}, \tag{10.9}$$

其中 f 是 (M, α) 对应于特征值 n 的特征函数.

下面的引理是一个直接计算的结果.

引理 10.1.3 若在 M 的一个开子集 U 上, 我们有 $\mu + 4c(x)^2 \neq 0$, 那么

$$\Delta_\alpha f = \begin{cases} -n\mu f, & \mu \neq 0, \\ 8n, & \mu = 0, \end{cases} \tag{10.10}$$

其中

$$f(x) := \begin{cases} \dfrac{2c(x)}{\sqrt{\pm[\mu + 4c(x)^2]}}, & \mu \neq 0, \\ \dfrac{1}{c(x)^2}, & \mu = 0. \end{cases} \tag{10.11}$$

定理 10.1.2 的证明 按下面的三种情形进行证明.

情形 1 $\mu = -1$. 先考虑 $1 - 4c(x)^2$ 在 M 上处处非零. 由 (10.10) 式我们有

$$\begin{aligned} 0 &\leqslant \int_M |\nabla f|^2 \mathrm{d}V_\alpha \\ &= \frac{1}{2} \int_M \Delta(f^2) \mathrm{d}V_\alpha - \int_M f \Delta f \mathrm{d}V_\alpha \\ &= -n \int_M f^2 \mathrm{d}V_\alpha \leqslant 0. \end{aligned}$$

上式意味着 $\int_M f^2 \mathrm{d}V_\alpha = 0$. 因而 f 在 M 上处处为零. 结合 (10.11) 式有 $c \equiv 0$. (10.6) 式蕴含着 $\beta = 0$. 故 $F = \alpha$. 其次考虑对于某一点 $x_0 \in M, 1 - 4c(x_0)^2 = 0$. 设 $i : \tilde{M} \to M$ 是 M 的通用覆盖的投影. 注意到 (M, α) 有常截曲率 -1. 故 $(\tilde{M}, \alpha)$ 等距于

§10.1 迷向 S 曲率的局部射影平坦的 Randers 度量　139

$$\left(\mathbb{B}^n, \frac{\sqrt{|y|^2 - (|x|^2|y|^2 - \langle x,y\rangle^2)}}{1-|x|^2}\right).$$

可设在上述等距下 x_0 对应 $\mathbb{B}^n$ 的原点. 令 $\tilde{F} := F \circ i_*$(参见 (2.7) 式), 即

$$\tilde{F}(\tilde{x},\tilde{y}) = (F \circ i_*)(\tilde{x},\tilde{y}) = F(i(\tilde{x}), (\mathrm{d}i)_{\tilde{x}}(\tilde{y})),$$

这样 $\tilde{F}$ 是 $\tilde{M} = \mathbb{B}^n$ 上的完备 Randers 度量. 令 $\tilde{c} = c \circ i$, 此时 $\tilde{F} = \tilde{\alpha} + \tilde{\beta}$, 其中 $\tilde{\beta} = -\dfrac{2\tilde{c}_{\tilde{x}^i}\tilde{y}^i}{-1+4\tilde{c}^2}$, 而

$$\tilde{c}(\tilde{x}) = \frac{\lambda + \langle a,\tilde{x}\rangle}{2\sqrt{(\lambda + \langle a,\tilde{x}\rangle)^2 \pm (1-|x|^2)}}.$$

注意到 $\tilde{M}$ 是 M 的覆盖空间, 因此对任意 $x \in M$, 存在 $\tilde{x} \in \tilde{M}$, 使得 $i(\tilde{x}) = x$,

$$1 - 4c(x)^2 = 1 - 4c(i(\tilde{x})) = 1 - 4\tilde{c}(\tilde{x})^2 \neq 0.$$

因此归结为已讨论的情形. 最后, 若 $1 - 4c(x)^2 \equiv 0$, 此时 (M,F) 的通用覆盖 $(\tilde{M},\tilde{F})$ 是广义 Funk 流形, 故 $\tilde{F}$ 的旗曲率 $\tilde{\kappa} = -1/4$. 而 $\tilde{\kappa}$ 正是 F 旗曲率 κ 的提升, 这样 $\kappa = -1/4$. 由 Akbar-Zadeh 的刚性定理便知, F 必为黎曼度量, 故 F 有零 S 曲率, 这样 $c(x) \equiv 0$, 矛盾.

情形 2　$\mu = 0$. 如果存在 $x_0 \in M$, 使得 $c(x_0) \neq 0$, 类似前面的讨论, (M,F) 的通用覆盖 $(\tilde{M},\tilde{F})$ 恰为定理 10.1.1 中的 (B2). 因而

$$c(x) = c(i(\tilde{x})) = \tilde{c}(\tilde{x}) \neq 0, \quad \forall x \in M.$$

利用 (10.10) 和 (10.11) 式便知

$$0 = \int_M \Delta f \mathrm{d}V_\alpha = \int_M 8n \mathrm{d}V_\alpha = 8n\,\mathrm{Vol}\,(M,\alpha),$$

矛盾. 这样 $c(x) \equiv 0$, 因而 (M,F) 必为定理 10.1.1 中的 (A1).

情形 3　$\mu = 1$. 此时 $\mu + 4c(x)^2 = 1 + 4c(x)^2 \neq 0$. 根据引理 10.1.3 有

$$\Delta_\alpha f = -nf, \qquad (10.12)$$

其中 $f(x) := \dfrac{2c(x)}{\sqrt{1+4c(x)^2}}$. 由 (10.12) 式可知 f 正是黎曼流形 (M,α) 对应于特征值 n 的特征函数. 此时

$$c(x) = \frac{f(x)}{2\sqrt{1-f(x)^2}}, \quad \beta = -\frac{f_{x^i}y^i}{\sqrt{1-f(x)^2}}. \qquad \square$$

§10.2 非局部射影平坦的 Randers 度量

在例 4.4.4 中我们构造了大量的具有迷向 S 曲率的 Randers 度量 (参考命题 4.4.6). 本节的主要目的是要证明这些度量中绝大部分是非局部射影平坦的. 因此先要证明下述引理.

引理 10.2.1 令

$$\omega := 1 + \zeta|x|^2, \quad \varrho^2 := \varepsilon\zeta + \kappa^2, \quad c := \frac{\kappa}{2(\varepsilon + \varrho^2|x|^2)}, \qquad (10.13)$$

其中 $x \in \Omega$ (参考 (4.15) 式), ζ, κ 为任意常数, ε 为任意正常数. 那么

(i) $\zeta + 2c\kappa = \dfrac{2\omega c \varrho^2}{\kappa}$;

(ii) $\dfrac{2\kappa\zeta^2 c}{\omega}|x|^2 + \dfrac{2\zeta c \varrho^2}{\kappa} = 2\kappa\zeta c + \dfrac{\zeta^2}{\omega}$.

证明 把 c 的表达式代入 (i) 的左边, 直接计算可得

$$\zeta + 2c\kappa = \zeta + 2\kappa \frac{\kappa}{2(\varepsilon + \varrho^2|x|^2)}$$

$$= \frac{\zeta(\varepsilon + \varrho^2|x|^2) + \kappa^2}{\varepsilon + \varrho^2|x|^2}$$

$$= \frac{2c}{\kappa}[\varepsilon\zeta + \varrho^2\zeta|x|^2 + \kappa^2]$$

$$= \frac{2c}{\kappa}[\varrho^2 + \varrho^2\zeta|x|^2]$$

$$= \frac{2c\varrho^2}{\kappa}(1 + \zeta|x|^2) = \frac{2c\varrho^2\omega}{\kappa},$$

故得 (i). 而结论 (ii) 成立是因为

$$\frac{2\kappa\zeta^2 c}{\omega}|x|^2 - 2\kappa\zeta c - \frac{\zeta^2}{\omega}$$

$$= \frac{1}{\omega}[2\kappa\zeta^2 c|x|^2 - 2\kappa\zeta c\omega - \zeta^2]$$

$$= \frac{1}{\omega}[2\kappa\zeta c(\zeta|x|^2 - \omega) - \zeta^2]$$

$$= \frac{1}{\omega}(-2\kappa c\zeta - \zeta^2)$$

$$= -\frac{\zeta}{\omega}(\zeta + 2c\kappa)$$

$$= -\frac{\zeta}{\omega}\frac{2\omega c\varrho^2}{\kappa} = -2\frac{\zeta\varrho^2 c}{\kappa}.$$

□

定理 10.2.2[28] 设 $F = \alpha + \beta : T\Omega \to [0, \infty)$ 是定义在例 4.4.4 中的 Randers 度量. 那么当 $\varepsilon\zeta + \kappa^2 \neq 0$ 时, F 是非局部射影平坦的.

证明 利用 (10.13) 式, (4.44) 式可以化为

$$\gamma^i{}_{jk} = \frac{2\varrho^2}{\kappa}\delta_{jk}x^i c(x) - \frac{\zeta}{\omega}(\delta^i{}_j x^k + \delta^i{}_k x^j). \tag{10.14}$$

直接计算可知

$$\frac{\partial c}{\partial x^i} = -\frac{4\varrho^2}{\kappa}x^i c^2. \tag{10.15}$$

结合 (4.41) 和 (10.14) 式我们有

$$\frac{\partial \gamma^i{}_{jk}}{\partial x^l} = \frac{2\varrho^2}{\kappa}\delta_{jk}\delta^i{}_l c - \frac{8\varrho^4}{\kappa^2}\delta_{jk}x^i x^l c^2 + \frac{2\zeta^2}{\omega^2}\delta^i{}_j x^l x^k$$

$$+ \frac{2\zeta^2}{\omega^2}\delta^i{}_k x^l x^j - \frac{\zeta}{\omega}\delta^j{}_i \delta^l{}_k - \frac{\zeta}{\omega}\delta^k{}_i \delta^l{}_j, \tag{10.16}$$

$$\gamma^i{}_{ks}\gamma^s{}_{jl} - \gamma^i{}_{ls}\gamma^s{}_{jk} = \frac{4\varrho^4 c^2 x^i}{\kappa^2}(\delta_{jl}x^k - \delta_{jk}x^l)$$

$$-2\frac{2\zeta\varrho^2|x|^2}{\kappa\omega}(\delta_{lj}\delta^i{}_k - \delta_{kj}\delta^i{}_l)$$

$$+\frac{\varrho^2 x^j}{\omega^2}(\delta^i{}_k x^l - \delta^i{}_l x^k). \tag{10.17}$$

利用 (10.16) 和 (10.17) 式直接计算，可得 α 的黎曼曲率

$$\bar{R}_j{}^i{}_{kl}(x) := \frac{\partial \gamma^i_{jl}}{\partial x^k} - \frac{\partial \gamma^i_{jk}}{\partial x^l} + \gamma^i{}_{ks}\gamma^s{}_{jl} - \gamma^i{}_{ls}\gamma^s{}_{jk}$$

$$= \frac{1}{\omega}\left(\frac{2\varrho^2 c}{\kappa} + \zeta\right)(\delta^i{}_k \delta_{jl} - \delta^i{}_l \delta_{jk})$$

$$- \frac{4\varrho^4 c^2 x^i}{\kappa^2}(\delta_{jl}x^k - \delta_{jk}x^l)$$

$$+ \frac{\zeta^2 x^j}{\omega^2}(\delta^i{}_l x^k - \delta^i{}_k x^l), \tag{10.18}$$

因而

$$\bar{R}_{jl} := \sum_i \bar{R}_j{}^i{}_{il}(x)$$

$$= \left[\frac{2(n-1)\varrho^2 c}{\omega\kappa} + \frac{(n-1)\zeta}{\omega} - \frac{4\varrho^4 c^2 |x|^2}{\kappa^2}\right]\delta_{jl}$$

$$+ \left[\frac{4\varrho^4 c^2}{\kappa^2} - \frac{(n-1)\zeta^2}{\omega^2}\right]x^j x^l. \tag{10.19}$$

结合 (4.39) 式便有

$$\frac{\varepsilon\bar{R}}{n-1} = \frac{2n\varrho^2 c}{\kappa} + n\zeta - \frac{4\varrho^4 c^2 \omega |x|^2}{\kappa^2} - 4\varrho^2 c^2 |x|^2$$

$$- 2\kappa\zeta c|x|^2 - \frac{\zeta^2}{\omega}|x|^2 + \frac{2\kappa\zeta^2 c}{\omega}|x|^4, \tag{10.20}$$

其中 $\bar{R} := a^{ij}\bar{R}_{ij}$ 表示 α 的数量曲率. 把引理 10.2.1 的 (ii) 代入 (10.20) 式便有

$$\frac{\varepsilon\bar{R}}{n-1} = \frac{2nc\varrho^2}{\kappa} + n\zeta - \frac{4\varrho^4 c^2 \omega |x|^2}{\kappa^2} - 4\varrho^2 c^2 |x|^2 - \frac{2\zeta\varrho^2 c}{\kappa}|x|^2. \tag{10.21}$$

利用引理 10.2.1 的 (i) 可得

$$\frac{4\varrho^4 c^2 \omega |x|^2}{\kappa^2} + 4\varrho^2 c^2 |x|^2 + \frac{2\zeta \varrho^2 c}{\kappa}|x|^2 = \frac{8\varrho^4 c^2 \omega |x|^2}{\kappa^2},$$

代入 (10.21) 式可知

$$\frac{\varepsilon \bar{R}}{n-1} = n\zeta + \frac{2nc\varrho^2}{\kappa} - \frac{8\varrho^4 c^2 \omega |x|^2}{\kappa^2}. \qquad (10.22)$$

结合 (10.13) 式我们有

$$\frac{\bar{R}}{n(n-1)} = \frac{\zeta}{\varepsilon} + \frac{\varrho^2}{\varepsilon(\varepsilon + \varrho^2|x|^2)} - \frac{2\varrho^4 |x|^2 \omega}{n\varepsilon(\varepsilon + \varrho^2|x|^2)^2}, \qquad (10.23)$$

将 (10.13) 式的最后一式代入引理 10.2.1 的 (i) 有

$$\frac{\varrho^2 \omega}{\varepsilon + \varrho^2|x|^2} = \zeta + \frac{\kappa^2}{\varepsilon + \varrho^2|x|^2},$$

代入 (10.23) 式便得

$$\bar{R} = (n-1)(n-2)\frac{\zeta}{\varepsilon} + \frac{(n-1)[2\varepsilon\zeta n + (n-2)(\kappa^2 + \varepsilon\zeta)]}{\varepsilon[\varepsilon + (\varepsilon\zeta + \kappa^2)|x|^2]}$$
$$+ \frac{2(n-1)\kappa^2}{[\varepsilon + (\varepsilon\zeta + \kappa^2)|x|^2]^2}.$$

上式表明在 $\varepsilon\zeta + \kappa^2 \neq 0$ 时 α 不具有常截曲率；又由命题 4.4.6 可知 β 是闭的, 故 $F := \alpha + \beta$ 不能是局部射影平坦的. □

§10.3 一些射影平坦的芬斯勒度量的构造

在本节中, 我们构造形如 $F = \alpha + \varepsilon\beta + \kappa\beta^2/\alpha$ 的射影平坦芬斯勒度量, 这里 ε 和 κ 为常数, 且 $\kappa \neq 0$. 特别地, 我们表明, 当 Randers 度量 $\bar{F} = \bar{\alpha} + \bar{\beta}$ 是射影平坦并具有迷向 S 曲率, 那么芬斯勒度量 $\tilde{F} := (\bar{\alpha} + \bar{\beta})^2/\bar{\alpha}$ 必共形等价于一个射影平坦芬斯勒度量.

10.3.1 射影平坦的 (α, β) 度量

设 α 是一个黎曼度量, β 是一个 1 形式, $\phi = \phi(s)$ 为原点 $s = 0$ 邻域中的正光滑函数. 记

$$F = \alpha\phi(s), \quad s = \frac{\beta}{\alpha}. \tag{10.24}$$

设 α 与 β 满足 $b := \|\beta\|_\alpha < b_0$. 那么 F 为芬斯勒度量当且仅当对 $|s| \leqslant b < b_0$, 有

$$\phi(s) > 0, \quad (\phi(s) - s\phi'(s)) + (b^2 - s^2)\phi''(s) > 0 \tag{10.25}$$

(参见文献 [39]). 一个形如 (10.24) 式的芬斯勒度量若满足 (10.25) 式和 $\|\beta\|_\alpha < b_0$, 则称之为 (α, β) **度量**.

显然 Randers 度量是特殊的 (α, β) 度量. 设 $F = \alpha\phi(\beta/\alpha)$ 为一个 (α, β) 度量, 其中 $\alpha = \sqrt{a_{ij}y^iy^j}, \beta = b_iy^i$. 作为 Randers 度量的记号的推广和补充, 我们引入

$$s_{ij} := \frac{1}{2}(b_{i|j} - b_{j|i}), \quad r_{ij} := \frac{1}{2}(b_{i|j} + b_{j|i}),$$
$$s_j := b^k s_{kj}, \qquad b := \sqrt{b^i b_i},$$

其中 $b_{i|j}$ 是 β 关于 α 的共变导数的系数. 此时 F 的测地系数 G^i 满足

$$G^i = G^i_\alpha + \alpha Q s^i_0 + \Psi(-2\alpha Q s_0 + r_{00})\left\{\chi\frac{y^i}{\alpha} + b^i\right\}, \tag{10.26}$$

其中

$$Q = \frac{\phi'}{\phi - s\phi'},$$

$$\chi = \frac{(\phi - s\phi')\phi'}{\phi\phi'} - s,$$

$$\Psi = \frac{1}{2}\frac{\phi''}{(\phi - s\phi') + (b^2 - s^2)\phi''}.$$

(参见文献 [39]). 现在我们考虑下述特殊函数

$$\phi = 1 + \varepsilon s + \kappa s^2,$$

其中 ε, κ 为常数且 $\kappa \neq 0$. 由 (10.25) 式可知, 对于满足 $\|\beta\|_\alpha < 1$ 的黎曼度量 α 和 1 形式 β, $F = \alpha + \varepsilon\beta + \kappa\beta^2/\alpha$ 为芬斯勒度量当且仅当 ε 和 κ 满足, 对 $|s| \leqslant b < 1$, 有

$$1 + \varepsilon s + \kappa s^2 > 0, \quad 1 + 2\kappa b^2 - 3\kappa s^2 > 0. \tag{10.27}$$

从现在开始, 我们总是假设 ε 和 κ 满足 (10.27) 式, 故

$$Q = \frac{\varepsilon + 2\kappa s}{1 - \kappa s^2}, \quad \Psi = \frac{\kappa}{1 + 2\kappa b^2 - 3\kappa s^2}, \quad \chi = \frac{\varepsilon - 3\kappa\varepsilon s^2 - 4\kappa s^3}{2\kappa(1 + \varepsilon s + \kappa s^2)}.$$

进一步, 我们设 β 是闭的, 即

$$s_0^i = 0, \quad s_0 = 0, \tag{10.28}$$

也设存在标量函数 $\tau = \tau(x)$, 使得

$$r_{00} = \tau\left\{\left(\frac{1}{\kappa} + 2b^2\right)\alpha^2 - 3\beta^2\right\}, \tag{10.29}$$

因此

$$\Psi r_{00} = \frac{\kappa\tau}{1 + 2\kappa b^2 - 3\kappa s^2}\left[\left(\frac{1}{k} + 2b^2\right)\alpha^2 - 3\beta^2\right]$$

$$= \frac{\kappa\tau}{1 + 2\kappa b^2 - 3\kappa\beta^2/\alpha^2}\frac{\alpha^2}{\kappa^2}\left[(1 + 2\kappa b^2) - 3\frac{\beta^2}{\alpha^2}\right] = \tau\alpha^2.$$

将上式代入 (10.26) 式可得

$$G^i = G_\alpha^i + \tau\{\alpha\chi y^i + \alpha^2 b^i\}. \tag{10.30}$$

若我们再增加条件

$$G_\alpha^i = \tau\{\theta y^i - \alpha^2 b^i\}, \tag{10.31}$$

其中 $\theta = p_i y^i$ 是一个局部 1 形式, 则

$$G^i = \tau(\alpha\chi + \theta)y^i.$$

此时, F 为射影平坦的. 于是得到下述引理.

引理 10.3.1 设 ε 和 κ 是满足 (10.27) 式的常数. 如果 α 和 β 满足 (10.28), (10.29) 和 (10.31) 式, 则 $F = \alpha + \varepsilon\beta + \kappa\beta^2/\alpha$ 是射影平坦的, 即 F 满足

$$F_{x^k y^i} y^k = F_{x^i}. \tag{10.32}$$

Matsumoto[19] 已证得当维数 $n \geqslant 3$ 时, 芬斯勒度量 $F = \alpha + \beta^2/\alpha$(满足 $b \neq 0$) 是 Douglas 度量等价于 β 是闭的且

$$r_{00} = \tau\{(1+2b^2)\alpha^2 - 3\beta^2\}.$$

我们猜想 $F = \alpha + \varepsilon\beta + \kappa\beta^2/\alpha$ 是 Douglas 度量等价于 (10.28) 和 (10.29) 式为真, 而 F 满足 (10.32) 式等价于 (10.28), (10.29) 和 (10.31) 式为真.

10.3.2 Randers 度量的形变

对标量函数 $f = f(x)$, 我们记

$$f_0 := \frac{\partial f}{\partial x^i}(x) y^i, \quad f_{00} = \frac{\partial^2 f}{\partial x^i \partial x^j} y^i y^j.$$

令

$$\Omega := \begin{cases} \mathbb{R}^n, & \text{当 } \mu \geqslant 0, \\ \mathbb{B}^n\left(\sqrt{-\frac{1}{\mu}}\right), & \text{当 } \mu < 0, \end{cases}$$

其中 $\mu \in \mathbb{R}$. 记

$$\bar{\alpha} = \frac{\sqrt{|y|^2 + \mu(|x|^2|y|^2 - \langle x, y \rangle^2)}}{1 + \mu|x|^2}, \tag{10.33}$$

其中 $(x, y) \in T\Omega$. 令 $\bar{\beta} = \frac{1}{2}\mathrm{d}\rho$, 这里 $\rho : \Omega \to \mathbb{R}$. 我们要寻找标量函数 $\lambda = \lambda(x) > 0$, $\sigma = \sigma(x)$, 使得对于 $\alpha := \lambda\bar{\alpha}$, $\beta = \frac{1}{2}\sigma_0$, 芬斯勒度量 $F = \alpha + \varepsilon\beta + \kappa\beta^2/\alpha$ 是射影平坦的.

记 $\alpha := \lambda\bar{\alpha}, \beta := \frac{1}{2}\sigma_0$, 其中 λ 和 σ 是标量函数, 则

$$b^2 := b_i b_j a^{ij}$$

§10.3 一些射影平坦的芬斯勒度量的构造

$$= \frac{1}{2}\frac{\partial \sigma}{\partial x^i}\frac{1}{2}\frac{\partial \sigma}{\partial x^j}\frac{1}{\lambda^2}\bar{a}^{ij}$$

$$= \frac{1}{4\lambda^2}\frac{\partial \sigma}{\partial x^i}\frac{\partial \sigma}{\partial x^j}\bar{a}^{ij} = \frac{1}{4\lambda^2}|\bar{\nabla}\sigma|^2. \tag{10.34}$$

直接计算可得

$$(\alpha^2)_{x^k} = 2\lambda\lambda_{x^k}\bar{\alpha}^2 + \lambda^2(\bar{\alpha}^2)_{x^k}, \quad (\alpha^2)_{x^k y^l} = \frac{4\lambda_{x^k}}{\lambda}a_{il}y^i + \lambda^2(\bar{\alpha}^2)_{x^k y^l},$$

于是可得

$$G_\alpha^i := \frac{1}{4}a^{il}[(\alpha^2)_{x^k y^l}y^k - (\alpha^2)_{x^l}]$$

$$= \frac{1}{4}a^{il}\left[\frac{4\lambda_{x^k}}{\lambda}a_{jl}y^j y^k + \lambda^2(\bar{\alpha}^2)_{x^k y^l}y^k - 2\lambda\lambda_{x^l}\bar{\alpha}^2 - \lambda^2(\bar{\alpha}^2)_{x^l}\right]$$

$$= \frac{\lambda_0}{\lambda}y^i + \bar{G}^i - \frac{1}{2}\bar{a}^{ij}\frac{\lambda_{x^j}}{\lambda}\bar{\alpha}^2. \tag{10.35}$$

令 $\bar{\alpha}^2 = \bar{a}_{ij}(x)y^i y^j$, $\omega = 1 + \mu|x|^2$, 由 (10.33) 式有

$$\bar{a}_{ij}(x) = \frac{\delta_{ij}}{\omega} - \mu\frac{x^i x^j}{\omega^2},$$

于是

$$\frac{\partial \bar{a}_{ij}}{\partial x^k} = -\mu\left(2\delta_{ij}x^k + \delta_{jk}x^i + \delta_{ik}x^j + \frac{4\mu}{\omega}x^i x^j x^k\right)\Big/\omega.$$

缩并可得

$$\frac{\partial \bar{a}_{ij}}{\partial x^k}y^i y^j y^k = -\frac{4\mu}{\omega}\langle x, y\rangle\bar{\alpha}^2.$$

这样 $\bar{\alpha}$ 的射影因子

$$P_{\bar{\alpha}} := \frac{\bar{\alpha}_{x^k}y^k}{\bar{\alpha}}$$

$$= \frac{1}{4}(\ln\bar{\alpha}^2)_{x^k}y^k$$

$$= \frac{1}{4\bar{\alpha}^2}\frac{\partial \bar{a}_{ij}}{\partial x^k}y^i y^j y^k = -\frac{\mu}{\omega}\langle x, y\rangle.$$

由于 $\bar{\alpha}$ 是局部射影平坦的，因而

$$G^i_{\bar{\alpha}} = P_{\bar{\alpha}} y^i = -\frac{\mu\langle x, y\rangle}{\omega} y^i,$$

代入 (10.35) 式便得

$$G^i_\alpha = \left\{-\frac{\mu\langle x, y\rangle}{1+\mu|x|^2} + \frac{\lambda_0}{\lambda}\right\} y^i - \frac{1}{2} a^{ij} \frac{\lambda_{x^j}}{\lambda} \alpha^2. \qquad (10.36)$$

结合 $b^i = \frac{1}{2} a^{ij} \sigma_{x^j}$ 可知 (10.31) 式等价于

$$\frac{\lambda_{x^i}}{\lambda} = \tau \sigma_{x^i}. \qquad (10.37)$$

利用 $b_i = \frac{1}{2} \frac{\partial \sigma}{\partial x^i}$ 我们有

$$r_{00} := \frac{1}{2}(b_{i|j} + b_{j|i}) y^i y^j$$

$$= b_{i|j} y^i y^j$$

$$= \left(\frac{\partial b_i}{\partial x^j} - b_k \Gamma^k_{ij}\right) y^i y^j$$

$$= \frac{1}{2} \frac{\partial^2 \sigma}{\partial x^i \partial x^j} y^i y^j - 2 b_k G^k_\alpha$$

$$= \frac{1}{2} \sigma_{00} - \frac{\partial \sigma}{\partial x^k} \left[\left(-\frac{\mu\langle x, y\rangle}{1+\mu|x|^2} + \frac{\lambda_0}{\lambda}\right) y^k - \frac{1}{2} \bar{a}^{kj} \frac{\lambda_{x^j}}{\lambda} \bar{\alpha}^2\right]$$

$$= \frac{1}{2} \sigma_{00} - \sigma_0 \left(-\frac{\mu\langle x, y\rangle}{1+\mu|x|^2} + \frac{\lambda_0}{\lambda}\right) + \frac{1}{2} \sigma_{x^k} \bar{a}^{kj} \frac{\lambda_{x^j}}{\lambda} \bar{\alpha}^2.$$

$$(10.38)$$

由 (10.34) 和 (10.37) 式有

$$\frac{\lambda_0}{\lambda} = \tau \sigma_0, \qquad (10.39)$$

$$\frac{1}{2} \sigma_{x^i} \bar{a}^{ij} \frac{\lambda_{x^j}}{\lambda} \bar{\alpha}^2 = \frac{\tau}{2} (\sigma_{x^i} \bar{a}^{ij} \sigma_{x^j}) \bar{\alpha}^2 = \frac{\tau}{2} |\bar{\nabla} \sigma|^2 \bar{\alpha}^2$$

$$= \frac{\tau}{2} b^2 \cdot 4 \lambda^2 \bar{\alpha}^2 = 2 \tau b^2 \alpha^2, \qquad (10.40)$$

将 (10.39) 和 (10.40) 代入 (10.38) 式便有

$$r_{00} = \frac{1}{2}\sigma_{00} - \sigma_0\left(-\frac{\mu\langle x,y\rangle}{1+\mu|x|^2} + \tau\sigma_0\right) + 2\tau b^2\alpha^2. \tag{10.41}$$

由上式可见，(10.29) 式等价于

$$\frac{1}{2}\sigma_{00} - \sigma_0\left(-\frac{\mu\langle x,y\rangle}{1+\mu|x|^2} + \tau\sigma_0\right) = \frac{\tau}{\kappa}\alpha^2 - 3\tau\beta^2, \tag{10.42}$$

注意到 $\beta = \frac{1}{2}\sigma_0$，因而上式可简化为

$$\sigma_{00} + \frac{2\mu\langle x,y\rangle}{1+\mu|x|^2}\sigma_0 = 2\tau\left(\frac{\lambda}{\kappa}\bar{\alpha}^2 + \frac{1}{4}\sigma_0^2\right). \tag{10.43}$$

结合引理 10.3.1，我们便有

引理 10.3.2 设 ε 和 κ 满足 (10.27) 式. $\bar{\alpha}$ 是 (10.33) 式给出的黎曼度量. 若存在标量函数 $\lambda = \lambda(x) > 0, \sigma = \sigma(x), \tau = \tau(x)$，使得 (10.37) 和 (10.43) 式成立，则对于 $\alpha := \lambda\bar{\alpha}$ 和 $\beta := \frac{1}{2}\sigma_0$，芬斯勒度量 $F = \alpha + \varepsilon\beta + \kappa\beta^2/\alpha$ 是射影平坦的.

令

$$\lambda = \lambda(h), \quad \sigma = \sigma(h),$$

其中 $h = h(x)$ 为标量函数，此时 λ 和 σ 实际上均为 x 的函数. 则

$$\lambda_{x^i} = \lambda' h_{x^i}, \quad \sigma_{x^i} = \sigma' h_{x^i}. \tag{10.44}$$

于是 (10.37) 式等价于

$$\tau = \frac{\lambda'}{\lambda\sigma'}. \tag{10.45}$$

此外，由 $\sigma = \sigma(h)$ 可知

$$\sigma_0 = \sigma' h_0, \quad \sigma_{00} = \sigma'' h_0^2 + \sigma' h_{00}, \tag{10.46}$$

连同上式一起代入 (10.43) 式，有

$$\frac{\sigma''}{\sigma'} h_0^2 + h_{00} + \frac{2\mu\langle x,y\rangle}{1+\mu|x|^2} h_0$$

$$= 2\frac{\lambda'}{\lambda\sigma'}\Big(\frac{\lambda^2}{\sigma'\kappa}\bar{\alpha}^2 + \frac{1}{4}\sigma' h_0^{\,2}\Big)$$

$$= \frac{(\lambda^2)'}{\kappa(\sigma')^2}\bar{\alpha}^2 + \frac{1}{2}\frac{\lambda'}{\lambda}h_0^{\,2},$$

故 (10.43) 式等价于

$$h_{00} + \frac{2\mu\langle x,y\rangle}{1+\mu|x|^2}h_0 = \frac{(\lambda^2)'}{\kappa(\sigma')^2}\bar{\alpha}^2 + \Big(\ln\frac{\sqrt{\lambda}}{|\sigma'|}\Big)' h_0^{\,2}. \tag{10.47}$$

结合引理 10.3.2 我们便得

引理 10.3.3 设 ε 和 κ 是满足 (10.27) 式的常数. 如果 $\lambda = \lambda(h) > 0$ 和 $\sigma = \sigma(h)$ 使得存在标量函数 $h = h(x)$ 满足 (10.47) 式. 则对于 $\alpha := \lambda\bar{\alpha}, \beta := \frac{1}{2}\sigma_0$, 芬斯勒度量 $F = \alpha + \varepsilon\beta + \kappa\beta^2/\alpha$ 是射影平坦的.

10.3.3 一般构造

定理 10.3.4 设

$$h := \frac{\eta|x|^2}{(1+\sqrt{1+\mu|x|^2})\sqrt{1+\mu|x|^2}} + \frac{d_1 + \langle a,x\rangle}{\sqrt{1+\mu|x|^2}},$$

其中 η 和 d_1 为常数. 设

$$\lambda := d_3 + 2\kappa\eta d_2 h - \kappa\mu d_2 h^2, \tag{10.48}$$

$$\sigma := \pm 2\int\sqrt{d_2\lambda}\,\mathrm{d}h, \tag{10.49}$$

其中 d_2, d_3 都是常数, $d_2 > 0$, $d_3 + 2\kappa\eta d_1 d_2 - \kappa\mu d_1^2 d_2 > 0$ 且在原点的开邻域上 $\lambda > 0$. 则对于 $\alpha := \lambda\bar{\alpha}, \beta := \frac{1}{2}\mathrm{d}\sigma$, 下述芬斯勒度量

$$F := \alpha + \varepsilon\beta + \kappa\beta^2/\alpha$$

在其定义域上射影平坦.

证明 我们用引理 10.3.3 证明此定理. 首先我们找标量函数 $h = h(x)$. 接着我们构造 $\lambda = \lambda(h)$ 和 $\sigma = \sigma(h)$ 使得 (10.47) 式成立.

§10.3 一些射影平坦的芬斯勒度量的构造

设 $\xi = \xi(x)$ 以及
$$h := \frac{\xi(x)}{\sqrt{1+\mu|x|^2}},$$

于是
$$h_0 = \frac{\xi_0}{\omega} - \frac{\xi\omega_0}{\omega^2}, \tag{10.50}$$

$$h_{00} = \frac{\xi_{00}}{\omega} - 2\frac{\xi_0\omega_0}{\omega^2} + \frac{2\xi\omega_0^2}{\omega^3} - \frac{\xi\omega_{00}}{\omega^2}, \tag{10.51}$$

其中
$$\omega := \sqrt{1+\mu|x|^2}.$$

直接计算可知
$$\omega_0 = \frac{\mu\langle x,y\rangle}{\omega}, \quad \omega_{00} = \mu\omega\bar{\alpha}^2, \tag{10.52}$$

这里 $\bar{\alpha}$ 是定义在 (10.33) 式中的黎曼度量.

由 (10.50), (10.51) 和 (10.52) 式我们可知

$$h_{00} + \frac{2\mu\langle x,y\rangle}{1+\mu|x|^2}h_0$$
$$= \frac{\xi_{00}}{\omega} - \frac{2\xi_0\omega_0}{\omega^2} + \frac{2\xi\omega_0^2}{\omega^3} - \frac{\xi\omega_{00}}{\omega^2} + \frac{2\omega_0}{\omega}\left(\frac{\xi_0}{\omega} - \xi\frac{\omega_0}{\omega^2}\right)$$
$$= \frac{\xi_{00}}{\sqrt{1+\mu|x|^2}} - \mu h\bar{\alpha}^2. \tag{10.53}$$

设 ξ 满足
$$\xi_{00} = \eta\sqrt{1+\mu|x|^2}\,\bar{\alpha}^2, \tag{10.54}$$

代入 (10.53) 式便有
$$h_{00} + \frac{2\mu\langle x,y\rangle}{1+\mu|x|^2}h_0 + (\mu h - \eta)\bar{\alpha}^2 = 0. \tag{10.55}$$

从 (10.54) 式中解出 ξ, 可得
$$\xi = d_1 + \langle a,x\rangle + \frac{\eta|x|^2}{1+\sqrt{1+\mu|x|^2}},$$

这里 η 和 d_1 是常数,而 $a \in \mathbb{R}^n$ 为常向量. 此时

$$h = \frac{d_1 + \langle a, x \rangle}{\sqrt{1+\mu|x|^2}} + \frac{\eta|x|^2}{(1+\sqrt{1+\mu|x|^2})\sqrt{1+\mu|x|^2}}. \quad (10.56)$$

如果 $\lambda = \lambda(h)$ 和 $\sigma = \sigma(h)$ 满足

$$\left(\ln \frac{\sqrt{\lambda}}{|\sigma'|}\right)' = 0, \quad (10.57)$$

$$\mu h - \eta + \frac{[\lambda^2]'}{\kappa(\sigma')^2} = 0, \quad (10.58)$$

那么结合 (10.55) 有 (10.47) 式. 解 (10.57) 式可得

$$\sigma' = \pm 2\sqrt{d_2 \lambda}, \quad (10.59)$$

这里 d_2 为正常数. 代入 (10.58) 式便有

$$2\kappa\mu d_2 h - 2\kappa\eta d_2 + \lambda' = 0,$$

再解之,可得

$$\lambda = d_3 + 2\kappa\eta d_2 h - \kappa\mu d_2 h^2.$$

将它代入 (10.59) 式便得 σ 的表达式

$$\sigma = \pm 2 \int \sqrt{d_2 \lambda} \, dh.$$

于是定理 10.3.4 得证. □

10.3.4 迷向 S 曲率

定理 10.3.5 设 $\bar{F} = \bar{\alpha} + \bar{\beta}$ 是 $\mathbb{R}^n$ 的开邻域上的一个 n 维具有迷向 S 曲率的射影平坦 Randers 度量. 则存在标量函数 $\lambda = \lambda(x) > 0$,使得对于 $\alpha := \lambda\bar{\alpha}$ 和 $\beta = \lambda\bar{\beta}$,如下形式的芬斯勒度量是射影平坦的:

$$F := \frac{(\alpha + \beta)^2}{\alpha}.$$

§10.3 一些射影平坦的芬斯勒度量的构造

证明 设 $\bar{F} = \bar{\alpha} + \bar{\beta}$ 是一个 n 维流形上的局部射影平坦度量. 其中 $\bar{\alpha}$ 为原点的开邻域上由 (10.33) 式给出的黎曼度量, 而 $\bar{\beta} = \frac{1}{2}\rho_0$, 其中 $\rho_0 = \frac{\partial \rho(x)}{\partial x^i} y^i$, $\rho = \rho(x)$ 是某个标量函数. 设 $\bar{F}$ 具有迷向 S 曲率, 即 $S = \frac{1}{2}(n+1)c\bar{F}$, 这里 $c = c(x)$ 为标量函数. 由定理 10.1.1, 我们有

$$\rho = \begin{cases} \ln \dfrac{(1 + \langle a, x \rangle)^2}{1 - |x|^2}, & \text{对 } \mu + 4c^2 = 0, \ \mu = -1, \\ 2(1 + \langle a, x \rangle), & \text{对 } \mu + 4c^2 = 0, \ \mu = 0, \\ -\int \dfrac{4}{\mu + 4c^2} dc, & \text{对 } \mu + 4c^2 \neq 0. \end{cases}$$

对 $\mu + 4c^2 \neq 0$. 首先可得到 $\bar{\alpha}$ 的联络系数

$$\bar{\Gamma}^k_{ij} = \frac{-\mu(x^i \delta^k{}_j + x^j \delta^k{}_i)}{\omega^2},$$

因此

$$c_{i|j} = c_{x^i x^j} - c_{x^k} \bar{\Gamma}^k_{ij}$$
$$= c_{x^i x^j} + \mu c_{x^k} \frac{x^i \delta^k{}_j + x^j \delta^k{}_i}{\omega^2},$$

这样

$$\sum_{i,j} c_{i|j} y^i y^j = c_{00} + 2\mu \frac{\langle x, y \rangle}{1 + \mu |x|^2}.$$

另一方面, 利用 (10.8) 式我们有

$$\sum_{i,j} c_{i|j} y^i y^j = -c(\mu + 4c^2)\bar{\alpha}^2 + \frac{12 c c_0^2}{\mu + 4c^2},$$

于是便知

$$c_{00} + \frac{2\mu \langle x, y \rangle}{1 + \mu |x|^2} c_0 = -c(\mu + 4c^2)\bar{\alpha}^2 + \frac{12 c c_0^2}{\mu + 4c^2}. \tag{10.60}$$

关于 (10.60) 式的一般解我们在下面将会给出.

令
$$\lambda := \begin{cases} (1+\langle a,x\rangle)^2/(1-|x|^2), & \text{对 } \mu+4c^2=0, \mu=-1, \\ 1, & \text{对 } \mu+4c^2=0, \mu=0, \\ 1/|16c^2\pm 4|, & \text{对 } \mu+4c^2\neq 0, \mu=\pm 1, \\ 4/c^2, & \text{对 } \mu+4c^2\neq 0, \mu=0. \end{cases}$$

我们来证明对于 $\alpha := \lambda\bar{\alpha}, \beta := \lambda\bar{\beta}$, 如下形式的芬斯勒度量是射影平坦的:

$$F = \frac{(\alpha+\beta)^2}{\alpha}. \tag{10.61}$$

(i) 设 $\mu+4c^2=0, \mu=0$. 设 $h=h(x)$ 是满足 $\kappa=1$ 和 $\mu=0$ 的由 (10.56) 式给出的函数, 即

$$h = d_1 + \langle a,x\rangle + \frac{\eta}{2}|x|^2.$$

令

$$\lambda = d_3 + 2\eta d_2 h, \quad \sigma = 2\int \sqrt{d_2\lambda}\,\mathrm{d}h,$$

那么 $\lambda=\lambda(h), \sigma=\sigma(h)$ 满足 $\kappa=1$ 和 $\mu=0$ 时的 (10.47) 式. 由引理 10.3.3, 对于 $\alpha := \lambda\bar{\alpha}$ 和 $\beta := \frac{1}{2}\sigma_0$, 芬斯勒度量 $F=(\alpha+\beta)^2/\alpha$ 是射影平坦的.

如果 $d_1=d_2=d_3=1, \eta=0$, 那么

$$h = 1 + \langle a,x\rangle,$$
$$\rho = 2(1+\langle a,x\rangle) = 2h = \sigma,$$
$$\lambda = 1,$$

于是

$$\beta = \frac{1}{2}\sigma_0 = \frac{1}{2}\rho_0 = \bar{\beta},$$

从而 $F=(\bar{\alpha}+\bar{\beta})^2/\bar{\alpha}$ 是一个闵可夫斯基度量.

考虑 $\mu + 4c^2 = 0, \mu = -1$. 不失一般性, 我们可设 $c = 1/2$. 设 $h = h(x)$ 是满足 $\kappa = 1$ 的由 (10.56) 式给出的函数, 即

$$h = \frac{d_1 + \langle a, x \rangle}{\sqrt{1-|x|^2}} + \frac{\eta |x|^2}{(1+\sqrt{1-|x|^2})\sqrt{1-|x|^2}}.$$

令

$$\lambda = d_0 + 2\eta d_2 h + d_2 h^2, \quad \sigma = \pm 2 \int \sqrt{d_2 \lambda} \, \mathrm{d}h,$$

那么 $\lambda = \lambda(h)$, $\sigma = \sigma(h)$ 和 $h = h(x)$ 满足 $\kappa = 1$ 和 $\mu = -1$ 时的 (10.47) 式. 由引理 10.3.3, 对于 $\alpha := \lambda \bar{\alpha}$ 和 $\beta := \frac{1}{2}\sigma_0$, 芬斯勒度量 $F = (\alpha + \beta)^2/\alpha$ 是射影平坦的.

特别, 若取 $d_1 = d_2 = 1, d_3 = \eta = 0$, 那么

$$h = \frac{1+\langle a, x\rangle}{\sqrt{1-|x|^2}}, \quad \rho = 2\ln h, \quad \lambda = h^2 = \sigma,$$

此时

$$\beta = \frac{1}{2}\sigma_0 = h h_0 = \lambda \frac{h_0}{h} = \frac{1}{2}\lambda \rho_0 = \lambda \bar{\beta},$$

于是

$$F = \frac{(\alpha+\beta)^2}{\alpha} = \lambda \frac{(\bar{\alpha}+\bar{\beta})^2}{\bar{\alpha}}. \tag{10.62}$$

(ii) 现在考虑 $\mu + 4c^2 \neq 0$. 此时存在常数 η 和函数 $f = f(c)$, 它们满足

$$\frac{\mu f - \eta}{f'} = c(\mu + 4c^2), \quad \frac{f''}{f'} + \frac{12c}{\mu + 4c^2} = 0. \tag{10.63}$$

事实上, 解方程 (10.63) 可得

$$f(c) = \begin{cases} \dfrac{c}{\sqrt{|\mu + 4c^2|}}, & \text{对 } \mu \neq 0 \text{ (取 } \eta = 0\text{)}, \\ -\dfrac{1}{2c^2}, & \text{对 } \mu = 0 \text{ (取 } \mu = -4\text{)}. \end{cases}$$

关于所取 η, 由 (10.56) 式有

$$h(x) = \begin{cases} \dfrac{d_1 + \langle a, x\rangle}{\sqrt{1+\mu |x|^2}}, & \text{对 } \mu \neq 0, \\ d_1 + \langle a, x\rangle - 2|x|^2, & \text{对 } \mu = 0. \end{cases} \tag{10.64}$$

利用 η, f 和 h, 我们得到 $c = c(x)$, 它满足 $f \circ c = h$. 下面我们验证 $c(x)$ 满足 (10.60) 式. 首先

$$h_0 = f'c_0, \quad h_{00} = f'c_{00} + f''c_0^2, \tag{10.65}$$

将 (10.63) 式的第二式代入上面第二式, 有

$$h_{00} = \left(c_{00} - \frac{12c}{\mu + 4c^2}c_0^2\right)f'. \tag{10.66}$$

由 (10.63) 的第一式可知

$$\mu h - \eta = c(\mu + 4c^2)f', \tag{10.67}$$

利用 (10.55), (10.65)—(10.67) 式便有

$$\begin{aligned}0 =& h_{00} + \frac{2\mu\langle x,y\rangle}{1+\mu|x|^2}h_0 + (\mu h - \eta)\bar{\alpha}^2 \\ =& f'\left(c_{00} + \frac{2\mu\langle x,y\rangle}{1+\mu|x|^2}c_0 + c(\mu+4c^2)\bar{\alpha}^2 - \frac{12cc_0^2}{\mu+4c^2}\right),\end{aligned}$$

因而我们便得 (10.60) 的一般解 $c = c(x)$. 令

$$\begin{aligned}\lambda &:= d_3 + 2\eta d_2 h - \mu d_2 d^2, \\ \sigma &:= \pm 2\int \sqrt{d_2\lambda}\,\mathrm{d}h,\end{aligned} \tag{10.68}$$

这里若 $\mu \neq 0$, 则 $\eta = 0$; 而 $\mu = 0, \eta = -4$. 那么 $\lambda = \lambda(h), \sigma = \sigma(h)$ 和 $h = h(x)$ 满足 $\kappa = 1$ 时的 (10.47) 式. 由引理 10.3.3, 对于 $\alpha := \lambda\bar{\alpha}$ 和 $\beta := \frac{1}{2}\sigma_0$, 芬斯勒度量 $F = (\alpha + \beta)^2/\alpha$ 是射影平坦的. 我们将 β 表达为

$$\beta = \frac{1}{2}\sigma_0 = \pm\sqrt{d_2\lambda}\,h_0 = \pm\sqrt{d_2\lambda}\,f'c_0, \tag{10.69}$$

注意到 $\rho = -\int \frac{4}{\mu+4c^2}\mathrm{d}c$, 故

$$\bar{\beta} = \frac{1}{2}\rho_0 = -\frac{2}{\mu+4c^2}c_0, \tag{10.70}$$

代入 (10.69) 式有 $\beta = \delta\bar{\beta}$，其中

$$\delta = \mp\frac{1}{2}(\mu + 4c^2)\sqrt{d_2\lambda}f'(c). \tag{10.71}$$

下面我们选取 d_3 和 σ 的符号，使得 $\delta = \lambda$. 把 (10.64) 式代入 (10.68) 式有

$$\lambda = \begin{cases} \dfrac{d_3|\mu + 4c^2| - d_2\mu c^2}{|\mu + 4c^2|}, & \text{对 } \mu \neq 0, \\ \dfrac{d_3c^2 + 4d_2}{c^2}, & \text{对 } \mu = 0. \end{cases}$$

结合 $f(c)$ 的表达式和 (10.69) 式便知

$$\delta = \mp \begin{cases} \dfrac{\mu\sqrt{d_2[d_3|\mu + 4c^2| + d_2\mu c^2]}}{2|\mu + 4c^2|}, & \text{对 } \mu \neq 0, \\ \dfrac{2\sqrt{d_2(d_3c^2 + 4d_2)}}{c|c|}, & \text{对 } \mu = 0. \end{cases}$$

取

$$d_3 = \begin{cases} \dfrac{d_2\mu}{4}\operatorname{sign}(\mu c^2), & \text{对 } \mu \neq 0, \\ 0, & \text{对 } \mu = 0, \end{cases}$$

那么

$$\lambda = \begin{cases} \dfrac{d_2\mu^2}{4|\mu + 4c^2|}, & \text{对 } \mu \neq 0, \\ \dfrac{4d_2}{c^2}, & \text{对 } \mu = 0; \end{cases}$$

$$\delta = \mp \begin{cases} \dfrac{d_2\mu|\mu|}{4|\mu + 4c^2|}, & \text{对 } \mu \neq 0, \\ \dfrac{4d_2}{c|c|}, & \text{对 } \mu = 0. \end{cases}$$

显然我们可选择 σ 的符号使得 $\delta = \lambda$. 定理证毕. □

习 题 十

1. 设 α 与 β 分别是微分流形 M 上的黎曼度量和 1 形式, $\alpha+\beta$

是 M 上的 Randers 度量. 证明: $\alpha + \beta$ 是局部射影平坦度量当且仅当 α 是局部射影平坦度量且 $d\beta = 0$.

2. 证明: 黎曼度量是局部射影平坦度量当且仅当它具有常截面曲率.

3. 证明: 芬斯勒流形具有标量曲率当且仅当它具有零 Weyl 曲率.

4. 证明: 局部射影平坦的芬斯勒度量具有零 Weyl 曲率.

5. 证明公式 (10.1) 和 (10.2).

6. 证明: 具有常旗曲率的局部射影平坦 Randers 度量必为局部闵可夫斯基度量或广义 Funk 度量.

7. 计算常截面曲率的黎曼流形 $\bar{\alpha}$ 的联络系数 (参考 (10.33) 式).

8. 证明公式 (10.7) 和 (10.8).

9. 分别对 $\mu = -1, 0, 1$, 利用 (10.8) 和 (10.6) 式解得 β 的表达式.

10. 证明引理 10.1.3.

11. 证明: 对于黎曼流形 (M, α) 上的任意实值函数 f, 我们有

$$\Delta f^2 = 2|\nabla f|^2 + 2f\Delta f.$$

12. 计算 (α, β) 度量的测地系数, 即 (10.26) 式成立.

13. 证明: 具有形状 (10.24) 的 F 是一个芬斯勒度量当且仅当对 $|s| \leq b < b_0$, (10.25) 式成立.

14. 设黎曼度量 α 与 1 形式 β 满足 $b := \|\beta\|_\alpha < 1$. 证明: $F := \alpha + \varepsilon\beta + \kappa\beta^2/\alpha$ 是一个芬斯勒度量当且仅当对 $|s| < b$, (10.27) 式成立.

15. 设 $(M, \alpha + \beta^2/\alpha)$ 是 $n(\geq 3)$ 维芬斯勒流形, $b := \|\beta\|_\alpha \neq 0$. 证明: $\alpha + \beta^2/\alpha$ 是 **Douglas 度量** (即 Douglas 曲率恒为零) 当且仅当 $d\beta = 0$ 且 $r_{00} = \tau\{(1 + 2b^2)\alpha^2 - 3\beta^2\}$.

习题解答和提示

习 题 一

1. 证 由 $y = y^i \dfrac{\partial}{\partial x^i} = \tilde{y}^j \dfrac{\partial}{\partial \tilde{x}^j}$ 知 $y^i = \dfrac{\partial x^i}{\partial \tilde{x}^j} \tilde{y}^j$，从而 $\dfrac{\partial y^i}{\partial \tilde{y}^j} = \dfrac{\partial x^i}{\partial \tilde{x}^j}$，所以

$$H_{\tilde{y}^j} = \frac{\partial y^i}{\partial \tilde{y}^j} H_{y^i} + \frac{\partial x^i}{\partial \tilde{y}^j} H_{x^i} = \frac{\partial x^i}{\partial \tilde{x}^j} H_{y^i},$$

$$H_{\tilde{x}^j} = \frac{\partial x^i}{\partial \tilde{x}^j} H_{x^i} + \frac{\partial y^i}{\partial \tilde{x}^j} H_{y^i}$$

$$= \frac{\partial x^i}{\partial \tilde{x}^j} H_{x^i} + \frac{\partial}{\partial \tilde{x}^j}\left(\frac{\partial x^i}{\partial \tilde{x}^k} \tilde{y}^k\right) H_{y^i}$$

$$= \frac{\partial x^i}{\partial \tilde{x}^j} H_{x^i} + \tilde{y}^k \frac{\partial^2 x^i}{\partial \tilde{x}^j \partial \tilde{x}^k} H_{y^i}.$$

2. 证 由 (1.8) 式,

$$g_{ij} = (F^2/2)_{y^i y^j}$$

$$= \frac{1}{2}\left[\frac{y^k y^l \delta_{kl}(1-|x|^2) + (\sum_k x^k y^k)}{(1-|x|^2)^2}\right]_{y^i y^j}$$

$$= \frac{\delta_{ij}(1-|x|^2) + x^i x^j}{(1-|x|^2)^2} = g_{ij}(x),$$

所以 F 是 $\mathbb{B}^n$ 上的黎曼结构.

3. 证 (i) 正齐性　显然.

(ii) 光滑性　易知 $F_{\lambda,k}(x,y) = 0$ 当且仅当 $y = 0$，从而 $F_{\lambda,k} \in C^\infty(T\mathbb{R}^2 \backslash \{0\})$.

(iii) 正定性 设 $\omega = (p^{2k}+q^{2k})^{\frac{1}{k}-2}$, 则有

$$\frac{1}{2}\frac{\partial^2 F_{\lambda,k}^2}{\partial p^2} = 1 + \lambda\omega p^{2(k-1)}[p^{2k}+(2k-1)q^{2k}] > 0,$$

$$\frac{1}{2}\frac{\partial^2 F_{\lambda,k}^2}{\partial p \partial q} = 2\lambda(1-k)\omega(pq)^{2k-1},$$

$$\frac{1}{2}\frac{\partial^2 F_{\lambda,k}^2}{\partial q^2} = 1 + \lambda\omega q^{2(k-1)}[q^{2k}+(2k-1)p^{2k}] > 0,$$

$$\begin{aligned}\det\left(\frac{1}{2}\frac{\partial^2 F_{\lambda,k}^2}{\partial y^i \partial y^j}\right) &= 1 + \lambda\omega p^{2(k-1)}[p^{2k}+(2k-1)q^{2k}]\\ &\quad + \lambda\omega q^{2(k-1)}[q^{2k}+(2k-1)p^{2k}] + \lambda^2\omega^2(pq)^{2(k-1)}\\ &\quad \times \{[p^{2k}+(2k-1)q^{2k}][q^{2k}+(2k-1)p^{2k}]-4(1-k)^2 p^{2k}q^{2k}\}\\ &> \lambda^2\omega^2(pq)^{2(k-1)}\{[1+(2k-1)^2-4(1-k)^2]p^{2k}q^{2k}\\ &\quad + (2k-1)(p^{4k}+q^{4k})\}\\ &\geqslant \lambda^2\omega^2(pq)^{2(2k-1)}[1+(2k-1)^2-4(1-k)^2+2(2k-1)]\\ &= 4\lambda^2\omega^2(pq)^{2(2k-1)}(2k-1) \geqslant 0,\end{aligned}$$

所以 $\left[\frac{1}{2}(F_{\lambda,k}^2)_{y^i y^j}\right]$ 在 $T\mathbb{R}^2\setminus\{0\}$ 上正定.

4. 证 直接计算可得 $h_{ij}h^{jk} = \delta_i{}^k$, 故只需证 (i). 先证明下面简单的结论, 即

$$\det(I + uv^{\mathrm{t}}) = 1 + v^{\mathrm{t}}u, \qquad (*)$$

其中 I 为 n 阶单位矩阵, u,v 为 n 维列向量, t 为矩阵转置符号. 不妨设 u,v 均为非零列向量, 此时有 $\mathrm{rank}(uv^{\mathrm{t}}) = 1$, 直接计算可知

$$\mathrm{tr}\,(uv^{\mathrm{t}}) = v^{\mathrm{t}}u,$$

从而 uv^{t} 的 Jordan 标准型为下面两种情形之一:

$$v^{\mathrm{t}}u E_{11}(v^{\mathrm{t}}u \neq 0), \quad E_{21}(v^{\mathrm{t}}u = 0),$$

其中 E_{ij} 表示第 i 行第 j 列的元素为 1, 其余元素为 0 的 $n \times n$ 阶矩阵. 从而 $I + uv^t$ 的 Jordan 标准型为下面两种情形之一:

$$I + v^t u E_{11}(v^t u \neq 0), \quad I + E_{21}(v^t u = 0).$$

对于上述两种情形均有 (∗) 式成立. 所以有

$$\det(h) = \det(g[I + \lambda(g^{-1}c)c^t])$$
$$= \det(g)\det(I + \lambda(g^{-1}c)c^t)$$
$$= (1 + \lambda c^t g^{-1}c)\det(g)$$
$$= (1 + \lambda c^2)\det(g).$$

5. 证 通过直接计算我们便得

$$-\frac{1}{2}d\ln(1 - |x|^2) = \frac{1}{2}\frac{d|x|^2}{1 - |x|^2} = \frac{\langle x, y \rangle}{1 - |x|^2} = \beta,$$

$$a_{ij} = \frac{(1 - |x|^2)^2 \delta_{ij} + x_i x_j}{(1 - |x|^2)^2} = \frac{\delta_{ij}}{1 - |x|^2} + \frac{x_i}{1 - |x|^2}\frac{x_j}{1 - |x|^2},$$

其中 $x_i = \delta_{ij}x^j$, 由第 4 题有

$$a^{ij} = (1 - |x|^2)(\delta^{ij} - x^i x^j),$$

所以

$$\|\beta\|_\alpha = \sqrt{\frac{x_i}{1 - |x|^2}[(1 - |x|^2)(\delta^{ij} - x^i x^j)]\frac{x_j}{1 - |x|^2}} = |x| < 1.$$

6. 解 我们令

$$a_{ij} = \frac{\varepsilon(1 + \varepsilon|x|^2)\delta_{ij} + (1 - \varepsilon^2)x_i x_j}{(1 + \varepsilon|x|^2)^2}$$

$$= \frac{\varepsilon}{(1 + \varepsilon|x|^2)}\delta_{ij} + (1 - \varepsilon)^2 \frac{x_i}{(1 + \varepsilon|x|^2)}\frac{x_j}{(1 + \varepsilon|x|^2)},$$

$$b_i = \frac{\sqrt{1 - \varepsilon^2}\, x_i}{1 + \varepsilon|x|^2},$$

其中 $x_i = \delta_{ij}x^j$. 由第 4 题有

$$a^{ij} = \frac{1+\varepsilon|x|^2}{\varepsilon}\left(\delta^{ij} - \frac{1-\varepsilon^2}{\varepsilon+|x|^2}x^ix^j\right),$$

所以

$$\|\beta\|_\alpha = \sqrt{\frac{\sqrt{1-\varepsilon^2}x_i}{1+\varepsilon|x|^2}\left[\frac{1+\varepsilon|x|^2}{\varepsilon}\left(\delta^{ij} - \frac{1-\varepsilon^2}{\varepsilon+|x|^2}x^ix^j\right)\right]\frac{\sqrt{1-\varepsilon^2}\,x_j}{1+\varepsilon|x|^2}}$$

$$= \sqrt{\frac{(1-\varepsilon^2)|x|^2}{\varepsilon+|x|^2}}.$$

7. 解 设 $F = \alpha + \beta$ 为 Randers 度量, 其中 $\alpha = \sqrt{a_{ij}y^iy^j}, \beta = b_iy^i$. 令 $y_i = a_{ij}y^j$, 则

$$F_{y^i} = \frac{y_i}{\alpha} + b_i,$$

$$F_{y^iy^j} = \frac{\alpha a_{ij} - y_i\frac{y_j}{\alpha}}{\alpha^2} = \frac{1}{\alpha}\left(a_{ij} - \frac{y_i}{\alpha}\frac{y_j}{\alpha}\right),$$

所以

$$g_{ij} = \frac{\alpha+\beta}{\alpha}\left(a_{ij} - \frac{y_i}{\alpha}\frac{y_j}{\alpha}\right) + \left(\frac{y_i}{\alpha}+b_i\right)\left(\frac{y_j}{\alpha}+b_j\right).$$

8. 证 由 (a_{ij}) 的正定性和柯西-施瓦兹不等式易知

$$|b_jy^j| = |b^ia_{ij}y^j| \le \sqrt{(b^ia_{ij}b^j)(y^ia_{ij}y^j)} = \|\beta\|_\alpha\alpha,$$

等号当且仅当 $y^i = \lambda b^i$ 时成立, $\lambda \in \mathbb{R}$, 其中 $b^i := a^{ij}b_j$. 所以 $F(x,y) > 0, \forall y \ne 0$ 等价于 $\|\beta\|_\alpha < 1$.

若 $\|\beta\|_\alpha < 1$, 令 $^tF = \alpha + t\beta, t \in [0,\infty)$, 相应的基本张量记为 $^tg = (^tg_{ij})$.

由第 4 题和第 7 题知

$$^tg_{ij} = \frac{^tF}{\alpha}\left(a_{ij} - \frac{y_i}{\alpha}\frac{y_j}{\alpha}\right) + \left(\frac{y_i}{\alpha}+tb_i\right)\left(\frac{y_j}{\alpha}+tb_j\right), \qquad (*)$$

$$\det({}^t g) = \left(\frac{{}^t F}{\alpha}\right)^{n+1} \det(a_{ij}). \qquad (**)$$

特别地

$$\det({}^t g) > 0, \quad \forall t \in [0,1].$$

由 (*) 知

$${}^{t+\varepsilon} g_{ij} - {}^t g_{ij} = \varepsilon \left[\frac{\beta}{\alpha}\left(a_{ij} - \frac{y_i}{\alpha}\frac{y_j}{\alpha}\right) + \left(b_i \frac{y_j}{\alpha} + b_j \frac{y_i}{\alpha}\right) + (2t+\varepsilon) b_i b_j\right],$$

从而若 ${}^t g$ 是正定的, 则当 ε 充分小时, ${}^{t+\varepsilon} g$ 也是正定的. 将 $(a_{ij}) = {}^0 g$ 的正定性沿 t 延拓, 设最大的延拓区间为 $[0, \lambda)$, 则必有 $\lambda > 1$; 否则, 若 $\lambda \leq 1$, 则由 $\det({}^t g)$ 关于 t 的连续性及 ${}^t g$ 在区间 $[0, \lambda)$ 的正定性知 $\det({}^\lambda g) = 0$, 这与 (**) 矛盾, 从而证明了 g 的正定性.

反之, 若 g 是正定的, 则由

$$\det(g) = \left(\frac{F}{\alpha}\right)^{n+1} \det(a_{ij})$$

知 $F(x, y) > 0, \forall y \neq 0$, 从而 $\|\beta\|_\alpha < 1$.

9. 证 设 $p \in M$, 取 p 的两个局部坐标的邻域 $(U, x^i), (\tilde{U}, \tilde{x}^i)$, 则

$$(x^i, y^i), \quad (\tilde{x}^i, \tilde{y}^i)$$

是 TM 上的局部坐标系, 则由引理 1.2.1 知

$$F_{\tilde{y}^k} = \frac{\partial x^i}{\partial \tilde{x}^k} F_{y^i},$$

$$F_{\tilde{y}^k \tilde{y}^l} = \left(\frac{\partial x^i}{\partial \tilde{x}^k} F_{y^i}\right)_{\tilde{y}^l} = \frac{\partial x^i}{\partial \tilde{x}^k} \frac{\partial x^j}{\partial \tilde{x}^l} F_{y^i y^j},$$

所以

$$\tilde{g}_{kl} = F F_{\tilde{y}^k \tilde{y}^l} + F_{\tilde{y}^k} F_{\tilde{y}^l} = \frac{\partial x^i}{\partial \tilde{x}^k} \frac{\partial x^j}{\partial \tilde{x}^l} (F F_{y^i y^j} + F_{y^i} F_{y^j}) = \frac{\partial x^i}{\partial \tilde{x}^k} \frac{\partial x^j}{\partial \tilde{x}^l} g_{ij}.$$

而在 TM 上, 有

$$\mathrm{d}x^i = \frac{\partial x^i}{\partial \tilde{x}^j} \mathrm{d}\tilde{x}^j + \frac{\partial x^i}{\partial \tilde{y}^j} \mathrm{d}\tilde{y}^j = \frac{\partial x^i}{\partial \tilde{x}^j} \mathrm{d}\tilde{x}^j,$$

所以
$$\tilde{g}_{kl}\mathrm{d}\tilde{x}^k \otimes \mathrm{d}\tilde{x}^l = \frac{\partial x^i}{\partial \tilde{x}^k}\frac{\partial x^j}{\partial \tilde{x}^l} g_{ij}\mathrm{d}\tilde{x}^k \otimes \mathrm{d}\tilde{x}^l = g_{ij}\mathrm{d}x^i \otimes \mathrm{d}x^j,$$
即 g 的定义与局部坐标的选取无关, 从而是在流形 $TM\backslash\{0\}$ 上整体定义的.

10. 证 F 和 F_{y^i} 分别是 0 阶和 1 阶正齐性函数, 由引理 1.4.1 有
$$y^i F_{y^i} = F, \quad y^i F_{y^i y^j} = 0,$$
所以
$$y^i g_{ij} = y^i(F F_{y^i y^j} + F_{y^i} F_{y^j}) = F F_{y^j},$$
$$y^i y^j g_{ij} = y^i(F F_{y^i}) = F^2.$$

11. 证 充分性 取 $\lambda = -1$, 便有 $F(x, -y) = F(x, y)$.
必要性 由 $F(x, -y) = F(x, y)$ 知
$$F(x, \lambda y) = F(x, |\lambda| y) = |\lambda| F(x, y).$$

12. 证 将 $H(\lambda y)$ 看成 λ 的函数, 则由 (1.12) 式有
$$\frac{\mathrm{d}H(\lambda y)}{\mathrm{d}\lambda} = y^i H_{y^i}(\lambda y) = r\lambda^{-1} H(\lambda y),$$
所以
$$\frac{\mathrm{d}H(\lambda y)}{H(\lambda y)} = r\frac{\mathrm{d}\lambda}{\lambda},$$
即
$$\mathrm{d}\ln H(\lambda y) = \mathrm{d}\ln \lambda^r.$$
由此得
$$H(\lambda y) = \lambda^r C(y),$$
其中 $C(y)$ 为只与 y 有关的函数. 取 $\lambda = 1$, 得
$$C(y) = H(y),$$

所以
$$H(\lambda y) = \lambda^r H(y),$$
即 $H(y)$ 为 r 阶正齐性函数.

习 题 二

1. 证 取习题一第 9 题的 $TM\backslash\{0\}$ 上的局部坐标 (x^i, y^i), $(\tilde{x}^i, \tilde{y}^i)$, 则

$$\tilde{A}_{pqr} = \frac{F}{2}\frac{\partial \tilde{g}_{pq}}{\partial \tilde{y}^r}$$

$$= \frac{F}{2}\frac{\partial}{\partial \tilde{y}^r}\Big(\frac{\partial x^i}{\partial \tilde{x}^p}\frac{\partial x^j}{\partial \tilde{x}^q}g_{ij}\Big)$$

$$= \frac{\partial x^i}{\partial \tilde{x}^p}\frac{\partial x^j}{\partial \tilde{x}^q}\frac{F}{2}\frac{\partial g_{ij}}{\partial \tilde{y}^r}$$

$$= \frac{\partial x^i}{\partial \tilde{x}^p}\frac{\partial x^j}{\partial \tilde{x}^q}\frac{F}{2}\frac{\partial g_{ij}}{\partial y^k}\frac{\partial y^k}{\partial \tilde{y}^r}$$

$$= \frac{\partial x^i}{\partial \tilde{x}^p}\frac{\partial x^j}{\partial \tilde{x}^q}\frac{\partial x^k}{\partial \tilde{x}^r}A_{ijk},$$

$$\tilde{A}_p = \tilde{g}^{qr}\tilde{A}_{pqr}$$

$$= \Big(\frac{\partial \tilde{x}^q}{\partial x^s}\frac{\partial \tilde{x}^r}{\partial x^t}g^{st}\Big)\Big(\frac{\partial x^i}{\partial \tilde{x}^p}\frac{\partial x^j}{\partial \tilde{x}^q}\frac{\partial x^k}{\partial \tilde{x}^r}A_{ijk}\Big)$$

$$= \frac{\partial x^i}{\partial \tilde{x}^p}g^{jk}A_{ijk}$$

$$= \frac{\partial x^i}{\partial \tilde{x}^p}A_i,$$

所以 A 和 η 的定义与局部坐标的选取无关. 又由于 A 和 η 都是 0 阶正齐性的, 从而它们都是在射影球丛上整体定义的.

2. 证 只需验证

$$\frac{\partial}{\partial y^k}\det\mathcal{G} = \frac{\partial g_{ij}}{\partial y^k}G_{ij},$$

$$\det \mathcal{G} = \sum_{j_1,\cdots,j_n} (-1)^{\mathrm{sgn}(j_1,\cdots,j_n)} g_{1j_1} \cdots g_{nj_n}.$$

所以

$$\frac{\partial}{\partial y^k} \det \mathcal{G} = \sum_{j_1,\cdots,j_n} \left(\sum_{t=1}^n g_{1j_1} \cdots g_{t-1j_{t-1}} \frac{\partial g_{tj_t}}{\partial y^k} g_{t+1j_{t+1}} \cdots g_{nj_n} \right)$$

$$= \sum_{t=1}^n \left(\sum_{j_t} \frac{\partial g_{tj_t}}{\partial y^k} \sum_{j_1,\cdots,\hat{j_t}\cdots j_n} (-1)^{\mathrm{sgn}(j_1,\cdots,j_n)} g_{1j_1} \cdots \hat{g}_{tj_t} \cdots g_{ng_n} \right)$$

$$= \frac{\partial g_{ij}}{\partial y^k} G_{ij}.$$

3. 证 设 $\tilde{g} = g_{ij}(y) \mathrm{d}y^i \otimes \mathrm{d}y^j$, 则 $\tilde{g}$ 为 $\mathbb{R}^n \setminus \{0\}$ 上的黎曼度量. 设其在芬斯勒球面 S 上的诱导度量为 $\hat{g}$, 并令 $r = F(y)$, 易知

$$\tilde{g} = \mathrm{d}r \otimes \mathrm{d}r + r^2 \hat{g}.$$

令 $\{\theta^\alpha | 1 \leq \alpha \leq n-1\}$ 为 S 上的局部坐标, 且 $\hat{g} = g_{\alpha\beta} \mathrm{d}\theta^\alpha \otimes \mathrm{d}\theta^\beta$. 由 $\frac{\partial \theta^\alpha}{\partial \theta^\beta} = \delta_\beta{}^\alpha$ 和 $r = F(y)$ 易得

$$g^{ij} \frac{\partial^2 \theta^\alpha}{\partial y^i \partial y^j} = 0, \quad g^{ij} \frac{\partial^2 r}{\partial y^i \partial y^j} = \frac{n-1}{r},$$

从而有

$$\Delta f = \Delta_{\tilde{g}} f = f_{rr} + \frac{n-1}{r} f_r + \frac{1}{r^2} \Delta_{\hat{g}} f,$$

其中 Δ_g 表示关于黎曼度量 g 的拉普拉斯算子. 特别地, 若 f 是关于 y 的 0 阶正齐性函数, 则由 $\frac{\partial y^i}{\partial r} = \frac{y^i}{r}$ 知

$$f_r = f_{y^i} \frac{\partial y^i}{\partial r} = f_{y^i} \frac{y^i}{r} = 0,$$

从而我们有 $\Delta_{\hat{g}} g_{kk} \geq 0$. 由次调和函数的 Hopf 定理, 并利用 g_{kk} 的 0 阶正齐性知 g_{kk} 在 $\mathbb{R}^n \setminus \{0\}$ 上为常数, 特别地, $\Delta g_{kk} = 0$. 又因为 (Δg_{ij}) 为半正定矩阵, 所以 $\Delta g_{ij} = 0$. 类似上面的讨论便知 g_{ij} 为常数.

4. 证 对 $\ln x$ 应用 Jensen 不等式，即有

$$\ln \frac{\lambda_1 + \lambda_2 + \cdots + \lambda_n}{n} \geqslant \frac{\ln \lambda_1 + \ln \lambda_2 + \cdots + \ln \lambda_n}{n},$$

即

$$\ln \frac{\lambda_1 + \lambda_2 + \cdots + \lambda_n}{n} \geqslant \ln (\lambda_1 \lambda_2 \cdots \lambda_n)^{\frac{1}{n}},$$

由此得不等式.

5. 证 由

$$\tilde{g}_{ab} = \frac{\partial x^i}{\partial \tilde{x}^a} g_{ij} \frac{\partial x^j}{\partial \tilde{x}^b}$$

易知

$$\sqrt{\det(\tilde{g}_{ab})} = \det\left(\frac{\partial x^k}{\partial \tilde{x}^c}\right) \sqrt{\det(g_{ij})}.$$

另一方面

$$\mathrm{Vol}\left\{(\tilde{y}^a) \in \mathbb{R}^n | F\left(\tilde{x}, \tilde{y}^a \frac{\partial}{\partial \tilde{x}^a}\right) < 1\right\}$$

$$= \int_{F\left(\tilde{x}, \tilde{y}^a \frac{\partial}{\partial \tilde{x}^a}\right) < 1} \mathrm{d}\tilde{x}^1 \wedge \cdots \wedge \mathrm{d}\tilde{x}^n$$

$$= \int_{F\left(x, y^i \frac{\partial}{\partial x^i}\right) < 1} \det\left(\frac{\partial \tilde{x}^a}{\partial x^i}\right) \mathrm{d}x^1 \wedge \cdots \wedge \mathrm{d}x^n$$

$$= \det\left(\frac{\partial \tilde{x}^a}{\partial x^i}\right) \mathrm{Vol}\left\{(y^i) \in \mathbb{R}^n | F\left(x, y^i \frac{\partial}{\partial x^i}\right) < 1\right\},$$

从而易知 $\tau(x,y)$ 与局部坐标选取无关，关于 y 是 0 阶正齐性显然. 所以 $\tau(x,y)$ 是射影球丛 SM 上的函数.

6. 证 由 (2.12) 式知

$$F_{y^a y^b} = \left[\tilde{F}_{\tilde{y}^i}(\tilde{x}, \tilde{y}) \frac{\partial f^i}{\partial x^a}(x)\right]_{y^b}$$

$$= [\tilde{F}_{\tilde{y}^i}(\tilde{x}, \tilde{y})]_{y^b} \frac{\partial f^i}{\partial x^a}(x)$$

$$= \tilde{F}_{\tilde{y}^i\tilde{y}^j}(\tilde{x},\tilde{y})\frac{\partial \tilde{y}^j}{\partial y^b}\frac{\partial f^i}{\partial x^a}(x) + \tilde{F}_{\tilde{y}^i\tilde{x}^j}(\tilde{x},\tilde{y})\frac{\partial \tilde{x}^j}{\partial y^b}\frac{\partial f^i}{\partial x^a}(x)$$

$$= \tilde{F}_{\tilde{y}^i\tilde{y}^j}(\tilde{x},\tilde{y})\frac{\partial f^i}{\partial x^a}(x)\frac{\partial f^j}{\partial x^b}(x).$$

7. 证 设 $\{\tilde{e}_i\}$ 为 V 的另一组基, 且 $\tilde{e}_i = a_i{}^j e_j$, 则 $y^j = a_i{}^j \tilde{y}^i$, 所以

$$u^j = \mathrm{d}y^j(u) = \mathrm{d}(a_i{}^j \tilde{y}^i)(u) = a_i{}^j \mathrm{d}\tilde{y}^i(u) = a_i{}^j \tilde{u}^i,$$

所以

$$f(u^j e_j) = f(\tilde{u}^i a_i{}^j e_j) = f(\tilde{u}^i \tilde{e}_i),$$

从而 F 的定义与基的选取无关.

由 F 的定义显然有 $F(y,u) = f(u)$, 从而由 f 是 V 上的闵可夫斯基范数知 F 是流形 V 上的芬斯勒结构.

8. 证 设 $\{x^a\}$ 是 M 上的局部坐标, f^i 是 f 关于 $\tilde{M}$ 上局部坐标的分量函数, 且

$$\begin{cases} \tilde{x} = f(x), \\ \tilde{y} = (\mathrm{d}f)_*(y), \end{cases}$$

则 $F(x,y) = \tilde{F}(\tilde{x},\tilde{y})$, 所以

$$F(x,\lambda y) = \tilde{F}(\tilde{x},\lambda \tilde{y}) = \lambda \tilde{F}(\tilde{x},\tilde{y}) = \lambda F(x,y), \quad \forall \lambda \in (0,+\infty).$$

由链式法则及 f 和 $\tilde{F}$ 的光滑性知 $F \in C^\infty(TM\backslash\{0\})$.

取定 $(x,y) \in TM\backslash\{0\}$, 令 $\xi = \xi^a \dfrac{\partial}{\partial x^a} \in T_x M$, 由引理 2.4.1 知

$$\xi^a g_{ab}(x,y)\xi^b = \tilde{g}_{ij}(\tilde{x},\tilde{y})\Big(\frac{\partial f^i}{\partial x^a}\xi^a\Big)\Big(\frac{\partial f^j}{\partial x^b}\xi^b\Big)$$

$$= \tilde{\xi}^i \tilde{g}_{ij}(\tilde{x},\tilde{y})\tilde{\xi}^j \geqslant 0.$$

由 $(\tilde{g}_{ij})$ 的正定性知上式等号成立当且仅当 $(\mathrm{d}f)_x(\xi) = 0$. 又由于 f 是浸入, 故 $(\mathrm{d}f)_x(\xi) = 0$ 当且仅当 $\xi = 0$, 从而证明了 (g_{ab}) 的正定性.

9. 证 设 $F = \alpha + \beta = \sqrt{a_{ij}(x)y^i y^j} + b_i(x)y^i$, 令 $y_i = a_{ij}y^j$, 则有

$$g_{ij} = \frac{\alpha+\beta}{\alpha}\left(a_{ij} - \frac{y_i}{\alpha}\frac{y_j}{\alpha}\right) + \left(\frac{y_i}{\alpha}+b_i\right)\left(\frac{y_j}{\alpha}+b_j\right).$$

由 (2.2) 式知

$$\begin{aligned}A_i &= g^{jk}A_{ijk} \\ &= \frac{F}{2}\frac{\partial g_{jk}}{\partial y^i}g^{jk} \\ &= F\frac{\partial}{\partial y^i}\ln\sqrt{\det(g_{ij})} \\ &= F\frac{\partial}{\partial y^i}\ln\left[\left(\frac{\alpha+\beta}{\alpha}\right)^{\frac{n+1}{2}}\sqrt{\det(a_{ij})}\right] \\ &= \frac{n+1}{2}\left(b_i - \frac{\beta}{\alpha}\frac{y_i}{\alpha}\right),\end{aligned}$$

对 g_{ij} 关于 y^k 求导,容易验证

$$A_{ijk} = \frac{1}{n+1}(A_i h_{jk} + A_j h_{ik} + A_k h_{ij}), \tag{*}$$

其中
$$h_{ij} := FF_{y^i y^j} = \frac{\alpha+\beta}{\alpha}\left(a_{ij} - \frac{y_i y_j}{\alpha^2}\right).$$

令 $u_i := g_{ij}u^j$,由柯西-施瓦兹不等式易知

$$\frac{|A_i u^i|^2}{g_{ij}u^i u^j} = \frac{(A_i g^{ij}u_j)^2}{g^{ij}u_i u_j} \leq g^{ij}A_i A_j,$$

即
$$\|\eta\|^2 = A_i g^{ij}A_j.$$

由
$$g^{ij} = \frac{\alpha}{F}a^{ij} - \frac{\alpha}{F^2}(b^i y^j + b^j y^i) + \frac{\|\beta\|_\alpha^2 \alpha + \beta}{\alpha^3}y^i y^j$$

有
$$\|\eta\|^2 = A_i g^{ij}A_j = \left(\frac{n+1}{2}\right)^2 \frac{\alpha}{F}\left[\|\beta\|_\alpha^2 - \left(\frac{\beta}{\alpha}\right)\right].$$

注意到上式关于 y 是 0 次齐次的,所以不妨设 $F(y) = \alpha(y)+\beta(y) = 1$,此时

$$\|\eta\|^2 = \left(\frac{n+1}{2}\right)^2 \alpha\left[\|\beta\|_\alpha^2 - \left(\frac{1-\alpha}{\alpha}\right)^2\right]$$

$$= \left(\frac{n+1}{2}\right)^2 [2 - (1 - \|\beta\|_\alpha^2)^2 \alpha - \frac{1}{\alpha}]$$

$$\leq \left(\frac{n+1}{2}\right)^2 (2 - \sqrt{1 - \|\beta\|_\alpha^2})$$

$$\leq \frac{(n+1)^2}{2},$$

所以
$$\|\eta\| \leq \frac{n+1}{\sqrt{2}}.$$

又易知
$$0 \leq \frac{h_{ij}u^i u^j}{g_{ij}u^i u^j} = \frac{g_{ij}u^i u^j - (F_{y^i}u^i)^2}{g_{ij}u^i u^j} < 1,$$

上式第一个不等号用到了引理 3.2.6 的 (ii). 从而由 (∗) 知
$$\|A\| \leq \frac{3}{\sqrt{2}}.$$

习 题 三

1. 证 $\dfrac{g(y, I)}{\sqrt{g(y,y)}} = \dfrac{1}{F(y)} y^i g_{ij} \mathrm{d}x^j = F_{y^j} \mathrm{d}x^j = \omega.$

2. 证 由 $\omega^i = v_j{}^i \mathrm{d}x^j$ 知

(i) $\dfrac{\partial}{\partial x^j} = \omega^i \left(\dfrac{\partial}{\partial x^j}\right) e_i = v_k{}^i \mathrm{d}x^k \left(\dfrac{\partial}{\partial x^j}\right) e_i = v_j{}^i e_i.$

(ii) $\omega^n = \omega = F_{y^i} \mathrm{d}x^i$, 所以 $v_i{}^n = F_{y^i}$.

(iii) $\delta^{ij} = g(\omega^i, \omega^j) = g(v_k{}^i \mathrm{d}x^k, v_l{}^j \mathrm{d}x^l) = v_k{}^i g(\mathrm{d}x^k, \mathrm{d}x^l) v_l{}^j = v_k{}^i g^{kl} v_l{}^j.$

(iv) $g_{ij} = g\left(\dfrac{\partial}{\partial x^i}, \dfrac{\partial}{\partial x^j}\right) = g(v_i{}^k e_k, v_j{}^l e_l) = v_i{}^k g(e_k, e_l) v_j{}^l = v_i{}^k \delta_{kl} v_j{}^l.$

(v) 在 (iii) 中取 $i = \alpha, j = n$, 则有

$$0 = v_k{}^\alpha g^{kl} v_l{}^n = v_k{}^\alpha g^{kl} F_{y^l} = v_k{}^\alpha \frac{y^k}{F},$$

所以 $v_k{}^\alpha y^k = 0.$

(vi) 由 (iv),

$$FF_{y^iy^j} = g_{ij} - F_{y^i}F_{y^j} = v_i{}^k \delta_{kl} v_j{}^l - v_i{}^n v_j{}^n = v_i{}^\alpha \delta_{\alpha\beta} v_j{}^\beta.$$

3. 证 类似第 2 题可得.

4. 证 因为 $\omega^i = v_k{}^i \mathrm{d}x^k = v_k{}^i u_j{}^k \omega^j$, 所以 $v_k{}^i u_j{}^k = \delta_j{}^i$.

因为 $\mathrm{d}x^i = u_k{}^i \omega^k = u_k{}^i v_j{}^k \mathrm{d}x^j$, 所以 $u_k{}^i v_j{}^k = \delta_j{}^i$. 直接计算, 可以得到

$$\delta_{ji} v_k{}^i g^{kl} = \delta_{ji} v_k{}^i u_s{}^k \delta^{st} u_t{}^l = \delta_{ji} \delta_s{}^i \delta^{st} u_t{}^l = u_j{}^l,$$

$$\delta^{ij} u_j{}^l g_{lk} = \delta^{ij} u_j{}^l v_l{}^s \delta_{st} v_k{}^t = \delta^{ij} \delta_j{}^s \delta_{st} v_k{}^t = v_k{}^i.$$

5. 证 通过直接计算, 我们有

$$\omega_n{}^\alpha = \frac{1}{F} v_k{}^\alpha \mathrm{d}y^k + \xi_i{}^\alpha \omega^i$$

$$= u_\alpha^j F_{y^j y^k} \mathrm{d}y^k - (u_\alpha{}^j u_\beta{}^k F_{y^k x^j} + \lambda_{\alpha\beta}) \omega^\beta$$

$$- \frac{u_\alpha{}^j}{F}(F_{x^j} - y^k F_{y^j x^k})\omega$$

$$= -\omega_\alpha{}^n,$$

$$\omega_\beta{}^\alpha = v_k{}^\alpha \mathrm{d}u_\beta{}^k + \xi_\beta{}^\alpha \omega + \mu^\alpha{}_{\beta\gamma} \omega^\gamma$$

$$= v_k{}^\alpha \mathrm{d}u_\beta{}^k - \delta^{\alpha\sigma}(u_\alpha{}^j u_\beta{}^k F_{y^k x^j} + \lambda_{\alpha\beta}) \omega + \mu^\alpha{}_{\beta\gamma} \omega^\gamma.$$

6. 证 直接计算可以得到

$$\theta_1 \wedge \cdots \wedge \hat{\theta}_j \wedge \cdots \wedge \theta_n$$

$$= (F_{y^1 y^{k_1}} \mathrm{d}y^{k_1}) \wedge \cdots \wedge \widehat{(F_{y^j y^{k_j}} \mathrm{d}y^{k_j})} \wedge \cdots \wedge (F_{y^n y^{k_n}} \mathrm{d}y^{k_n})$$

$$= (-1)^{\mathrm{sgn}(l_1,\cdots,\hat{l}_i,\cdots,l_n)} (F_{y^{l_1} y^1} \mathrm{d}y^1) \wedge \cdots \wedge \widehat{(F_{y^{l_i} y^i} \mathrm{d}y^i)}$$

$$\wedge \cdots \wedge (F_{y^{l_n} y^n} \mathrm{d}y^n) \ (l_i = j)$$

$$= (-1)^{\mathrm{sgn}(l_1,\cdots,\hat{l}_i,\cdots,l_n)} F_{y^{l_1} y^1} \cdots \widehat{F_{y^{l_i} y^i}} \cdots F_{y^{l_n} y^n}$$

$$\times \mathrm{d}y^1 \wedge \cdots \wedge \widehat{\mathrm{d}y^i} \wedge \cdots \wedge \mathrm{d}y^n$$

$$= f^{ij} \mathrm{d}y^1 \wedge \cdots \wedge \hat{\mathrm{d}y^i} \wedge \cdots \wedge \mathrm{d}y^n$$

7. 解 设 $F = \alpha\phi(s)$, 其中 $\phi(s) = 1+s, s = \beta/\alpha$. 令 γ^i_{jk} 表示黎曼度量 α 的克里斯托费尔符号. 我们引入下列记号,

$$y_i := a_{ij}y^j, \quad b^i := a^{ij}b_j, \quad b^2 := \|\beta\|^2_\alpha, \quad b_{i|j} := \frac{\partial b_i}{\partial x^j} - b_k \gamma^k_{ij},$$

$$r_{ij} = \frac{1}{2}(b_{i|j} + b_{j|i}), \quad s_{ij} := \frac{1}{2}(b_{i|j} - b_{j|i}) = \frac{1}{2}\left(\frac{\partial b_i}{\partial x^j} - \frac{\partial b_j}{\partial x^i}\right),$$

$$s^i{}_j := a^{il}s_{lj}, \quad s_j := b_i s^i{}_j, \quad s^i{}_0 := s^i{}_j y^j, \quad s_0 := s_i y^i, \quad r_{00} := r_{ij} y^i y^j,$$

则有

$$[\alpha^2]_{x^k} = \frac{\partial a_{ij}}{\partial x^k} y^i y^j = (\gamma_{ijk} + \gamma_{jik}) y^i y^j,$$

$$[\alpha^2]_{y^k} = 2y_k, \quad [\alpha^2]_{x^k y^l} y^k = 2(\gamma_{ilj} + \gamma_{lij}) y^i y^j,$$

$$s_{x^k} = \frac{2\alpha \frac{\partial b_i}{\partial x^k} y^i - s[\alpha^2]_{x^k}}{2\alpha^2}, \quad s_{y^k} = \frac{b_k}{\alpha} - \frac{s}{\alpha} \frac{y_k}{\alpha},$$

$$[F^2]_{x^k} = \phi(s) \left\{ [\alpha^2]_{x^k} + 2\alpha \frac{\partial b_i}{\partial x^k} y^i \right\},$$

$$[F^2]_{x^k} y^k = \phi(s) \left\{ [\alpha^2]_{x^k} y^k + 2\alpha \frac{\partial b_i}{\partial x^k} y^i y^k \right\},$$

所以

$$[F^2]_{x^k y^l} y^k - [F^2]_{x^l}$$
$$= \{[F^2]_{x^k} y^k\}_{y^l} - 2[F^2]_{x^l}$$
$$= \left(\frac{b_l}{\alpha} - \frac{s}{\alpha} \frac{y_l}{\alpha}\right) \left\{ [\alpha^2]_{x^k} + 2\alpha \frac{\partial b_i}{\partial x^k} y^i \right\}$$
$$+ \phi(s) \left\{ [\alpha^2]_{x^k y^l} y^k - [\alpha^2]_{x^l} + 2\frac{y_l}{\alpha} \frac{\partial b_i}{\partial x^k} y^i y^k + 4\alpha s_{lk} y^k \right\}.$$

注意到

$$\frac{\partial b_i}{\partial x^k} y^i y^k = r_{00} + b_t \gamma^t_{ij} y^i y^j,$$

上式等价于

$$[F^2]_{x^k y^l} y^k - [F^2]_{x^l} = \phi(s)\{[\alpha^2]_{x^k y^l} y^k - [\alpha^2]_{x^l} + 4\alpha s_{lk} y^k\}$$
$$+ 2\{[\alpha]_{x^k} y^k + (r_{00} + b_t \gamma^t_{ij} y^i y^j)\} b_l$$
$$+ 2\{(r_{00} + b_t \gamma^t_{ij} y^i y^j) - s[\alpha]_{x^k} y^k\}\frac{y_l}{\alpha}.$$

另一方面

$$g^{il} = \frac{\alpha}{F} a^{il} - \frac{\alpha}{F^2}(b^i y^l + b^l y^i) + (b^2 + s)\frac{y^i}{\alpha}\frac{y^l}{\alpha}$$
$$= \frac{a^{il}}{\phi(s)} - \frac{y^i}{\alpha}\frac{b^l}{\phi^2(s)} + \left[(b^2 + s)\frac{y^i}{\alpha} - \frac{b^i}{\phi^2(s)}\right]\frac{y^l}{\alpha},$$

容易验证

$$b^l [\alpha^2]_{y^l} = 2s,$$
$$b^l ([\alpha^2]_{x^k y^l} y^k - [\alpha^2]_{x^l}) = 2b_t \gamma^t_{ij} y^i y^j,$$
$$y^l ([\alpha^2]_{x^k y^l} y^k - [\alpha^2]_{x^l}) = [\alpha^2]_{x^k} y^k.$$

计算并整理得

$$G^i = G^i_\alpha + P y^i + Q^i,$$

其中 $Q^i = \alpha s^i{}_0$, $P = \frac{1}{2F}(r_{00} - 2\alpha s_0)$, $G^i_\alpha = \frac{1}{2}\gamma^i_{jk} y^j y^k$ 为 α 的测地系数.

8. 证 SM 上的水平子丛

$$H = \{X \in TSM | \omega_n{}^\alpha(X) = 0\} = \text{Span}\{\epsilon_i \mid 1 \leq i \leq n\},$$

其中 $\{\epsilon_i\}$ 为芬斯勒丛上的适当标架场, 从而 H 与芬斯勒丛有自然的同构对应.

9. 证 (i) 由于 A 是张量, 所以有

$$A(e_a, e_b, e_c) = A\left(u_a{}^i \frac{\partial}{\partial x^i}, u_b{}^j \frac{\partial}{\partial x^j}, u_c{}^k \frac{\partial}{\partial x^k}\right)$$

$$= u_a{}^i u_b{}^j u_c{}^k A\Big(\frac{\partial}{\partial x^i}, \frac{\partial}{\partial x^j}, \frac{\partial}{\partial x^k}\Big)$$

$$= u_a{}^i u_b{}^j u_c{}^k A_{ijk}$$

$$= H_{abc}.$$

(ii) 不妨设 $a = n$, 则有

$$H_{nbc} = u_n{}^i u_b{}^j u_c{}^k A_{ijk} = \frac{y^i}{F} u_b{}^j u_c{}^k A_{ijk} = 0.$$

10. 证 由 $G^i = \frac{1}{4} g^{il}\{[F^2]_{x^k y^l} y^k - [F^2]_{x^l}\}$ 易知 G^i 关于 y 是 2 阶正齐性的.

习 题 四

1. 证 由 G^i 的 2 阶正齐性知

$$\hat{y} = y^i \frac{\partial}{\partial x^i} - 2G^i \frac{\partial}{\partial y^i}.$$

容易验证 $\hat{y}$ 是 TSM 上的整体截面, 且到 M 的水平投影为 y.

另一方面, 由 (3.79) 式有

$$\omega_\alpha{}^n(\hat{y}) = -u_\alpha{}^s \left[\frac{g_{st}}{F} \frac{\partial G^t}{\partial y^k} \mathrm{d}x^k + F_{y^s y^k} \mathrm{d}y^k\right]\left(y^i \frac{\partial}{\partial x^i} - 2G^i \frac{\partial}{\partial y^i}\right)$$

$$= u_\alpha{}^s \left(2\frac{g_{st}}{F} G^t - 2G^t F_{y^s y^t}\right)$$

$$= -\frac{2}{F} u_\alpha{}^s G^t F_{y^s} F_{y^t}$$

$$= 0.$$

上式最后一个等号利用了 (3.15) 式, 从而知 $\hat{y}$ 为 y 的水平提升.

2. 证 必要性显然, 下证充分性.

容易验证第二基本形式 B 为 2 阶协变张量, 且由

$$[\phi_* X, \phi_* Y] = \phi_*[X, Y]$$

知

$$B(X,Y) = B(Y,X).$$

任取 $x \in M$，对于 $\forall X \in T_xM$，取 M 中测地线 $\gamma(t)$，使得 $\gamma(0) = p, \gamma'(0) = X$，则 $\phi \circ \gamma(t)$ 也是 N 的测地线，从而有

$$B(X,X) = 0,$$

从而

$$B(X,Y) = \frac{1}{2}[B(X+Y, X+Y) - B(X,X) - B(Y,Y)] = 0,$$

即 M 为全测地子流形。

3. 证 （证明大意）令 h_x 表示由 $T_xM\backslash\{0\}$ 上的黎曼度量 $\hat{g} := g_{ij}(x,y)\mathrm{d}y^i \otimes \mathrm{d}y^j$ 诱导的 I_x 的度量，$\dot{g}_x := \delta_{\alpha\beta}\omega_n{}^\alpha \otimes \omega_n{}^\beta$ 为射影球 $S_xM := p^{-1}(x)$ 上的黎曼度量，则 (I_x, h_x) 等距于 $(S_xM, \dot{g}_x)$. $\dot{g}_x$ 的体积元为 $\dfrac{\mathrm{d}V}{F^n}$，其中

$$\mathrm{d}V = \sqrt{(g_{ij}(x,y))} \sum_{j=1}^n (-1)^{j-1} y^j \mathrm{d}y^1 \wedge \cdots \wedge \mathrm{d}y^{j-1} \wedge \mathrm{d}y^{j+1} \cdots \wedge \mathrm{d}y^n,$$

所以有

$$\mathrm{Vol}(x) = \int_{S_xM} \frac{\mathrm{d}V}{F^n}.$$

易知

$$\frac{\mathrm{d}V}{F^n} = \omega_1{}^n \wedge \cdots \wedge \omega_{n-1}{}^n \text{ 中只含 } \mathrm{d}y \text{ 的部分},$$

所以

$$\frac{\partial \mathrm{Vol}(x)}{\partial x^i} = \frac{\partial}{\partial x^i} \int_{S_xM} \omega_1{}^n \wedge \cdots \wedge \omega_{n-1}{}^n \text{ 中只含 } \mathrm{d}y \text{ 的部分}$$

$$= \int_{S_xM} \mathrm{d}(\omega_1{}^n \wedge \cdots \wedge \omega_{n-1}{}^n)\left(\frac{\partial}{\partial x^i}, \cdots\right) \text{ 中只含 } \mathrm{d}y \text{ 的部分}$$

$$= \int_{I_x} g\left(\sum_\alpha J_\alpha e_\alpha, \frac{\partial}{\partial x^i}\right) dV.$$

详细的讨论请参见文献 [9].

4. 证 直接计算.

5. 证 只证明

$$F_a(x,y) = \frac{\sqrt{|y|^2 - (|x|^2|y|^2 - \langle x,y\rangle^2)}}{1-|x|^2} + \frac{\langle x,y\rangle}{1-|x|^2} + \frac{\langle a,y\rangle}{1+\langle a,x\rangle}$$

的情形, 其他情形类似. 设

$$F(x,y) = \frac{\sqrt{|y|^2 - (|x|^2|y|^2 - \langle x,y\rangle^2)}}{1-|x|^2} + \frac{\langle x,y\rangle}{1-|x|^2}$$

为 Funk 度量. 令

$$\mu(x,y) = \sqrt{|y|^2 - (|x|^2|y|^2 - \langle x,y\rangle^2)}.$$

直接计算, 有

$$[F_a]_{x^k} = \frac{\mu^{-1}(|y|^2 x^k + 2\langle x,y\rangle y^k)(1-|x|^2) + 2\mu x^k}{(1-|x|^2)^2}$$

$$+ \frac{(1-|x|^2)y^k + 2\langle x,y\rangle x^k}{(1-|x|^2)^2} - \frac{\langle a,y\rangle a^k}{(1+\langle a,x\rangle)^2},$$

从而

$$[F_a]_{x^k} y^k = F_a(x,y)\left(F(x,y) - \frac{\langle a,y\rangle}{1+\langle a,x\rangle}\right).$$

容易验证

$$\{[F_a]_{x^k} y^k\}_{y^l} = 2[F_a]_{x^l}.$$

上式等价于

$$[F_a]_{x^k y^l} y^k - [F_a]_{x^l} = 0.$$

由引理 3.3.9 (i) 知

$$G_i = \frac{1}{2} y^j [F_a]_{x^j} [F_a]_{y^i},$$

即
$$G^i = \frac{y^j [F_a]_{x^j}}{2F_a} y^i := Py^i.$$

由前面的计算知
$$P = \frac{1}{2}\Big(F - \frac{\langle a, y\rangle}{1+\langle a, x\rangle}\Big)$$

为 1 阶正齐性的，所以
$$\frac{\partial G^i}{\partial y^i} = P_{y^i} y^i + P\delta_i{}^i = (n+1)P.$$

另一方面，对于 Randers 度量 $F = \alpha + \beta$ 有
$$\sigma_F(x) = (1-\|\beta\|_\alpha^2)^{\frac{n+1}{2}}\sqrt{\det(a_{ij})},$$

所以对于广义 Funk 度量，有
$$\sigma_F(x) = \left[\frac{1-|a|^2}{(1+\langle a,x\rangle)^2}\right]^{\frac{n+1}{2}},$$

从而
$$S = \frac{\partial G^i}{\partial y^i} - y^i \frac{\partial}{\partial x^i}(\ln \sigma_F(x))$$
$$= \frac{1}{2}(n+1)F,$$

即 F_a 具有常 S 曲率 $1/2$.

6. 证 对于黎曼度量 $\alpha, \tau_\alpha = 0$. 从而 S 曲率 $S_\alpha = 0$，由第三章中习题第 7 题，有
$$G^i = G_\alpha^i + Py^i + \alpha s^i{}_0,$$

其中 $s^i{}_0 = a^{il}s_{lj}y^j$, $G_\alpha^i = \frac{1}{2}\gamma^i_{jk}y^jy^k$ 为 α 的测地系数，$P = \frac{1}{2F}(r_{00} - 2\alpha s_0)$，特别地，$P$ 为 1 阶正齐性函数. 另一方面
$$\sigma_F(x) = (1-\|\beta\|_\alpha^2)^{\frac{n+1}{2}}\sigma_\alpha(x),$$

从而有

$$S = \frac{\partial G^i}{\partial y^i} - y^i \frac{\partial}{\partial x^i} (\ln \sigma_F(x))$$

$$= \left[\frac{\partial G^i_\alpha}{\partial y^i} - y^i \frac{\partial}{\partial x^i} \ln \sigma_\alpha(x) \right] + \frac{\partial P y^i}{\partial y^i}$$

$$+ \frac{\partial \alpha s^i{}_0}{\partial y^i} - (n+1)y^i \frac{\partial}{\partial x^i} \left(\ln \sqrt{1 - \|\beta\|_\alpha^2} \right)$$

$$= S_\alpha + (n+1)P - (n+1)\mathrm{d}\rho$$

$$= (n+1)(P - \mathrm{d}\rho),$$

其中倒数第二个等号利用了下面的等式

$$s_{ij} y^i y^j = 0, \quad a^{ij} s_{ij} = 0.$$

7. 证 参见文献 [6] 的定理 4.6.1.

习 题 五

1. 证 令 $\omega_i{}^j$ 表示局部坐标 (x^i, y^i) 的陈联络形式，则由文献 [6] 的 (3.3.3) 式知闵可夫斯基曲率与克里斯托费尔符号有如下的关系

$$P_j{}^i{}_{kl} = -F \frac{\partial \Gamma^i_{jk}}{\partial y^l},$$

从而易知结论成立.

2. 证 设 $\{\omega^1, \omega^2\}$ 为 p^*TM 的适当标架场 $\{e_1, e_2\}$ 的对偶标架场，令 $I = A(e_1, e_1, e_1)$，由 (4.3) 式知 $\omega_1{}^1 = -I\omega_2{}^1$. 由陈联络的无挠性便有

$$\mathrm{d}\omega^1 = -I\omega^1 \wedge \omega_2{}^1 + \omega^2 \wedge \omega_2{}^1, \tag{1}$$

$$\mathrm{d}\omega^2 = -\omega^1 \wedge \omega_2{}^1. \tag{2}$$

又由于 Berwald 流形具有零闵可夫斯基曲率，故令

$$\Omega_2{}^1 = \mathrm{d}\omega_2{}^1 := K\omega^1 \wedge \omega^2. \tag{3}$$

设 f 为 SM 上的函数，令 $df = f_1\omega^1 + f_2\omega^2 + f_3\omega_2{}^1$，则

$$\Omega_1{}^1 = d\omega_1{}^1 = -I_1\omega^1 \wedge \omega_2{}^1 - I_2\omega^2 \wedge \omega_2{}^1 - IK\omega^1 \wedge \omega^2.$$

所以
$$I_1 = I_2 = 0, \quad \Omega_1{}^1 = -IK\omega^1 \wedge \omega^2. \tag{4}$$

对 (3) 式求外微分得
$$K_3 + KI = 0, \tag{5}$$

其中 $K_3\omega_2{}^1 = dK \pmod{\omega^1, \omega^2}$，对 (4) 式求外微分，并利用 (5) 式得

$$KI_3 = 0, \tag{6}$$

其中 I_3 的意义与 K_3 类似.

若 $K \equiv 0$，则由 (3), (4) 式知 F 具有零黎曼曲率，由习题六第 7 题便知 (M, F) 为局部闵可夫斯基流形.

若 $K \not\equiv 0$，则存在 $p \in M$，使得 K 在 $I_p := \{y \in T_pM|\ F(x,y) = 1\}$ 上的某点处取值非零，由于 $\dim M = 2$，I_p 为一条闭曲线，F 在 $T_pM \setminus \{0\}$ 上给出黎曼度量 $\hat{g} = g_{ij}(y)\,dy^i \otimes dy^j$，将 I_p 参数化 $y = y(t)$，使得 t 是 $y(t)$ 的弧长参数，则易知 $f_3 = \dfrac{d}{dt}f(y(t))$，从而 (5) 便成为

$$\dot{K}(t) + I(t)K(t) = 0.$$

该常微分方程的解为

$$K(t) = K(0)e^{\int_0^t I(\tau)d\tau}.$$

特别地，$K(t)$ 在 I_p 上处处非零，由 (6) 便知 $\dot{I}(t) = 0$，从而 $I(t)$ 为常数. 取 $t = L$ 为曲线 I_p 的长度，则由 $K(L) = K(0)$ 便有 $\int_0^L I(\tau)d\tau = 0$，从而 $I = 0$，即 $F(p, y)$ 为 T_pM 上的欧氏度量. 另一方面，易知 Berwald 流形上切向量沿着任意测地线 $\sigma(t)$ 的平行移动给出了沿测地线各点切空间的等距线性同构 (参见文献 [6] 的命题 10.1.1). 从而

由流形的连通性知各点处切空间的度量都是欧氏度量, 即 (M, F) 是黎曼度量.

3. 证 对 $\Omega_i{}^j = \mathrm{d}\omega_i{}^j - \omega_i{}^k \wedge \omega_k{}^j$ 求外微分, 得

$$\mathrm{d}\Omega_i{}^j = \omega_i{}^k \wedge \Omega_k{}^j - \Omega_i{}^k \wedge \omega_k{}^j.$$

将 (5.4) 式代入, 并整理得

$$(R_i{}^j{}_{kl|t} - R_n{}^\alpha{}_{lt} P_i{}^j{}_{k\alpha})\omega^k \wedge \omega^l \wedge \omega^t + (R_i{}^j{}_{kl;\alpha} - 2P_i{}^j{}_{k\alpha|l}$$
$$- 2P_i{}^j{}_{k\beta} P_n{}^\beta{}_{l\alpha})\omega^k \wedge \omega^l \wedge \omega_n{}^\alpha + 2P_i{}^j{}_{k\alpha;\beta} \omega^k \wedge \omega_n{}^\alpha \wedge \omega_n{}^\beta = 0.$$

上式等价于下面三个等式, 即第二毕安基恒等式

$$R_i{}^j{}_{kl|t} + R_i{}^j{}_{lt|k} + R_i{}^j{}_{tk|l} = R_n{}^\alpha{}_{lt} P_i{}^j{}_{k\alpha} + R_n{}^\alpha{}_{tk} P_i{}^j{}_{l\alpha} + R_n{}^\alpha{}_{kl} P_i{}^j{}_{t\alpha},$$
$$R_i{}^j{}_{kl;\alpha} = (P_i{}^j{}_{k\alpha|l} - P_i{}^j{}_{l\alpha|k}) + (P_i{}^j{}_{k\beta} P_n{}^\beta{}_{l\alpha} - P_i{}^j{}_{l\beta} P_n{}^\beta{}_{k\alpha}),$$
$$P_i{}^j{}_{k\alpha;\beta} - P_i{}^j{}_{k\beta;\alpha} = 0.$$

4. 证 由第六章引理 6.1.1 知 (M, F) 具有标量曲率 κ 当且仅当

$$R^\alpha{}_\beta = \kappa \delta^\alpha{}_\beta. \qquad (*)$$

由

$$\Omega_n{}^\alpha = \frac{1}{2} R_n{}^\alpha{}_{kl} \omega^k \wedge \omega^l + P_n{}^\alpha{}_{k\tau} \omega^k \wedge \omega_n{}^\tau$$
$$\equiv \frac{1}{2} R_n{}^\alpha{}_{\beta n} \omega^\beta \wedge \omega + \frac{1}{2} R_n{}^\alpha{}_{n\beta} \omega \wedge \omega^\beta \pmod{\omega^\tau \wedge \omega^\sigma, \ \omega^i \wedge \omega_n{}^\tau}$$
$$\equiv R^\alpha{}_\beta \omega^\beta \wedge \omega \pmod{\omega^\tau \wedge \omega^\sigma, \ \omega^i \wedge \omega_n{}^\tau}$$

知 $(*)$ 等价于

$$\Omega_n{}^\alpha \equiv \kappa \omega^\alpha \wedge \omega \pmod{\omega^\tau \wedge \omega^\sigma, \ \omega^i \wedge \omega_n{}^\tau}.$$

对上式求外微分, 并利用 $\mathrm{d}\Omega_n{}^\alpha = \omega_n{}^\beta \wedge \Omega_\beta{}^\alpha - \Omega_n{}^\beta \wedge \omega_\beta{}^\alpha$, 有

$$-\Omega_n{}^\beta \wedge \omega_\beta{}^\alpha \equiv \mathrm{d}\kappa \wedge \omega^\alpha \wedge \omega$$
$$+ \kappa \omega^\beta \wedge \omega_\beta{}^\alpha \wedge \omega \pmod{\omega^i \wedge \omega^j \wedge \omega_n{}^\alpha, \omega^i \wedge \omega_n{}^\alpha \wedge \omega_n{}^\beta}$$

整理得

$$e_\beta(\kappa) \omega^\beta \wedge \omega^\alpha \wedge \omega \equiv 0 \pmod{\omega^i \wedge \omega^j \wedge \omega_n{}^\alpha, \omega^i \wedge \omega_n{}^\alpha \wedge \omega_n{}^\beta}.$$

注意到 $n \geqslant 3$,取 $\alpha = 1$, $\beta = 2, \cdots, n-1$,便有

$$e_\beta(\kappa) = 0, \quad 2 \leq \beta \leq n-1.$$

再取 $\alpha = 2$,便有 $e_1(\kappa) = 0$. 另一方面,在 T_xM 上取向量 y 与向量 $\left(\dfrac{\partial \kappa}{\partial x^1}, \cdots, \dfrac{\partial \kappa}{\partial x^n}\right)$ 正交 (这样的向量总能够取到,因为 p^*TM 上的纤维的维数大于 2),则有

$$e_n(\kappa) = \frac{y^i}{F} \frac{\partial \kappa}{\partial x^i} = 0,$$

从而在 (x,y) 处 $e_i(\kappa) = 0$, 即 $u_i{}^j \dfrac{\partial \kappa}{\partial x^j} = 0$. 从而 $\dfrac{\partial \kappa}{\partial x^j} = 0$. 由 x 的任意性和流形的连通性便知 κ 为常数.

5. 证 给定 $(x,y) \in TM \backslash \{0\}$, $c(t)$ 为测地线,并且满足 $c(0) = x$, $\dot{c}(0) = y$,则

$$S(x,y) = \frac{\mathrm{d}}{\mathrm{d}t}[\tau(c(t), \dot{c}(t))]\Big|_{|t=0}. \qquad (*)$$

取沿着 $c(t)$ 平行的标架 $\{e_i(t)\}$, $g_{ij}(t) := g(e_i(t), e_j(t))$,则 $g_{ij}(t)$ 为常数,从而 $\det(g_{ij}(t))$ 为常数. 另一方面,对于 Berwald 流形,沿任一曲线的平行移动给出了沿曲线各点的切空间的线性同构,从而任意 $(y^i) \in \mathbb{R}^n$,向量场 $V := y^i e_i(t)$ 沿曲线 $c(t)$ 平行,故 $F(c(t), y^i e_i(t))$ 是常数. 因而 $\tau(c(t), \dot{c}(t))$ 为常数,结合 (*) 便知 $S = 0$. 详细的讨论参见 [35].

6. 证 黎曼流形具有零闵可夫斯基曲率,因而是 Berwald 流形.

对于局部闵可夫斯基流形,其每一点均存在局部坐标,使得 $\Gamma^i_{jk} = 0$,由第 1 题知它也是 Berwald 流形.

7. 证 设 M 为局部闵可夫斯基流形,对于任意 $p \in M$,存在局部坐标 $\{x^i, y^i\}$,使得 $g_{ij} = g_{ij}(y)$. 设 $\omega_i{}^j, \omega_a{}^b$ 分别表示局部坐标 $\{x^i, y^i\}$ 和适当标架 $\{e_a\}$ 所对应的陈联络形式,则有

$$\omega_b{}^a = (\mathrm{d}u_b{}^i)v_i{}^a + u_b{}^j \omega_j{}^i v_i{}^a.$$

由 (4.3) 式易得 $\omega_i{}^j$ 满足下面关系

$$\mathrm{d}g_{ij} = \omega_i{}^l g_{lj} + \omega_j{}^l g_{li} + 2A_{ijk}u_\gamma{}^k \omega_n{}^\gamma. \qquad (*)$$

另一方面,由 F 的正齐性易知有

$$[F^2]_{x^l} = \frac{\partial g_{ij}}{\partial x^l}y^i y^j, \quad [F^2]_{x^k y^l}y^k = 2\frac{\partial g_{il}}{\partial x^k}y^i y^k,$$

从而对于局部闵可夫斯基流形 M,有 $G^i = 0$. 由 (3.79) 式,并结合 $(*)$ 式得

$$\omega_i{}^l g_{lj} + \omega_j{}^l g_{li} = 0.$$

由陈联络的唯一性易知 $\omega_i{}^j = 0$,从而 $\Omega_i{}^j = 0$. 所以局部闵可夫斯基流形具有消失的黎曼曲率张量和闵可夫斯基曲率张量,特别地,它具有零旗曲率.

8. 证 设 F 具有标量曲率 κ,直接计算,并利用引理 3.1.3,引理 3.1.4,推论 3.1.5 有

$$\begin{aligned}R^i{}_j &= u_\alpha{}^i R^\alpha{}_\beta v_j{}^\beta \\ &= \kappa u_\alpha{}^i \delta^\alpha{}_\beta v_j{}^\beta \\ &= \kappa (u_a{}^i v_j{}^a - u_n{}^i v_j{}^n) \\ &= \kappa \left(\delta^i{}_j - \frac{y^i}{F}F_{y^j}\right).\end{aligned}$$

反之

$$R^\alpha{}_\beta = v_i{}^\alpha R^i{}_j u_\beta{}^j$$
$$= \kappa[v_i{}^\alpha \delta^i{}_j u_\beta{}^j - (v_i{}^\alpha u_n^i)(v_j{}^n u_\beta{}^j)]$$
$$= \kappa \delta^\alpha{}_\beta,$$

从而便知结论成立 (参考引理 6.1.1).

9. 证 由第 8 题知，(M,F) 具有常旗曲率 λ 等价于
$$R^i{}_j = \lambda\left(\delta^i{}_j - \frac{y^i}{F}F_{y^j}\right),$$

其中
$$R^i{}_j = \frac{1}{F^2}\left(2\frac{\partial G^i}{\partial x^j} - y^k\frac{\partial^2 G^i}{\partial x^k \partial y^j} + 2G^k\frac{\partial^2 G^i}{\partial y^k \partial y^j} - \frac{\partial G^i}{\partial y^k}\frac{\partial G^k}{\partial y^j}\right).$$

对于广义 Funk 度量，沿用习题四第 5 题的记号，有
$$G^i = Py^i, \quad P = \frac{1}{2}\left(F - \frac{\langle a,y\rangle}{1+\langle a,x\rangle}\right),$$

从而有
$$R^i{}_j = \frac{1}{F_a^2}[(P^2 - y^k P_{x^k})\delta^i{}_j + (2P_{x^j} - y^k P_{x^k y^j} - PP_{y^j})y^i].$$

由习题四第 5 题的计算，容易验证下面两式
$$P_{x^k}y^k = P^2 + \frac{1}{4}F_a^2, \quad P_{x^k y^j}y^k - P_{x^j} = 0.$$

将上式第一个式子对 y^i 求导，并利用第二个式子，得
$$P_{x^j} - PP_{y^j} = \frac{1}{4}F_a[F_a]_{y^j},$$

所以
$$R^i{}_j = \frac{1}{F_a^2}\left(-\frac{1}{4}F_a^2\delta^i{}_j + \frac{1}{4}F_a[F_a]_{y^j}y^i\right) = -\frac{1}{4}\left(\delta^i{}_j - \frac{y^i}{F_a}[F_a]_{y^j}\right),$$

从而广义 Funk 度量具有常旗曲率 $-\frac{1}{4}$.

10. 证 类似于 $\tilde{T}$ 的情形, 我们有
$$\tilde{U} = \frac{\partial \sigma^i}{\partial u}\frac{\partial}{\partial x^i} + \frac{\partial^2 \sigma^i}{\partial t \partial u}\frac{\partial}{\partial y^i} \equiv U \ (\mathrm{mod}\ \frac{\partial}{\partial y^i}).$$
由 $\omega^i \in \Gamma(p^*T^*M)$ 知
$$\omega^i(\tilde{U}) = \omega^i(U).$$

11. 证 由 (4.2) 式知陈联络是无挠的, 容易验证无挠性等价于
$$\mathrm{D}_{\tilde{X}}\pi(\tilde{Y}) - \mathrm{D}_{\tilde{Y}}\pi(\tilde{X}) = \pi[\tilde{X},\tilde{Y}], \quad \tilde{X},\tilde{Y} \in \Gamma(TSM),$$
其中 $\pi: TSM \to p^*TM$ 为自然投影. 所以
$$\mathrm{D}_U T - \mathrm{D}_T U = \pi\left[\tilde{\sigma}_*\left(\frac{\partial}{\partial t}\right), \tilde{\sigma}_*\left(\frac{\partial}{\partial u}\right)\right] = \pi\tilde{\sigma}_*\left[\frac{\partial}{\partial t}, \frac{\partial}{\partial u}\right] = 0.$$

12. 证 令 $t = t(s)$ 满足 $\dfrac{\mathrm{d}t}{\mathrm{d}s} > 0$, $\tilde{T} := \dfrac{\mathrm{d}\sigma}{\mathrm{d}s} = \dfrac{\mathrm{d}t}{\mathrm{d}s}T$, 则对于 $\sigma(s) = \sigma(t(s))$, 有
$$\mathrm{D}_{\tilde{T}}\left(\frac{\tilde{T}}{\|\tilde{T}\|}\right) = \mathrm{D}_{\frac{\mathrm{d}t}{\mathrm{d}s}T}\left(\frac{\mathrm{d}t}{\mathrm{d}s}T \Big/ \frac{\mathrm{d}t}{\mathrm{d}s}\|T\|\right) = \frac{\mathrm{d}t}{\mathrm{d}s}\mathrm{D}_T\left(\frac{T}{\|T\|}\right) = 0,$$
即重新参数化后的曲线 $\sigma(s)$ 也是测地线, 所以 σ 可以以弧长为参数. 事实上, 只需令 $s = \int_{t_0}^{t}\|T\|\mathrm{d}t$, 则
$$\|\tilde{T}\| = \frac{\mathrm{d}t}{\mathrm{d}s}\|T\| = 1.$$

习 题 六

1. 证 充分性显然, 下证必要性.
在定义 5.2.3 中, 取 $b = e_\alpha$, 则有
$$R_{\alpha\alpha} = \kappa.$$
再取 $b = \frac{1}{\sqrt{2}}(e_\alpha + e_\beta)$, 并利用 $R_{\alpha\beta} = R_{\beta\alpha}$, 则有
$$\frac{1}{2}(R_{\alpha\alpha} + R_{\beta\beta} + R_{\alpha\beta} + R_{\beta\alpha}) = \kappa.$$

所以
$$R_{\alpha\beta} = \kappa\delta_{\alpha\beta}$$

2. 嘉当引理 设 $\alpha_1,\cdots,\alpha_r$ 和 $\beta_1,\cdots,\beta_r$ 是 n 维向量空间 V 上两组向量，且 $\sum\limits_{i=1}^{r}\alpha_i \wedge \beta_i = 0$. 若 $\alpha_1,\cdots,\alpha_r$ 线性无关，则 $\beta_j = a^i{}_j\alpha_i (1 \leq j \leq r)$ 且 $a^i{}_j = a^j{}_i$.

引理证明 将 $\alpha_1,\cdots,\alpha_r$ 扩充成 V 的一个基底 $\{\alpha_1,\cdots,\alpha_r,\alpha_{r+1},\cdots,\alpha_n\}$, 设 $\beta_j = a^i{}_j\alpha_i$ $1 \leq j \leq r$, 则由 $\sum\limits_{i=1}^{r}\alpha_i \wedge \beta_i = 0$ 得

$$\sum_{1\leq i<j\leq r}(a^i{}_j - a^j{}_i)\alpha_i \wedge \alpha_j + \sum_{i=1}^{r}\sum_{k=r+1}^{n} a^k{}_i\alpha_i \wedge \alpha_k,$$

所以 $a^i{}_j = a^j{}_i$ $(1 \leq i,j \leq r)$ 且 $a^j{}_i = 0 (1 \leq i \leq r, r+1 \leq j \leq n)$, 引理得证.

3. 证 参见陈省身, 陈维桓著《微分几何讲义》(第二版) (北京大学出版社) 中第二章定理 3.4.

4. 证 指标的约定与第六章相同, 把 (6.18) 式限制到 H 上便有
$$\psi_{ij} \equiv \omega_{ji} + \sum_{k}H_{ijk}\psi_k \pmod{\psi_{\bar{\alpha}}}.$$

直接计算, 并利用 (4.3) 式便有

$$\Psi_{ij} = \mathrm{d}\psi_{ij} + \sum_{t}\psi_{it} \wedge \psi_{tj}$$
$$\equiv \Omega_{ji} - \omega_i{}^k \wedge \omega_{kj} + \sum_{k}\mathrm{d}H_{ijk} \wedge \psi_k + \sum_{k,l}H_{ijl}\psi_k \wedge \omega_{kl}$$
$$+ \sum_{k}\omega_{ki} \wedge \omega_{jk} + \sum_{k,l}H_{itk}H_{tjl}\psi_k \wedge \psi_l$$
$$+ \sum_{t,k}(H_{tjk}\omega_{ti} \wedge \psi_k + H_{itk}\psi_k \wedge \omega_{jt}) \pmod{\psi_i \wedge \psi_{\bar{\alpha}}, \psi_{\bar{\alpha}} \wedge \psi_{\bar{\beta}}}$$
$$\equiv \Omega_{ji} + (H_{tik}H_{tjl} - H_{ijk|l})\psi_k \wedge \psi_l \pmod{\psi_i \wedge \psi_{\bar{\alpha}}, \psi_{\bar{\alpha}} \wedge \psi_{\bar{\beta}}},$$

从而便有

$$K_{ijkl} = -R_{ijkl} + (H_{tik}H_{tjl} - H_{til}H_{tjk}) - (H_{ijk|l} - H_{ijl|k}). \quad (*)$$

对 $\omega_{ij} + \omega_{ji} = -2H_{ijk}\omega_n{}^k$ 求外微分，易得

$$\Omega_{ij} + \Omega_{ji} + 2H_{ijk}\Omega_n{}^k + 2\mathrm{D}H_{ijk} \wedge \omega_n{}^k = 0.$$

由上式易得

$$P_{ijkl} + P_{jikl} - H_{ijt}\dot{H}^t{}_{kl} + 2H_{ijl|k} = 0.$$

特别地，有

$$H_{ijl|l} = H_{ijl|k}.$$

另一方面，对于黎曼流形子流形的 **Gauss 方程**知

$$\tilde{R}_{ijkl} = R_{ijkl} - \sum_t (h^t_{ik}h^t_{jl} - h^t_{il}h^t_{jk}), \quad (**)$$

其中 $\tilde{R}_{ijkl}, R_{ijkl}$ 分别表示子流形和外围流形的黎曼曲率，h^t_{ij} 表示第二基本形式的分量. 由引理 6.3.2 知 $h^t_{ij} = H_{tij}$，从而由 $(*)(**)$ 知芬斯勒丛的积分子流形的黎曼曲率 $\tilde{K}_{ijkl}$ 为

$$\tilde{K}_{ijkl} = -R_{ijkl},$$

由此便得结论.

5. 证 由 (6.35) 式便知 $i_x : S_xM \hookrightarrow SM$ 具有消失的第二基本形式 B 等价于 (M,F) 具有消失的 Landsberg 曲率. 记 h^i 为 i_x 的平均曲率 $\mathrm{tr}_{i_x^*g}B$ 的分量，则同样由 (6.35) 式得

$$h^{\bar{\alpha}} = h^{\bar{\alpha}}{}_{\bar{\beta}\bar{\gamma}}\delta^{\beta\gamma} = -L^{\alpha}{}_{\beta\gamma}\delta^{\beta\gamma} = J^{\alpha}, \quad h^n = 0,$$

从而 i_x 具有消失的平均曲率等价于 (M,F) 具有消失的弱 Landsberg 曲率.

6. 证 由第二毕安基恒等式 (习题五第 3 题), 便有

$$R_n{}^\alpha{}_{\beta n;\gamma} = L^\alpha{}_{\beta\gamma|n} - L^\alpha{}_{n\gamma|\beta}.$$

注意到 $L^\alpha{}_{n\gamma} = \dot{H}^\alpha{}_{n\gamma} = 0$, 由

$$DL^\alpha{}_{n\gamma} = L^\alpha{}_{n\gamma|i}\omega^i + L^\alpha{}_{n\gamma;\delta}\omega_n{}^\delta = -L^\alpha{}_{\beta\gamma}\omega_n{}^\beta$$

知 $L^\alpha{}_{n\gamma|\beta} = 0$, 所以

$$R_n{}^\alpha{}_{\beta n;\gamma} = L^\alpha{}_{\beta\gamma|n}.$$

又由

$$\begin{aligned}
DR_n{}^\alpha{}_{\beta n} &= R_n{}^\alpha{}_{\beta n|t}\omega^t + R_n{}^\alpha{}_{\beta n;\sigma}\omega_n{}^\sigma \\
&= dR_n{}^\alpha{}_{\beta n} + R_n{}^\gamma{}_{\beta n}\omega_\gamma{}^\alpha - R_\gamma{}^\alpha{}_{\beta n}\omega_n{}^\gamma \\
&\quad - R_n{}^\alpha{}_{\gamma n}\omega_\beta{}^\gamma - R_n{}^\alpha{}_{\beta\gamma}\omega_n{}^\gamma \\
&= DR^\alpha{}_\beta - R_\gamma{}^\alpha{}_{\beta n}\omega_n{}^\gamma - R_n{}^\alpha{}_{\beta\gamma}\omega_n{}^\gamma \\
&= R^\alpha{}_{\beta|t}\omega^t + (R^\alpha{}_{\beta;\gamma} - R_\gamma{}^\alpha{}_{\beta n} - R^\alpha{}_{\beta\gamma})\omega_n{}^\gamma,
\end{aligned}$$

便有

$$\begin{aligned}
R^\alpha{}_{\beta;\gamma} &= R_n{}^\alpha{}_{\beta n;\gamma} + R_\gamma{}^\alpha{}_{\beta n} + R^\alpha{}_{\beta\gamma} \\
&= L^\alpha{}_{\beta\gamma|n} + R_\gamma{}^\alpha{}_{\beta n} + R^\alpha{}_{\beta\gamma},
\end{aligned}$$

从而给出了公式 (6.31) 的详细证明.

7. 证 由习题五第 7 题的证明知必要性成立, 下证充分性.

由文献 [6] 的 (3.3.2) 和 (3.3.3) 式知, 在局部坐标下, 黎曼曲率和闵可夫斯基曲率的表达式为

$$R_j{}^i{}_{kl} = \frac{\delta\Gamma^i_{jl}}{\delta x^k} - \frac{\delta\Gamma^i_{jk}}{\delta x^l} + \Gamma^i_{hk}\Gamma^h_{jl} - \Gamma^i_{hl}\Gamma^h_{jk}, \qquad (*)$$

$$P_j{}^i{}_{kl} = -F\frac{\partial\Gamma^i_{jk}}{\partial y^l}, \qquad (**)$$

这里
$$\Gamma^i_{jk} = \frac{1}{2}g^{il}\left(\frac{\delta g_{lj}}{\delta x^k} - \frac{\delta g_{jk}}{\delta x^l} + \frac{\delta g_{kl}}{\delta x^j}\right)$$

为陈联络的**克里斯托费尔符号**, 其中

$$\frac{\delta}{\delta x^i} := \frac{\partial}{\partial x^i} - \frac{\partial G^j}{\partial y^i}\frac{\partial}{\partial y^j}, \quad G^i = \frac{1}{2}\Gamma^i_{jk}y^j y^k.$$

由于 F 具有零闵可夫斯基曲率,由 $(**)$ 知 $\Gamma^i_{jk} = \Gamma^i_{jk}(x)$, 从而 $(*)$ 变为

$$R_j{}^i{}_{kl} = \frac{\partial \Gamma^i_{jl}}{\partial x^k} - \frac{\partial \Gamma^i_{jk}}{\partial x^l} + \Gamma^i_{hk}\Gamma^h_{jl} - \Gamma^i_{hl}\Gamma^h_{jk}.$$

由此 Γ^i_{jk} 给出了 M 上的一个曲率为零的无挠仿射联络. 对于一般的仿射联络有如下的结果, 即对于有限维流形上的无挠联络, 若其曲率在某一点邻域内为零, 则存在该点的局部坐标, 使得所有联络系数为零. (参见 Spivak M. *A Comprehensive Introduction to Differential Geometry*, vol 2) 所以在任意一点 $p \in M$ 处存在局部坐标, 使得 $\Gamma^i_{jk} = 0$, 从而 $G^i = 0$. 另一方面, 由文献 [6] 的 (2.4.11) 式,

$$\frac{\partial g_{ij}}{\partial x^k} = \Gamma_{ijk} + \Gamma_{jik} + 2\frac{A_{ijl}}{F}\frac{\partial G^l}{\partial y^k},$$

便知 $g_{ij} = g_{ij}(y)$, 即 F 是局部闵可夫斯基度量.

8. 证 设 $\{e_a\}$ 为 $\{\psi_a\}$ 的对偶标架, 则由 μ 的定义易知 $\mu(\psi_\alpha) = e_{\bar\alpha}$. 再由 μ 的线性便知 $\mu: H_1^* \to V$ 是同构.

9. 证 直接计算可得到

$$\begin{aligned}
\mathcal{L}_U h(X,Y) &= U(h(X,Y)) - h(\mathcal{L}_U X, Y) - h(X, \mathcal{L}_U Y) \\
&= U(h(X,Y)) - h(\nabla_U X, Y) - h(X, \nabla_U Y) \\
&\quad + h(\nabla_X U, Y) + h(X, \nabla_Y U) \\
&= -h(U, \nabla_X Y) - h(U, \nabla_Y X) \\
&= -2h(U, B(X,Y)),
\end{aligned}$$

从而 $\mathcal{L}_U h(X,Y) = 0, \forall U \in V, \forall X, Y \in H$ 等价于 $B(X,Y) = 0$, 即得结论.

习 题 七

1. 证 只需要证明 $A = 0$. 假设存在 $x \in M, y, u \in I_x$, 使得 $H_{\alpha\beta\gamma} u^\alpha u^\beta u^\gamma \neq 0$, 其中 I_x 为 x 处的芬斯勒球面. 设 $\sigma(t)$ 为以弧长为参数的测地线, $\sigma(0) = x, \dot\sigma(0) = y, U(t)$ 为沿着 σ 的平行向量场, 即 $D_{\dot\sigma} U(t) = 0$. 设

$$\mathcal{H}(t) := H_{\alpha\beta\gamma}(\sigma(t), \dot\sigma(t)) U^\alpha(t) U^\beta(t) U^\gamma(t),$$

则由 (7.9) 式易知

$$\mathcal{H}''(t) + c\mathcal{H}(t) = 0.$$

由常微分方程理论, 解得

$$\mathcal{H}(t) = \mathcal{H}(0) \cosh\left(\sqrt{-c}\,t\right) + \frac{\mathcal{H}'(0)}{\sqrt{-c}} \sinh\left(\sqrt{-c}\,t\right).$$

设 $0 \in (a,b)$ 为使得 $\mathcal{H}(t)$ 不等于 0 的最大区间,

$$\|A\|_x := \sup_{y,u \in I_x} \frac{|A_{(x,y)}(u,u,u)|}{|g_{(x,y)}(u,u)|^{3/2}},$$

$$H(x,r) := \sup_{\min\{d(z,x), d(x,z)\} < r} \|A\|_z.$$

假设 $\mathcal{H}'(0) = 0$ 或 $\mathcal{H}'(0)$ 与 $\mathcal{H}(0)$ 同号, 则 $b = +\infty$, 且

$$H(x,r) \geqslant |\mathcal{H}(r)| \geqslant |\mathcal{H}(0)| \cosh(\sqrt{-c}\,r) + \left|\frac{\mathcal{H}'(0)}{\sqrt{-c}}\right| \sinh\left(\sqrt{-c}\,r\right), \ r > 0;$$

假设 $\mathcal{H}'(0)$ 与 $\mathcal{H}(0)$ 异号, 则 $a = -\infty$, 且

$$H(x,r) \geqslant |\mathcal{H}(-r)| \geqslant |\mathcal{H}(0)| \cosh(\sqrt{-c}\,r) + \left|\frac{\mathcal{H}'(0)}{\sqrt{-c}}\right| \sinh(\sqrt{-c}\,r), \ r > 0.$$

对于上述两种情形均有

$$\lim_{r \to +\infty} \inf \frac{H(x,r)}{e^r} \geqslant |\mathcal{H}(0)| + \left|\frac{\mathcal{H}'(0)}{\sqrt{-c}}\right|,$$

这与 M 的紧性矛盾,所以 F 具有消失的嘉当张量,即 F 是黎曼度量.

2. 证 (证明大意) 对于常 S 曲率 Randers 度量,令 $I_i = \frac{1}{2}g^{jk}\frac{\partial g_{jk}}{\partial y^i}$, $\mathrm{I} := I_i \mathrm{d}x^i$ 为平均嘉当张量, $\mathrm{J} := I_{i|j}y^j \mathrm{d}x^i$ 为平均 Landsberg 张量,

$$\mathrm{R}_y(V) := R^i{}_j V^j \frac{\partial}{\partial x^i}, \quad V = V^i \frac{\partial}{\partial x^i} \in TM.$$

则对于任意测地线 $\sigma = \sigma(t)$,向量场 $\mathrm{I}(t) := I^i(\sigma(t), \dot\sigma(t)) \frac{\partial}{\partial x^i}\Big|_{\sigma(t)}$ 满足方程

$$\mathrm{D}_{\dot\sigma(t)} \mathrm{D}_{\dot\sigma(t)} \mathrm{I}(t) + \mathrm{R}_{\dot\sigma(t)} \mathrm{I}(t) = 0,$$

即 $\mathrm{I}(t)$ 是沿着 $\sigma(t)$ 的 **Jacobi 场**,这里 $I^i = g^{ij}I_j$. 易知

$$\mathrm{D}_{\dot\sigma(t)} \mathrm{I}(t) = \mathrm{J}(t).$$

若 $\mathrm{I}(t) \equiv 0$,则 $\mathrm{J}(t) = 0$. 故不妨设 $\mathrm{I}(t)$ 不恒等于 0, 设 $\phi(t) := \sqrt{g(\mathrm{I}(t), \mathrm{I}(t))}$, $I = (a, b)$ 是使得 $\phi(t) > 0$ 的最大区间, 则有

$$\phi\phi' = g(\mathrm{I}, \mathrm{D}_{\dot\sigma} \mathrm{I}) \le \phi\sqrt{g(\mathrm{D}_{\dot\sigma} \mathrm{I}, \mathrm{D}_{\dot\sigma} \mathrm{I})},$$

即 $\phi' \le \sqrt{g(\mathrm{D}_{\dot\sigma} \mathrm{I}, \mathrm{D}_{\dot\sigma} \mathrm{I})}$. 由于旗曲率非正,所以有

$$\begin{aligned}
\frac{1}{2}(\phi^2)'' &= g(\mathrm{D}_{\dot\sigma} \mathrm{D}_{\dot\sigma} \mathrm{I}, \mathrm{I}) + g(\mathrm{D}_{\dot\sigma} \mathrm{I}, \mathrm{D}_{\dot\sigma} \mathrm{I}) \\
&= -g(\mathrm{R}_{\dot\sigma} \mathrm{I}, \mathrm{I}) + g(\mathrm{D}_{\dot\sigma} \mathrm{I}, \mathrm{D}_{\dot\sigma} \mathrm{I}) \\
&\ge g(\mathrm{D}_{\dot\sigma} \mathrm{I}, \mathrm{D}_{\dot\sigma} \mathrm{I}) \\
&\ge (\phi')^2 \ge 0.
\end{aligned} \qquad (*)$$

若存在 $t_0 \in I$ 使得 $\phi'(t_0) \ne 0$,则易知 $a = -\infty$ 或 $b = \infty$,且 $\phi(t)$ 至少是线性增长的,这与流形的紧性矛盾,从而 $\phi(t)$ 为常数,由 $(*)$ 便知

$$g(\mathrm{R}_{\dot{\sigma}}\mathrm{I}, \mathrm{I}) = 0, \quad \mathrm{D}_{\dot{\sigma}}\mathrm{I} = 0, \quad (**)$$

从而 $\mathrm{J} = 0$, 即 F 为弱 Landsberg 度量. 若 F 的旗曲率在 x 为负的, 则由 $(**)$ 的第一个式子便知 $\mathrm{I}_y = 0$, $\forall y \in T_xM\backslash\{0\}$, 从而由 Deicke 定理知 F 在 x 处是黎曼的. 详细的讨论请参见文献 [40].

3. 证 $S^3 \subset \mathbb{R}^4$ 是单位球面, $(x^1, \cdots, x^4)$ 是 $\mathbb{R}^4$ 的直角坐标系. 令

$$X_1 = (-x^2, x^1, -x^4, x^3),$$
$$X_2 = (-x^3, x^4, x^1, -x^2),$$
$$X_3 = (-x^4, -x^3, x^2, x^1),$$

则 $X_i|_{S^3}$ 是李群 S^3 上的三个单位正交的右不变向量场. 设 $\omega^1, \omega^2, \omega^3$ 为上述向量场在 S^3 上的对偶 1 形式, 令

$$\alpha_k(y) = \sqrt{k^2[\omega^1(y)]^2 + k[\omega^2(y)]^2 + k[\omega^3(y)]^2},$$
$$\beta_k(y) = \sqrt{k^2 - k}\,\omega^1(y) \quad (k > 1),$$

则 $F_k := \alpha_k + \beta_k$ 是 S^3 上的具有常旗曲率 1, 零 S 曲率的 Randers 度量. 详细的讨论请参见文献 [10].

习 题 八

1. 证 令 $\mathrm{d}f = \mathrm{D}f = f_{|i}\omega^i + f_{;\alpha}\omega_n{}^\alpha$. 又

$$\mathrm{d}f = \frac{\partial f}{\partial x^i}\,\mathrm{d}x^i = e_i(f)\omega^i,$$

所以

$$\dot{f} = e_n(f) = \frac{\partial f}{\partial x^i}\frac{y^i}{F}.$$

2. 证 参见 Chang-Wan Kim and Jin-Whan Yim, *Finsler Manifolds with Positive Constant Flag Curvature*, Geometriae Dedicata 98: 47~56, 2003.

3. 解 可以在亏格大于 1 的可定向闭曲面上构造常截面曲率 -1 的黎曼度量，具体构造方法可参见 Gallot S, Hullin D, Lafontaine J. *Riemannian Geometry* (Second Edition), Berlin: Springer-Verlag, 1993, 第 170 页的 3.159.

4. 解 参见 Shiing-Shen Chern, Zhongmin Shen, *Riemann-Finsler Geometry*, World Scientific Publishers, 例 8.2.9.

5. 证 在局部坐标 $\{x^i, y^i\}$ 下，Matsumoto 挠率的表达式为

$$M_{ijk} = A_{ijk} - \frac{1}{n+1}(A_i h_{jk} + A_j h_{ik} + A_k h_{ij}).$$

对于 Randers 度量 $F = \alpha + \beta$，通过直接计算可得

$$A_{ijk} = \frac{1}{n+1}(A_i h_{jk} + A_j h_{ik} + A_k h_{ij}),$$

所以 Randers 度量的 Matsumoto 挠率恒为零. 充分性请读者参见文献 [20].

6. 解 略.

7. 证 (证明大意) 由 M 的紧性知旗曲率 κ 具有负的上界，不妨设为 -1，由常微分方程理论易知，对于方程 $\phi''(t) + \kappa\phi(t) = 0$，设 $0 \in (a,b)$ 为使得 $\phi(t)$ 不等于 0 的最大区间，则有 $|\phi(t)| \geq |\phi(0)\cosh(t) + \phi'(0)\sinh(t)|$. 类似于习题七第 1 题的讨论便知 F 具有消失的 Matsumoto 挠率，由定理 8.2.2 便知 F 为 Randers 度量. 详细的讨论请参见文献 [27].

8. 证 由导航问题 (见文献 [8]) 知，Randers 度量 $F = \alpha + \beta$ 对应的黎曼度量 h 和向量场 W 为

$$h_{ij} = \lambda(a_{ij} - b_i b_j), \quad W^i = -\frac{b^i}{\lambda},$$

其中 $\lambda := 1 - \|\beta\|_\alpha^2$, $b^i := a^{ij} b_j$，从而

$$|W|_h^2 = W^i h_{ij} W^j = \frac{1}{\lambda} b^i (a_{ij} - b_i b_j) b^j = \|\beta\|_\alpha^2.$$

9. 证 设 $F = \alpha + \beta$ 为 M 上的 Randers 度量，(M, h, W) 为其导航表示，则有

$$a_{ij} = \frac{h_{ij}}{\lambda} + \frac{W_i}{\lambda}\frac{W_j}{\lambda}, \quad b_i = -\frac{W_i}{\lambda},$$

其中 $W_i := h_{ij}W^j, \lambda := 1 - h(W,W) > 0$. 通过计算可知 F 具有常旗曲率 K 当且仅当 (M, h, W) 满足以下条件：

(1) $\mathcal{L}_W h = -\sigma h$; $\quad\quad\quad\quad\quad\quad\quad\quad\quad\quad\quad\quad$ (*)

(2) h 具有常截面曲率 $K + \frac{1}{16}\sigma^2$. $\quad\quad\quad\quad\quad$ (**)

设 φ_t 为向量场 W 给出的局部流，则由 (*) 可解得 $\varphi_t^* h = e^{-\sigma t}h$，从而 h 与 $e^{-\sigma t}h$ 在 φ_t 下是等距，从而对应点的截面曲率相同. 若 h 非平坦，则必有 $e^{-\sigma t} = 1$，即 $\sigma = 0$，即 W 满足 $\mathcal{L}_W h = 0$ 为 M 上的 Killing 场. 在局部坐标下，(*) 等价于

$$W_{i|j} + W_{j|i} = -\sigma h_{ij}, \quad\quad\quad (***)$$

其中 "|" 表示关于黎曼度量 h 的协变导数. 为解得 W，我们需要如下简单的事实，即

引理 设 $P_1, \cdots, P_n$ 为 $\mathbb{R}^n$ 上的实值函数，若 P_i 满足

$$\frac{\partial P_i}{\partial x^j} + \frac{\partial P_j}{\partial x^i} = 0, \quad\quad\quad (****)$$

则必有 $P_i = Q_{ij}x^j + C_i$，其中 $Q = (Q_{ij})$ 为常反对称矩阵，$C = (C_i)$ 为常向量.

对于欧氏空间的情形，$h_{ij} = \delta_{ij}$，此时 (***) 成为

$$\frac{\partial W_i}{\partial x^j} + \frac{\partial W_j}{\partial x^i} = -\sigma \delta_{ij}.$$

显然 $W_i = -\frac{1}{2}\sigma\delta_{ij}x^j$ 为特解. 令 $P_i = W_i + \frac{1}{2}\sigma\delta_{ij}x^j$，则 P_i 满足 (****)，从而可解得

$$W^i = -\frac{1}{2}\sigma x^i + Q^i{}_j x^j + C^i.$$

对于 n 维球面和 n 维双曲空间的情形,由前面的讨论知 $\sigma = 0$,从而 h 的截面曲率为 K,取

$$h = \begin{cases} \dfrac{1}{\sqrt{K}} \dfrac{\sqrt{(1+|x|^2)|y|^2 - \langle x,y\rangle^2}}{1+|x|^2}, & x \in \mathbb{R}^n, \text{ 若 } K > 0, \\ \dfrac{1}{\sqrt{-K}} \dfrac{\sqrt{(1-|x|^2)|y|^2 + \langle x,y\rangle^2}}{1-|x|^2}, & x \in \mathbb{B}^n, \text{ 若 } K < 0, \end{cases}$$

令 $c = \operatorname{sgn}(K)$,便有

$$h_{ij} = \frac{1}{|K|}\left(\frac{\delta_{ij}}{1+c|x|^2} - c\frac{x^i x^j}{(1+c|x|^2)^2}\right),$$

$$h^{ij} = |K|(1+c|x|^2)(\delta^{ij} + c x^i x^j),$$

$$\gamma^k_{ij} = -c\frac{x^i \delta^k{}_j + x^j \delta^k{}_i}{1+c|x|^2},$$

从而 (∗ ∗ ∗) 成为

$$\frac{\partial W_i}{\partial x^j} + \frac{\partial W_j}{\partial x^i} + \frac{2c}{1+c|x|^2}(x^i W_j + x^j W_i) = 0.$$

令 $P_i = |K|(1+c|x|^2)W_i$,容易验证 P_i 满足 (∗ ∗ ∗∗),从而便有

$$W_i = \frac{Q_{ij}x^j + C_i}{|K|(1+c|x|^2)},$$

$$W^i = h^{ij}W_j = Q^i{}_j x^j + C^i + c\langle x, C\rangle x^i.$$

这样便给出了常旗曲率 Randers 度量的完全分类,总结如下:

$F = \alpha + \beta$ 具有常旗曲率 K 当且仅当 F 满足以下条件:

(A) $a_{ij} = \dfrac{h_{ij}}{\lambda} + \dfrac{W_i}{\lambda}\dfrac{W_j}{\lambda}$,$b_i = -\dfrac{W_i}{\lambda}$,其中 h 是具有常截面曲率 $K + \dfrac{1}{16}\sigma^2$ 的黎曼度量,$W = W^i \dfrac{\partial}{\partial x^i}$ 满足 $\mathcal{L}_W h = -\sigma h$ 为 (M, h) 上的相似向量场,$W_i := h_{ij}W^j, \lambda := 1 - h(W, W) > 0$.

(B) 在局部等距意义下,h 和 W 为以下四种情形之一:

(1) $K > 0$ 时,$h(y, y) = \dfrac{(1+|x|^2)|y|^2 - \langle x, y\rangle^2}{K(1+|x|^2)^2}$ 是 S^n 关于球极

投影坐标系上具有常截面曲率 K 的黎曼度量, $W = Qx+C+\langle x,C\rangle x$ 为 (M,h) 上的 Killing 场.

(2) $K = 0$ 时, h 是 $\mathbb{R}^n$ 上标准欧氏度量, $W = Qx + C$ 为 (M,h) 上的 Killing 场.

(3) $K < 0$ 时,

(i) h 是 $\mathbb{R}^n$ 上标准欧氏度量, $W = -\dfrac{1}{2}\sigma x + Qx + C$ 为 (M,h) 上的相似向量场, 其中 $\sigma = \pm 4\sqrt{|K|}$.

(ii) $h(y,y) = \dfrac{(1-|x|^2)|y|^2 + \langle x,y\rangle^2}{|K|(1-|x|^2)^2}$ 为 $\mathbb{B}^n$ 上具有常截面曲率 K 的黎曼度量, $W = Qx + C - \langle x,C\rangle x$ 为 (M,h) 上的 Killing 场.

详细的讨论请参见文献 [8].

10. 证 我们可以证明更一般的结论, 即对于 n 维流形 M 上的 Randers 度量 $F = \alpha + \beta$, 以下三条等价:

(i) $S = (n+1)c(x)F$;

(ii) $E = \dfrac{1}{2}(n+1)c(x)F^{-1}h$;

(iii) $e_{00} = 2c(x)(\alpha^2 - \beta^2)$,

其中 $c(x)$ 为 M 上的光滑函数,

$$h := h_{ij}\mathrm{d}x^i \otimes \mathrm{d}x^j = (g_{ij} - F_{y^i}F_{y^j})\mathrm{d}x^i \otimes \mathrm{d}x^j$$

为 (M,F) 的**角度量**,

$$e_{00} := e_{ij}y^iy^j, \quad e_{ij} := r_{ij} + b_is_j + b_js_i,$$

上式中 s_i, r_{ij} 的定义同命题 4.4.5.

由命题 4.4.5 知 (i) 和 (iii) 是等价的, 下证 (ii) 和 (iii) 也是等价的.

假设 (iii) 成立, 则有 $S = (n+1)c(x)F$, 所以

$$E_{ij} = \dfrac{1}{2}\dfrac{\partial^2 S}{\partial y^i \partial y^j} = \dfrac{1}{2}(n+1)c(x)F_{y^iy^j} = \dfrac{1}{2}(n+1)c(x)F^{-1}h_{ij},$$

从而便知 (ii) 成立.

反之,假设 (ii) 成立,易知 (4.22) 式等价于
$$S = (n+1)\left(\frac{e_{00}}{2F} - s_0 - \mathrm{d}\rho\right).$$

所以
$$E_{ij} = \frac{1}{2}(n+1)\left[\frac{e_{00}}{2F}\right]_{y^i y^j} = \frac{1}{2}(n+1)c(x)F_{y^i y^j},$$

从而便知存在 $\eta \in T^*M$ 和常数 k,使得
$$\frac{e_{00}}{F} = 2c(x)F + \eta + k,$$

由正齐性便知 $k=0$,所以
$$e_{00} = 2c(x)F^2 + \eta F.$$

上式等价于下面两式
$$e_{00} = 2c(x)(\alpha^2 + \beta^2) + \eta\beta,$$
$$0 = 2c(x)\beta + \eta,$$

从而便知 $e_{00} = 2c(x)(\alpha^2 - \beta^2)$,即 (iii) 成立.

11. 解 设 θ, ϕ 是单位球面 S^2 的球面坐标,$t \in (0, \tau)$,$\tau < \ln(1+\sqrt{2})$,其中 $0 \le \phi < \pi$ 是从 z 轴正向到所在点的角度. 令
$$h = \sinh^2 t(\sin^2\phi \mathrm{d}\theta \otimes \mathrm{d}\theta + \mathrm{d}\phi \otimes \mathrm{d}\phi) + \mathrm{d}t \otimes \mathrm{d}t, \quad W = \frac{\partial}{\partial \theta}.$$

则由航行问题,上述黎曼度量和向量场对应于如下的 Randers 度量
$$\alpha = \frac{\sqrt{\xi^2(y^1)^2 + (1-\xi^2)(\sinh^2 t(y^2)^2 + (y^3)^2)}}{1-\xi^2},$$
$$\beta = \frac{-\xi^2 y^1}{1-\xi^2},$$

其中 $\xi^2 := \sinh^2 t \sin^2 \phi$. 详细的讨论请参见文献 [7].

12. 证 (证明大意) 由命题 4.4.5 知 F 具有迷向 S 曲率等价于

$e_{00} = 2c(x)(\alpha^2 - \beta^2)$, 其中 e_{00} 的定义见第 10 题. 故只需证明 $J + c(x)\eta = 0$ 等价于 $e_{00} = 2c(x)(\alpha^2 - \beta^2)$ 且 β 是闭的. 直接计算可知

$$A_i = \frac{1}{2}(n+1)\left(b_i - \frac{\beta}{\alpha}\frac{y_i}{\alpha}\right),$$

$$\begin{aligned}J_i =& \frac{1}{4}(n+1)F^{-2}\alpha^{-2}\{2\alpha[(e_{i0}\alpha^2 - y_i e_{00}) - 2\beta(s_i\alpha^2 - y_i s_0) \\&+ s_{i0}(\alpha^2 + \beta^2)] + \alpha^2(e_{i0}\beta - b_i e_{00}) + \beta(e_{i0}\alpha^2 - y_i e_{00}) \\&- 2(s_i\alpha^2 - y_i s_0)(\alpha^2 + \beta^2) + 4s_{i0}\alpha^2\beta\},\end{aligned}$$

其中 $y_i = a_{ij}y^j, s_{i0} = s_{ij}y^j, e_{i0} = e_{ij}y^j$. 由上面两式便能证明结论成立. 详细的讨论请参见文献 [12] 的引理 4.1.

13. 证 必要性显然, 下证充分性.

对于 Randers 度量, Matsumoto 挠率为 0, 即有

$$A_{ijk} = \frac{1}{n+1}(A_i h_{jk} + A_j h_{ik} + A_k h_{ij}).$$

易知 $g_{ij|k} = 0, F_{y^i|k} = 0$, 从而 $h_{ij|k} = 0$, 所以

$$\begin{aligned}L_{ijk} =& -A_{ijk|l}y^l \\=& -\frac{1}{n+1}(A_{i|l}h_{jk} + A_{j|l}h_{ik} + A_{k|l}h_{ij})y^l \\=& \frac{1}{n+1}(J_i h_{jk} + J_j h_{ik} + J_k h_{ij}).\end{aligned}$$

由 (3.38) 式知 $h_{ij}\xi^i\xi^j \geqslant 0$, 其等号成立当且仅当 ξ 与 y 共线. 若 $L = 0$, 取 $\xi = \xi^i\frac{\partial}{\partial x^i}$ 不与 y 共线, 将上式与 $\xi^i\xi^j\xi^k$ 作缩并, 得 $J_i\xi^i = 0$. 另一方面, 易知 $J_i y^i = 0$, 由此便知 $J = 0$. 由第 12 题便知 β 关于 α 是平行的, 即 $b_{i|j} = 0$, 这里的 "|" 表示关于 α 的共变导数. 由习题三第 7 题知 F 与 α 有相同的测地系数, 特别地, F 的联络系数与 y 无关. 由习题五第 1 题便知 F 为 Berwald 度量.

14. 证 设 $\Phi = h+\gamma$ 是 Rander 度量，$\gamma \in \Gamma(T^*M), h(x,\gamma_x) < 1$. 考虑以下的导航问题

$$\Phi\left(x, \frac{y}{F(x,y)} - V_x\right) = 1.$$

令

$$h = \sqrt{h_{ij}(x)y^i y^j}, \quad \gamma = \gamma_i(x)y^i,$$

则

$$1 = h\left(x, \frac{y}{F} - V\right) + \gamma\left(x, \frac{y}{F} - V\right)$$
$$= \sqrt{h_{ij}\left(\frac{y^i}{F} - V^i\right)\left(\frac{y^j}{F} - V^j\right)} + \gamma_i\left(\frac{y^i}{F} + V^i\right),$$

$$\frac{1}{F^2}h_{ij}y^i y^j - \frac{2}{F}h_{ij}V^i y^j + h_{ij}V^i V^j = \left[1 - \frac{\gamma_c y^i}{F} + \gamma_i V^i\right]^2,$$

$$[(1+\gamma_p V^p)^2 - h_{pq}V^p V^q]F^2 + 2[h_{pq}V^p y^q - (1+\gamma_p V^p)\gamma_q y^q]F$$
$$+ (\gamma_p y^p)^2 - h_{pq}y^p y^q = 0,$$

故得

$$F = \alpha + \beta, \quad \alpha^2 = a_{ij}(x)y^i y^j, \quad \beta = b_i y^i,$$

其中

$$a_{ij} = \frac{[(1+\gamma_p V^p)^2 - h_{pq}V^p V^q](h_{ij} - \gamma_i \gamma_j)}{[(1+\gamma_p V^p)^2 - h_{pq}V^p V^q]^2}$$
$$+ \frac{[h_{ip}V^p - (1+\gamma_p V^p)\gamma_i][h_{jp}V^p - (1+\gamma_p V^p)]}{[(1+\gamma_p V^p)^2 - h_{pq}V^p V^q]^2},$$

$$b_i = \frac{(1+\gamma_p V^p)\gamma_i - h_{ip}V^p}{(1+\gamma_p V^p)^2 - h_{pq}V^p V^q}.$$

习 题 九

1. 证 易知

$$\omega_1 \wedge \cdots \wedge \omega_m = \sqrt{\det(g_{ij})}\, dx_1 \wedge \cdots \wedge dx_m,$$

所以

$$\Pi = \sqrt{\det(g_{ij})}\,dx_1 \wedge \cdots \wedge dx_m \wedge \omega_{m1} \wedge \cdots \wedge \omega_{m,m-1}$$
$$= \sqrt{\det(g_{ij})}\,dx_1 \wedge \cdots \wedge dx_m \wedge \chi,$$

从而

$$\int_{SM} f\Pi = \int_{SM} f\sqrt{\det(g_{ij})}\,dx_1 \wedge \cdots \wedge dx_m \wedge \chi$$
$$= \int_M dx \int_{S_xM} f\sqrt{\det(g_{ij})}\,\chi.$$

2. 证 参见文献 [29].

3. 证 $\nabla dx^i = d(dx^i) - \omega_j{}^i \otimes dx^j = -{}^M\Gamma^i_{jk} dx^k \otimes dx^j$.

4. 证 由陈联络的无挠性, 有 $dx^j \wedge \omega_j{}^k = 0$, 即

$${}^M\Gamma^k_{ji} dx^j \wedge dx^i = 0,$$

从而便有

$${}^M\Gamma^k_{ij} - {}^M\Gamma^k_{ji} = 0.$$

5. 证 由 (9.18), (9.19) 和 (9.20) 式有

$${}^M\Gamma^i_{ki} = g^{ij}\,{}^M\Gamma_{jki}$$
$$= \frac{1}{2}g^{ij}\left(\frac{\partial g_{jk}}{\partial x^i} - \frac{\partial g_{ki}}{\partial x^j} + \frac{\partial g_{ij}}{\partial x^k}\right)$$
$$- \frac{1}{2}g^{ij}\left(\frac{\partial g_{jk}}{\partial y^t}\frac{\partial G^t}{\partial y^i} - \frac{\partial g_{ki}}{\partial y^t}\frac{\partial G^t}{\partial y^j} + \frac{\partial g_{ij}}{\partial y^t}\frac{\partial G^t}{\partial y^k}\right).$$

注意到

$$\frac{\partial g_{jk}}{\partial x^i} - \frac{\partial g_{ki}}{\partial x^j} \quad \text{和} \quad \frac{\partial g_{jk}}{\partial y^t}\frac{\partial G^t}{\partial y^i} - \frac{\partial g_{ki}}{\partial y^t}\frac{\partial G^t}{\partial y^j}$$

关于 i,j 是反对称的, 从而与 g^{ij} 的缩并等于 0, 于是便有

$$^M\Gamma^i_{ki} = \frac{1}{2}g^{ij}\frac{\partial g_{ij}}{\partial x^k} - \frac{1}{2}g^{ij}\frac{\partial g_{ij}}{\partial y^t}\frac{\partial G^t}{\partial y^k}$$

$$= \left(\frac{\partial}{\partial x^k} - \frac{\partial G^i}{\partial y^k}\frac{\partial}{\partial y^i}\right)\ln\sqrt{\det\mathcal{G}}.$$

由引理 4.2.2 知函数沿希尔伯特形式的共变导数等于沿测地线求导,由

$$\begin{aligned}\frac{\mathrm{d}}{\mathrm{d}t}F(c(t),\dot{c}(t)) &= F_{x^i}\dot{c}^i(t) + F_{y^i}\ddot{c}^i(t) \\ &= F_{x^i}\dot{c}^i(t) - 2G^i(c(t),\dot{c}(t))F_{y^i} \\ &= F_{x^i}\dot{c}^i(t) - g^{il}\left[\left(\frac{F^2}{2}\right)_{y^l x^k}\dot{c}^k(t) - \left(\frac{F^2}{2}\right)_{x^l}\right]F_{y^i} \\ &= F_{x^i}\dot{c}^i(t) - \frac{\dot{c}^l(t)}{F}\left[\left(\frac{F^2}{2}\right)_{y^l x^k}\dot{c}^k(t) - \left(\frac{F^2}{2}\right)_{x^l}\right] \\ &= F_{x^i}\dot{c}^i(t) - 2F_{x^k}\dot{c}^k(t) + F_{x^l}\dot{c}^l(t) \\ &= 0\end{aligned}$$

便知 $\dot{F} = 0$. 由 (2.4) 式知 $A_i = F\frac{\partial}{\partial y^i}\ln\sqrt{\det\mathcal{G}}$, 所以

$$\begin{aligned}\dot{\eta} &= \nabla_{\frac{\hat{y}}{F}}A_i \mathrm{d}x^i \\ &= \frac{\hat{y}}{F}(A_i)\,\mathrm{d}x^i + A_i\nabla_{\frac{\hat{y}}{F}}\mathrm{d}x^i.\end{aligned}$$

由 (9.18), (9.19), (9.20) 式易得 $y^{j\,M}\Gamma^k_{ji} = \frac{\partial G^k}{\partial y^i}$, 所以有

$$\begin{aligned}\xi_i &= \frac{\hat{y}}{F}(A_i) - \frac{y^j}{F}A_k{}^M\Gamma^k_{ji} \\ &= \frac{1}{F}\hat{y}(F)\frac{\partial}{\partial y^i}\ln\sqrt{\det\mathcal{G}} + \hat{y}\left(\frac{\partial}{\partial y^i}\ln\sqrt{\det\mathcal{G}}\right) \\ &\quad - \frac{\partial G^k}{\partial y^i}\frac{\partial}{\partial y^k}\ln\sqrt{\det\mathcal{G}}\end{aligned}$$

$$= \left(y^j \frac{\partial}{\partial x^j} - 2G^k \frac{\partial}{\partial y^k}\right) \frac{\partial}{\partial y^i} \ln \sqrt{\det \mathcal{G}}$$

$$- \frac{\partial G^k}{\partial y^i} \frac{\partial}{\partial y^k} \ln \sqrt{\det \mathcal{G}}$$

$$= \left(y^j \frac{\partial}{\partial x^j} - y^j \frac{\partial G^k}{\partial y^j} \frac{\partial}{\partial y^k}\right) \frac{\partial}{\partial y^i} \ln \sqrt{\det \mathcal{G}}$$

$$- \frac{\partial G^k}{\partial y^i} \frac{\partial}{\partial y^k} \ln \sqrt{\det \mathcal{G}}$$

$$= y^j \frac{\partial}{\partial y^i} \left(\frac{\partial}{\partial x^j} - \frac{\partial G^k}{\partial y^j} \frac{\partial}{\partial y^k}\right) \ln \sqrt{\det \mathcal{G}}$$

$$= y^j \frac{\partial^M \Gamma_{jk}^k}{\partial y^i}.$$

6. 证 $\mathrm{d}\phi \in \Gamma(T^*M \otimes TN)$, ∇ 为 $\phi_*(T^*M) \otimes TN$ 上的共变微分, 则

$$\nabla \mathrm{d}\phi(X,Y) = \nabla_{(\phi_*X,X)} \mathrm{d}\phi(Y)$$
$$= \nabla_{\phi_*X}(\mathrm{d}\phi(Y)) - \mathrm{d}\phi(\nabla_X Y)$$
$$= B(X,Y),$$

从而 ϕ 的第二基本形式和子流形的第二基本形式是一致的.

7. 证 对于单位球面

$$S^n = \{x \in \mathbb{R}^{n+1} \mid \|x\|^2 = (x^1)^2 + \cdots + (x^{n+1})^2 = 1\},$$

其单位外法向为 $N = x^i \frac{\partial}{\partial x^i}$. 对于任意 $x \in S^n$, 令

$$X_\alpha = x^\alpha \frac{\partial}{\partial x^{n+1}} - x^{n+1} \frac{\partial}{\partial x^\alpha}, \quad 1 \le \alpha \le n,$$

易知 $\{X_\alpha\}$ 为 $T_x S^n$ 上的 n 个线性无关的向量. 易求得

$$B(X_\alpha, X_\alpha) = (\nabla_{X_\alpha} X_\alpha)^\perp$$
$$= -[(x^\alpha)^2 + (x^{n+1})^2]N,$$

从而易知在 x 处沿 X_α 方向的法曲率

$$\left|\frac{B(X_\alpha, X_\alpha)}{g(X_\alpha, X_\alpha)}\right| = 1.$$

由 x 的任意性便知 $i: S^n \to \mathbb{R}^{n+1}$ 是具有常平均曲率 1 的全脐等距浸入.

8. 证 由习题三第 7 题, 我们有

$$G^i = G_\alpha^i + Py^i + Q^i,$$

其中 $Q^i = \alpha s^i{}_0$, $P = \frac{1}{2F}(r_{00} - 2\alpha s_0)$, $G_\alpha^i = \frac{1}{2}\gamma^i_{jk}y^j y^k$ 为 α 的测地系数. 若 β 关于 α 是平行的, 则有 $b_{i|j} = 0$, 从而 $s_{ij} = 0, r_{ij} = 0$, 所以 F 与 α 具有相同的测地系数.

习 题 十

1. 证 必要性 由于 $\alpha+\beta$ 局部射影平坦, 即它逐点射影相关于一个局部闵可夫斯基度量, 故 F 具有消失的 Weyl 曲率和 Douglas 曲率, 从而 $d\beta = 0$, 于是 $\alpha+\beta$ 与 α 逐点射影相关, 从而 α 是局部射影平坦度量.

充分性 由 $d\beta = 0$ 知 $\alpha+\beta$ 与 α 逐点射影相关, 从而 $\alpha+\beta$ 是局部射影平坦的 Randers 度量.

2. 证 黎曼流形 (M, α) 是局部射影平坦的等价于 α 具有消失的 Weyl 曲率, 等价于 α 具有常截面曲率.

3. 证 设 $R_\alpha{}^\beta$ 是旗曲率张量在恰当标架下的分量,

$$W_\alpha{}^\beta := R_\alpha{}^\beta - \frac{\text{Ric}}{n-1}\delta_\alpha{}^\beta$$

为 Weyl 曲率, 其中 $\text{Ric} = \sum_\alpha R_{\alpha\alpha}$ 为里奇曲率, 则当 (M, F) 具有

标量曲率 κ 时，由引理 6.1.1 有 $R_\alpha{}^\beta = \kappa \delta_\alpha{}^\beta$，所以

$$W_\alpha{}^\beta = \kappa \delta_\alpha{}^\beta - \frac{(n-1)\kappa}{n-1} \delta_\alpha{}^\beta = 0.$$

反之，若 $W_\alpha{}^\beta = 0$，则

$$R_\alpha{}^\beta = \frac{\mathrm{Ric}}{n-1} \delta_\alpha{}^\beta,$$

即 (M, F) 具有标量曲率 $\dfrac{\mathrm{Ric}}{n-1}$.

4. 证 局部射影平坦的芬斯勒度量具有标量曲率，从而由上题知它具有零 Weyl 曲率.

5. 证 易知若芬斯勒度量 F 是局部射影平坦的，则在某个局部坐标下，有 $G^i = Py^i$，且 $P = \dfrac{F_{x^k}y^k}{2F}$ 为 1 阶正齐性函数. 对于局部射影平坦 Randers 度量 $F = \alpha + \beta$，由于 β 是闭的，由习题三第 7 题，我们有 $G^i = \bar{G}^i + Py^i$，其中 $P = \dfrac{\Phi}{2F}$，$\bar{G}^i$ 为 α 的测地系数. 由于 α 是常曲率的，由第 2 题知它是局部射影平坦的，从而可令 $\bar{G}^i = \bar{P}y^i$，且 $P + \bar{P} = \dfrac{F_{x^k}y^k}{2F}$. 直接计算，并利用 $b_{i|j} = b_{j|i}$，有

$$\begin{aligned}
\Psi &= b_{i|j|k} y^i y^j y^k \\
&= \frac{\partial b_{i|j}}{\partial x^k} y^i y^j y^k - (b_{l|j} \gamma^l_{ik} + b_{i|l} \gamma^l_{jk}) y^i y^j y^k \\
&= \Phi_{x^k} y^k - 2 b_{i|l} \gamma^l_{jk} y^i y^j y^k \\
&= \Phi_{x^k} y^k - 2 \Phi_{y^l} \bar{G}^l \\
&= 2(PF)_{x^k} y^k - 4(PF)_{y^l} \bar{P} y^l \\
&= 2F P_{x^k} y^k + 2P F_{x^k} y^k - 4 P_{y^l} y^l F \bar{P} - 4P\bar{P} F_{y^l} y^l \\
&= 2F P_{x^k} y^k + 4FP^2 - 4FP\bar{P}.
\end{aligned}$$

利用

$$R^i{}_j = 2 \frac{\partial G^i}{\partial x^j} - y^k \frac{\partial^2 G^i}{\partial x^k \partial y^j} + 2 G^k \frac{\partial^2 G^i}{\partial y^k \partial y^j} - \frac{\partial G^i}{\partial y^k} \frac{\partial G^k}{\partial y^j}$$

直接计算便有

$$R^i{}_i = \bar{R}^i{}_i + (n-1)P^2 + 2(n-1)P\bar{P} - (n-1)P_{x^k}y^k$$
$$= \bar{R}^i{}_i + (n-1)\left[3\left(\frac{\Phi}{2F}\right)^2 - \frac{\Psi}{2F}\right].$$

另一方面,由 F 是局部射影平坦的知 F 具有标量曲率 κ,所以有 $\text{Ric} = R^i{}_i = (n-1)\kappa F^2$, $\overline{\text{Ric}} = (n-1)\mu\alpha^2$,结合上式便有

$$\kappa F^2 = \mu\alpha^2 + 3\left(\frac{\Phi}{2F}\right)^2 - \frac{\Psi}{2F}.$$

又由命题 4.4.5, 若 F 具有迷向 S 曲率,且 β 是闭的,则 $b_{i|j} = 2c(a_{ij} - b_ib_j)$,所以

$$\Phi = 2c(\alpha^2 - \beta^2),$$
$$b_{i|j|k} = 2c_k(a_{ij} - b_ib_j) + 2c(-b_{i|k}b_j - b_ib_{j|k}),$$

因而

$$\Psi = 2c_ky^k(\alpha^2 - \beta^2) - 8c^2\beta(\alpha^2 - \beta^2)$$
$$= 2F\omega(c)(\alpha^2 - \beta^2) - 8c^2\beta(\alpha^2 - \beta^2)$$
$$= (2\dot{c}F - 8c^2\beta)(\alpha^2 - \beta^2).$$

6. 证 在文献 [37] 中,作者证明了如下结论:

设 $F = \alpha + \beta$ 为局部射影平坦的具有常里奇曲率 $\text{Ric} = (n-1)\lambda F^2$ 的 n 维 Randers 度量, $\beta \neq 0$. 则 $\lambda \leq 0$,且若 $\lambda = 0$,则 F 是局部闵可夫斯基度量;若 $\lambda = -1/4$,则 F 是广义 Funk 度量.

由上述结论便能得到所需结论. 详细的讨论请参见文献 [37].

7. 解 设 $\bar{\alpha} = a_{ij}y^iy^j$,则由 (10.33) 式知

$$a_{ij} = \frac{\delta_{ij}}{1+\mu|x|^2} - \frac{\mu x^i x^j}{(1+\mu|x|^2)^2}.$$

由习题一第 4 题知
$$a^{ij} = (1+\mu|x|^2)(\delta^{ij} + \mu x^i x^j).$$

利用
$$\gamma^i_{jk} = \frac{1}{2}g^{il}\left(\frac{\partial g_{jl}}{\partial x^k} - \frac{\partial g_{jk}}{\partial x^l} + \frac{\partial g_{lk}}{\partial x^j}\right),$$

直接计算便有
$$\gamma^i_{jk} = -\mu\frac{x^j\delta^i{}_k + x^k\delta^i{}_j}{1+\mu|x|^2}.$$

8. 证 由命题 4.4.5 有
$$r_{ij} = 2c(x)(a_{ij} - b_i b_j) - b_i s_j - b_j s_i.$$

由 $d\beta = 0$ 易知 $s_{ij} = 0$, 从而 $s_i = 0$, 注意到 $b_{i|j} = b_{j|i} = r_{ij}$, 便有
$$b_{i|j} = 2c(x)(a_{ij} - b_i b_j).$$

由 (10.6) 式有 $c_i = c_{x^i} = -\frac{1}{2}(\mu + 4c^2)b_i$, 从而
$$c_{i|j} = -\frac{1}{2}\frac{\partial}{\partial x^j}(\mu + 4c^2)b_i - \frac{1}{2}(\mu + 4c^2)b_{i|j}$$
$$= -4cc_j b_i - (\mu + 4c^2)c(a_{ij} - b_i b_j)$$
$$= -c(\mu + 4c^2)a_{ij} + \frac{12cc_i c_j}{\mu + 4c^2}.$$

9. 证 由第 7 题有
$$\gamma^i_{jk} = -\mu\frac{x^j\delta^i{}_k + x^k\delta^i{}_j}{1+\mu|x|^2},$$

从而由 (10.8) 式有
$$c_{x^i x^j} + \frac{\mu(x^i c_{x^j} + x^j c_{x^i})}{1+\mu|x|^2}$$
$$= -c(\mu + 4c^2)\left[\frac{\delta_{ij}}{1+\mu|x|^2} - \frac{\mu x^i x^j}{(1+\mu|x|^2)^2}\right] + \frac{12cc_{x^i}c_{x^j}}{\mu + 4c^2}.$$

下面我们从上式求解 $c(x)$. 令

$$\varphi = \begin{cases} \dfrac{2c\sqrt{1+\mu|x|^2}}{\sqrt{\pm(\mu+4c^2)}}, & \text{若 } \mu \neq 0, \\ \dfrac{1}{4c^2} - |x|^2, & \text{若 } \mu = 0, \end{cases} \qquad (*)$$

其中 ± 号选取是使得 $\pm(\mu+4c^2) > 0$. 直接计算知 φ 满足 $\dfrac{\partial^2 \varphi}{\partial x^i \partial x^j} = 0$, 从而 φ 是 x 的线性函数. 令

$$\varphi = \begin{cases} \lambda + \langle a, x \rangle, & \text{若 } \mu \neq 0, \\ \lambda + 2\langle a, x \rangle, & \text{若 } \mu = 0, \end{cases}$$

结合 (*) 式, 便得到 $c(x)$ 的表达式, 再由 (10.6) 便有 β 的表达式

$$\beta = \begin{cases} \dfrac{(1-|x|^2)\langle a, y \rangle + (\lambda + \langle a, x \rangle)\langle x, y \rangle}{(1-|x|^2)\sqrt{(\lambda + \langle a, x \rangle)^2 \pm (1-|x|^2)}}, & \mu = -1, \\[2mm] \dfrac{\pm \langle a+x, y \rangle}{\sqrt{\lambda + 2\langle a, x \rangle + |x|^2}}, & \mu = 0, \\[2mm] -\dfrac{(1+|x|^2)\langle a, y \rangle - (\lambda + \langle a, x \rangle)\langle x, y \rangle}{(1+|x|^2)\sqrt{1+|x|^2 - (\lambda + \langle a, x \rangle)^2}}, & \mu = -1. \end{cases}$$

10. 证 令 $c_i := c_{x^i}, c_{ij} := c_{x^i x^j}$.

当 $\mu = 0$ 时, 直接计算, 并利用 (10.8) 式便有

$$f_i = -2c(x)^{-3} c_i,$$

$$\begin{aligned} f_{ij} &= -2c(x)^{-3} c_{ij} + 6c(x)^{-4} c_i c_j \\ &= -2c(x)^{-3}[-4c(x)^3 a_{ij} + 3c^{-1}(x) c_i c_j] + 6c(x)^{-4} c_i c_j \\ &= 8 a_{ij}, \end{aligned}$$

所以

$$\Delta_\alpha f = a^{ij} f_{ij} = 8 a^{ij} a_{ij} = 8n.$$

当 $\mu \neq 0$ 时, 直接计算, 并利用 (10.8) 式便有

$$f_i = \pm \dfrac{2\mu c_i}{[\pm(\mu + 4c(x)^2)]^{3/2}},$$

$$f_{i|j} = \pm \frac{2\mu}{[\pm(\mu + 4c(x)^2)]^{3/2}} c_{i|j}$$

$$\pm \frac{\partial}{\partial x^j} \left\{ \frac{2\mu}{[\pm(\mu + 4c(x)^2)]^{3/2}} \right\} c_i$$

$$= -\frac{2\mu c}{\sqrt{[\pm(\mu + 4c(x)^2)]}} a_{ij},$$

所以
$$\Delta_\alpha f = a^{ij} f_{i|j} = -n\mu f.$$

11. 证 取局部坐标 $(U; x^i)$，则梯度算子和拉普拉斯算子在局部坐标下的表达式为

$$\nabla f = g^{ij} \frac{\partial f}{\partial x^i} \frac{\partial}{\partial x^j},$$

$$\Delta f = \frac{1}{\sqrt{G}} \frac{\partial}{\partial x^i} \left(\sqrt{G} g^{ij} \frac{\partial f}{\partial x^j} \right),$$

其中 $G := \det(g_{ij})$. 所以有

$$\Delta f^2 = \frac{1}{\sqrt{G}} \frac{\partial}{\partial x^i} \left(\sqrt{G} g^{ij} 2f \frac{\partial f}{\partial x^j} \right)$$

$$= 2f \frac{1}{\sqrt{G}} \frac{\partial}{\partial x^i} \left(\sqrt{G} g^{ij} \frac{\partial f}{\partial x^j} \right) + 2g^{ij} \frac{\partial f}{\partial x^i} \frac{\partial f}{\partial x^j}$$

$$= 2f \Delta f + 2|\nabla f|^2.$$

12. 证 直接计算.

13. 证 （证明大意）充分性　直接计算知 $F = \alpha\phi(s)$ 的基本张量 g 的表达式为

$$g_{ij} = \rho a_{ij} + \rho_0 b_i b_j + \rho_1 (b_i \alpha_{y^j} + b_j \alpha_{y^i}) - s\rho_1 \alpha_{y^i} \alpha_{y^j},$$

其中 $\rho = \phi^2 - s\phi\phi'$, $\rho_0 = \phi\phi'' + \phi'\phi'$, $\rho_1 = -s(\phi\phi'' + \phi'\phi') + \phi\phi'$. 由习题一第 4 题知

$$\det(g_{ij}) = \phi^{n+1}(\phi - s\phi')^{n-2}[(\phi - s\phi') + (b^2 - s^2)\phi''] \det(a_{ij}).$$

注意到 (10.25) 蕴含着 $\phi - s\phi' > 0$, 事实上, 只需取 $s = b$ 即可. 所以便有 $\det(g_{ij}) > 0$. 令 $\phi_t(s) = 1 - t + t\phi(s), 0 \leq t \leq 1, F_t = \alpha\phi_t(s)$, 则 $F_0 = \alpha, F_1 = F$. 类似于习题一第 8 题的讨论便知 ${}^tg = ({}^tg_{ij})$ 在 $t \in [0,1]$ 上是正定的. 从而 $F = F_1$ 是芬斯勒度量.

必要性 F 是芬斯勒度量蕴含着 $\phi(s) > 0, \forall |s| < b_0$. 从而 $\det(g_{ij}) > 0$ 蕴含着 $\phi(s) - s\phi'(s) \neq 0$. 由 $\phi(0) > 0$ 便知 $\phi(s) - s\phi'(s) > 0$, 从而易知 (10.25) 成立. 详细的讨论请参见 Shiing-Shen Chern, Zhongmin Shen, *Riemann-Finsler Geometry*, 引理 1.1.2.

14. 证 $\phi(s) = 1 + \varepsilon s + \kappa s^2$, 直接计算便有

$$(\phi(s) - s\phi'(s)) + (b^2 - s^2)\phi''(s) = 1 + 2\kappa b^2 - 3\kappa s^2.$$

由上题便得所需结论.

15. 证 参见文献 [19]. 略.

参考文献

[1] Aikou T. Some remarks on the geometry of tangent bundles of Finsler manifolds. Tensor N. S., 1993, 52: 234~241.

[2] Akbar-Zadeh H. Sur les espaces de Finsler a courbres sectionnelles constants. Bull. Acad. Roy. Bel. Bull. Cl. Sci., 1988, 5(74): 281~322.

[3] Antonelli P L, Ingarden R S, Matsumoto M. The theory of sprays and Finsler spaces with applications in physics and biology. Dordrecht: Kluwer, 1993.

[4] Bao D(鲍大卫), Chern S S. On a notable connection in Finsler geometry. Houston J. Math., 1993, 19: 135~180.

[5] Bao D, Chern S S. A note on the Gauss-Bonnet theorem for Finsler spaces. Ann. Math., 1996, 143(7): 233~252.

[6] Bao D, Chern S S, Shen Z(沈忠民). An introduction to Riemannian-Finsler geometry. Graduate texts in Mathematics. vol. 200. New York: Springer-Verlag, 2000.

[7] Bao D, Robles C. On Randers spaces of constant flag curvature. Rep. Math. Phys., 2003, 51: 9~42.

[8] Bao D, Robles C, Shen Z. Zermelo nagigation on Riemannian spaces. J. Diff. Geom., 2004, 66: 377~435.

[9] Bao D, Shen Z. On the volume of unit tangent spheres in a Finsler manifold. Results in Math., 1994, 26: 1~17.

[10] Bao D, Shen Z. Finsler metrics of constant positive curvature on the Lie group S^3. J. London Math. Soc., 2002, 66: 453~467.

[11] Chen X, Mo X(莫小欢), Shen Z. On the flag curvature of Finsler metrics of scalar curvature. J. London Math. Soc., 2003, 68(2): 762~780.

[12] Chen X, Shen Z. Randers metrics with special curvature properties. Osaka J. Math., 2003, 40: 87~101.

[13] Chern S S. Local equivalence and Euclidean connection in Finsler space. Sci. Rep. Nat. Tsing Hua Univ. Ser., 1948, A5: 95~121.

[14] Chern S S. On the Finsler geometry. C. R. Acad. Sci. Paris, 1994, 314: 757~762.

[15] Dicke A. Über die Finsler-Räume mit $A_i = 0$. Arch. Math., 1953, 4: 45~51.

[16] Eells J, Lemaire L. Select topics of harmonic maps. CBMS Regional Conf. Ser. in Math., vol. 50, Amer. Math. Soc., Providence, RI, 1983.

[17] Matsumoto M. On C-reducible Finsler spaces. Tensor. N. S., 1972, 24: 29~37.

[18] Matsumoto M. Randers spaces of constant curvature. Rep. Math. Phys., 1989, 28: 249~261.

[19] Matsumoto M. Finsler spaces with (α, β)-metric of Douglas type. Tensor. N. S., 1998, 60: 123~134.

[20] Matsumoto M, Hōjō S. A conclusive theorem for C-reducible Finsler spaces. Tensor. N. S., 1978, 32: 225~230.

[21] Matsumoto M, Shimada H. The corrected fundamental theorem on Randers spaces of constant curvature. Tensor. N. S., 2002, 63: 43~47.

[22] Mo X. Characterization and structure of Finsler spaces with constant flag curvature. Scientia Sinica, 1998, 41: 910~917.

[23] Mo X. Flag curvature tensor on a closed Finsler surface. Result in Math., 1999, 36: 149~159.

[24] Mo X. New characterizations of Riemannian spaces. Houston J. Math., 2000, 26: 517~526.

[25] Mo X. Harmonic maps from Finsler manifolds. Illi. J. Math., 2001, 45: 1331~1345.

[26] Mo X. On the flag curvature of a Finsler space with constant S-curvature. Houston J. Math., 2005, 31: 131~144.

[27] Mo X, Shen Z. On negatively curved Finsler manifolds of scalar curvature. Canad. Math. Bull., 2005, 48: 112~120.

[28] Mo X, Yang C. The explicit construction of Finsler metrics with special curvature properties. Diff. Geom. Appl., 2006, 24: 119~129.

[29] Mo X, Yang Y. The existence of harmonic maps from Finsler manifolds to Riemannian manifolds. Scientia Sinica, 2005, 48: 115~130.

[30] Numata S. On Landsberg spaces of scalar curvature. J. Korea Math. Soc., 1975, 12: 97~100.

[31] Randers G. On an asymmetric in the four-space of general relatively. Phys. Rev., 1941, 59(2): 195~199.

[32] Shen Z. On some special spaces in Finsler geometry. 1994, preprint.

[33] Shen Z. Volume comparison and its applications in Riemann-Finsler geometry. Adv. in Math., 1997, 128: 306~328.

[34] Shen Z. On Finsler geometry of submnifolds. Math. Ann. , 1998, 311: 549~576.

[35] Shen Z. Lectures on Finsler geometry. Singapore: World Scientific, 2001.

[36] Shen Z. Differential geometry of spray and Finsler spaces. Dordrecht: Kluwer, 2001.

[37] Shen Z. Projectively flat Randers metrics of constant flag curvature. Math. Ann., 2003, 325: 19~30.

[38] Shen Z. Finsler metrics with $K = 0$ and $S = 0$. Canad. J. Math., 2003, 55: 112~132.

[39] Shen Z. Some perspectives in Finsler geometry. MSRI Publication Series. Cambridge: Cambridge Univ. Press, 2004.

[40] Shen Z. Nonpositively curved Finsler manifolds with constat S-curvature. Math. Z., 2005, 249: 625~639.

[41] Shen Y, Zhang Y. The second variation formula of harmonic maps of Finsler manifolds. Science in China, 2003, 33: 610-~620.

[42] Szabó Z. Positive definite Berwald spaces (structure theorems on Berwald spaces). Tensor. N. S., 1981, 35: 25~39.

[43] Wood J C. Harmonic morphisms, foliations and Gauss maps, complex differential geometry and nonlinear differential equations. Brunswick: Maine, 1984; Comt. Math., vol. 49, Amer. Math. Soc., Providence, RI, 1986: 145~183.

[44] Yasuda H, Shimada H. On Randers spaces of scalar curvature. Rep. Math. Phys., 1977, 11: 347~360.

索 引

(以汉语拼音为序)

B
标量曲率	65,101

C
测地线	40,46
测地系数	40
常 (旗) 曲率流形	65
常 S 曲率	51
垂直共变导数	43,44
垂直分布	88
垂直子丛	41
次调和函数	126
陈联络	27

D
第 α 个主曲率	65
第二基本形式	48,88
第一毕安基恒等式	60
对称的芬斯勒结构	9
对偶芬斯勒丛	9
单位张量	42
导航问题	105,111

F
法曲率	88
芬斯勒丛	9
芬斯勒结构	3
芬斯勒度量	3
芬斯勒流形	4
芬斯勒球面	15
非黎曼几何不变量	12
分布 V 是黎曼的	88

G
共变导数	74
共变微分	41
广义 Funk 度量	51
高斯曲率	99

J
基本张量	7
畸变	16
极小	88
极小浸入	48
嘉当形式	14
嘉当张量	13
嘉当引理	185
局部闵可夫斯基流形	5
局部射影平坦	105
角度量	195

索引　213

K

| 克里斯托费尔符号 | 52,188 |

L

黎曼度量	4
黎曼流形	4
黎曼几何不变量	59
黎曼分布	88
黎曼曲率	60
里奇标量	65

M

迷向 S 曲率	51
闵可夫斯基范数	14
闵可夫斯基流形	5
闵可夫斯基曲率	60
模长	20

N

| 能量密度 | 116 |
| 能量 | 116 |

P

平均 Berwald 曲率	106
平均 Landsberg 曲率	48
平均曲率	48,88

Q

旗曲率	65
旗曲率张量	64
曲率 2 形式	59
全脐	126
全测地	48,88,125

R

| 弱 Berwald 度量 | 106 |
| 弱 Landsberg 流形 | 48 |

S

适当标架场	28
水平共变导数	43,44
水平散度自由	127
水平子丛	41
水平分布	88
散度	114
射影球丛	8
射影球	8
射影切丛	10

T

| 调和映射 | 116 |
| 椭圆算子 | 15 |

X

| 希尔伯特形式 | 9 |
| 相对迷向 | 107 |

Y

沿 σ 的指标形	76
沿着希尔伯特形式的共变导数	44
由 $\tilde{F}$ 诱导的芬斯勒结构	17
应力 – 能量张量	127

Z

张力场	120
在 x 点的芬斯勒球面	20
正规截面	27
正完备	24
在 x 点处是黎曼的	98
主曲率	98
逐点射影相关	105
(整体) 闵可夫斯基流形	5
(α, β) 度量	144
Berwald 流形	64
Douglas 度量	158
Funk 度量	6
Gauss 方程	186
Jacobi 场	190
Klein 度量	5
Landsberg 流形	47
Landsberg 曲率	47
Matsumoto 挠率	103
Randers 度量	6
Randers 结构	6
S 曲率	50